数据分析实战

90个精彩案例带你快速入门

汝思恒 ◎ 编著

清華大學出版社
北京

内容简介

数据分析不仅在互联网行业，在基础行业中也是必不可缺的运营手段，是业务提升效率、增强收益的有效方法。

本书前8章精选并提炼了多种数据分析的重要方法，包括ROI分析、数据标签和评分、用户生命周期、因果推断、可解释模型、PSM理论、AB实验、时序分析等，并且针对每种方法都提供了充足的生活和业务中的前沿案例，并以此作为辅助进行讲解，帮助读者更好地理解数据分析在传统行业、互联网行业及各类新兴行业的实际应用，同时读者也能更快地运用在实际工作和生活中，所以通过阅读前8章，读者可以系统地学习数据分析的理论知识，拥有数据化思维，成为一名合格的数据分析师。

本书适合从事需要掌握数据分析技能的人员、数据分析相关专业的在读学生，以及已有自己本职工作，但仍需要学习数据分析来提升自己的职业技能和职场竞争力的相关行业从业者阅读。

图书在版编目(CIP)数据

数据分析实战：90个精彩案例带你快速入门/汝思恒编著. —北京：清华大学出版社，2024.5
(计算机技术开发与应用丛书)
ISBN 978-7-302-66071-2

Ⅰ. ①数… Ⅱ. ①汝… Ⅲ. ①数据处理 Ⅳ. ①TP274

中国国家版本馆CIP数据核字(2024)第072577号

责任编辑：赵佳霓
封面设计：吴 刚
责任校对：郝美丽
责任印制：刘 菲

出版发行：清华大学出版社
网 址：https://www.tup.com.cn，https://www.wqxuetang.com
地 址：北京清华大学学研大厦A座 **邮 编**：100084
社 总 机：010-83470000 **邮 购**：010-62786544
投稿与读者服务：010-62776969，c-service@tup.tsinghua.edu.cn
质量反馈：010-62772015，zhiliang@tup.tsinghua.edu.cn
课件下载：https://www.tup.com.cn，010-83470236
印 装 者：定州启航印刷有限公司
经 销：全国新华书店
开 本：186mm×240mm **印 张**：13.75 **字 数**：312千字
版 次：2024年6月第1版 **印 次**：2024年6月第1次印刷
印 数：1～2000
定 价：59.00元

产品编号：098975-01

前言

PREFACE

如今现代社会生活中的方方面面都跟数据息息相关，如超市货架的物品摆放逻辑、互联网各平台的广告投放或者企业运营状况等都需要数据分析，所以数据分析本质上是一种解决问题的方法。一次完整的数据分析方案，应得出对应的结果并给出指导决策、解决对应问题的方法，而不是单纯的数据描述。

本书第1～8章为读者讲解数据分析相关知识，第9～11章帮助读者更好地展示自己的分析结果，所以后3章分别对数据分析的可视化、数据分析报告的撰写方法、数据分析的常用工具进行了详细介绍，主要帮助尚在入门阶段的读者学会如何将自己的数据化思维和思考结论输出为可视化的图标或者通俗易懂的数据报告，帮助自己的相关业务方或上级领导甚至公司的战略层、决策层更好地理解数据分析所得出的结论、优化建议及对未来的预测指引。

什么是数据分析

数据分析是通过收集大量与问题相关的数据进行分拆解析，提取出有用的信息，进而推导出问题的结论，是对数据进行详细研究和总结的过程。数据分析的目的是通过各种分析手段把隐藏在数据中的信息提炼出来，找到数据间的内在规律，并让它成为对解决问题有帮助、有价值的东西。在现代的商业社会中，数据分析帮助企业的每条业务线从0到1地进行发展，并帮助各类组织或企业把控整个运营经营状况。

数据分析从时间维度上可以分为3种类型。

1. 描述性分析

描述性分析主要通过对历史数据的统计和总结，得出过去一段时间里业务运营情况的好坏。通过各种核心指标的完成情况，去衡量过去业务运营情况的状态，以此看清过去哪些行为需要优化，哪些行为需要深耕。这种分析既有相对长期的以总结形式进行的，例如服装公司的一个财年过去了，想要知道过去一年里的经营情况，公司就需要从各种数据维度去拆解公司不同业务的经营情况，常见的例如销售额、销量、滞销量、利润额、资金周转效率等，通过这些数据衡量每条业务的好坏；也有短期的以复盘形势进行的数据分析，例如大型商场在“双十一”期间做活动优惠大酬宾，所有商品的价格一律打9折，并且每笔消费获得的积分可以在下次购物时直接抵扣。现在“双十一”过去了，业务需要通过数据分析来知道打9折活动的效果如何，发给用户的积分有没有获得相应的收益。像这样一类了解数据情况的分析工作都被称为描述性分析。

2. 现状分析

准确来讲，现在发生了什么一般会有实时的数据监控，但数据监控的过程除了初期设定需要监控的核心指标外，在业务进行的目前并不需要进行额外的数据分析工作，但是当某个现状发生或者出现异动时，需要通过数据分析去回答它为什么会发生，这种现状分析也叫归因分析。例如今天饭馆营业额为什么上升了，服装店衣服销量为什么上升了，网站访问量为什么突然暴涨，放到更宏观一点的环境中，电商直播行业为什么在零售行业的比重越来越大，年度GDP为什么稳步提升，这些问题都可以通过现状分析来回答。

还是用战争时期德国发面包的示例举例，假如政府派发给工厂的任务是为民众提供面包，并没有要求工厂所做面包的质量如何，仅仅要求需要满足民众的日常饮食需要。实际上这样的情况很常见，尤其在供应链的链条中可能涉及很多不同行业的合作，生产面包的工人不懂生产面粉的情况，也不懂生产包装的情况，而作为政府方可能更不知道链条中各厂家的情况，因此也会有专门的研究员从后验的角度去分析供应情况。假如现在有100个面包，想要知道大多数面包的质量为多少克，假设面包质量在400g左右可以满足日常需求，就会假设面包的质量可能是400g，那么出现380g的面包就应该是个概率很小的事件，先假设大多数面包的质量在380g以上，备择假设就是大多数面包的质量不在380g以上。样本抽样20个面包。进行结果检验，如果有10个面包的质量大于380g，则$p=0.5$，假设成立。也就是说，面包大多数大于380g；如果只有一个面包的质量大于380g，则$p=0.05$，假设不成立。

3. 预测分析

很多时候数据分析最核心的价值就体现在预测分析上，预测分析也往往需要基于描述性分析和现状分析，在充分了解了业务的历史和目前的运营现状之后，通过数据分析可以对业务的发展趋势做出或短期或长期的预测，并且以预测结果为基础制定合理的运用目标、有效的运营策略，以此保障业务的稳定发展。例如做食品生鲜行业的企业通过对过去业务运营情况及整个市场的分析，发现了在冷链技术越来越成熟的目前，更多的营销额从线下转到了线上，并且本企业的业务也同样呈现出这个趋势，按照这个趋势预测，明年生鲜行业的线上份额会持续扩大，为了占据更多市场份额，因此公司需要提前做好布局线上的准备，并把提升线上营业额的目标作为下一年度的核心运营指标；当然也有短频的预测分析，例如网店同期上架了一批新品，通过一定时间的测试后，预测其中一个商品从点击率、客服咨询率、收藏、加购等多个数据维度，出现了具备成为爆品的潜力，那么在接下来的一段时间里面，需要从各方面通过运营手段把该商品成功引爆，当然这样的预测性分析在供应链、股票行业中更为常见。

什么是数据分析师

回答数据分析是干什么的，并不代表回答了数据分析师是干什么的。数据分析是数据分析师工作的主要内容，但并不是全部，除了数据分析之外，数据分析师在数据分析前和数据分析后都有很多事情要做，下面会逐一拆解。

1. 明确问题

如果说数据分析工作是以某个具体问题为起点，以解决问题为目标进行工作的，则数据分析师有一个重要的工作，就是找出问题。在企业中，数据分析师通常是去承接来自其他业务方的数据分析问题的，这样的问题也分为显性的问题和隐性的问题。显性的问题，例如业务方关心今天总支付金额(GMV)为什么上涨了？昨天的支付用户数为什么下降了？这样比较直接的问题每天都会发生，数据分析师要做的也是比较直接的数据分析。但也有一些隐性的问题，例如业务方只是想提升新用户对产品的转化率，但他并不知道应该去提升哪一方面；又或者业务方提出了一个自己认为想要关心的指标，但和他想解决的问题其实没有根本联系，在这种过程中数据分析师的作用是通过数据的分析逻辑，找到问题的根本，并帮助业务方明确他真正需要的数据分析结果。

2. 数据提取

在大部分实际的业务场景中，即使明确了想要分析的问题，也不一定能够用来进行数据分析，例如数据体量不够或者没有相应的数据获取渠道。在大部分公司，即使是大公司，数据基建都不会是完全健全的，并且对应实际想要解决的问题应该用什么口径的数据是正确解决问题的先决条件，所以很多时候我们在分析之前需要对数据进行预处理，例如数据的格式、类型或需要对数据进行转换，这些都是做一个完整数据分析前的必备工作。

3. 分析总结

在数据分析过程中，数据分析师会应用很多数学方法、统计学方法来得到分析结果，但这样的分析和结果对应到实际业务层面需要说明什么，也就是从分析语言到业务语言的转换也是数据分析师的必修课。业务方很多时候没有充足的数学知识来理解数据分析过程中的处理方法，因此在分析总结及呈现时，使用业务方能理解的语言来呈现分析结果也是必要的。

4. 制作报表、可视化

通过一次或一系列的数据分析后，业务上经常会形成一些可以进行长期观察的数据指标，这些指标需要周期性地进行查看、更新和维护，但是并不是每次需要看时都进行一次完整的数据分析，因此数据分析师会把这些数据形成报表或者可视化的图表进行例行监控，以便更直观地觉察数据指标变化的情况。

数据分析行业现状

数据分析经过十来年的发展慢慢地开始出现细分演变，分成了数据分析师(Data Analyst，DA)、数据科学(Data Scientist，DS)、数据工程师(Data Engineer，DE)三大方向。DA更加贴近业务，很多时候是跟运营团队划分在一起，从而解决具体的业务上的分析问题，并且向后会朝数据运营或者数据产品的方向发展，渐渐地变成以数据能力为基础，更多地去把控业务的角色；DS则更偏向于数据团队，在技能上DS除了需要具备统计学知识和数据分析能力之外，还要求掌握一些算法模型并且具备一定的编写代码(Coding)的能力，在目前的互联网行业中，很多业务发展到了后期会期望产品具有“千人千面”或者个性化推荐的能力,而这一切的背后都是算法模型在推动,除了本身专业的算法团队以外,一个懂得算法的 DS 可以从离业务更近的角度去做出更贴近业务的模型; DE 其实有更多细分,例如做数据架构的及做数据仓库的等,这些更偏技术能力一些,也是一些数据分析师在工作一段时间后发现还是写代码快乐。在目前的前沿行业(例如互联网、金融、供应链)中越来越多的业务需要算法、数据模型的支持,所以 DS 会是接下来一段时期数据分析发展方向的主流,这也意味着当今的数据分析师需要掌握更多的高阶分析方法和数据模型。

最后,希望读者能够通过本书,系统化地掌握数据分析基本功,形成数据化思维,通过理论与实际的结合,熟练地运用数据分析技能,同时输出可落地可执行的专业数据分析报告。

汝思恒

2024 年 4 月

目录

CONTENTS

第1章 ROI：值得做还是不值得做

数据分析师在初入数据分析行业时，可能更多地会去做一些指标的搭建和描述工作，围绕一个比较具体的数据展开，例如日活跃用户(DAU)、留存用户、曝光单击转化率等，例如通过对比不同产品的 DAU 来评价哪个产品更受用户青睐；对比 App 内不同功能或者区域的曝光单击转化率来评价功能之间的转化效率的高低。慢慢地，当分析的环节足够多时，把每步的数据串联起来之后，数据分析可以从一个业务的整体链路上去衡量出一份投入所得到对应的回报会有多少，进而解决一个业务最最核心的问题，例如这个业务该不该做，能不能继续做；假如已经做了，今后是会赚钱还是亏钱；假如赚钱，投入产出的杠杆又有多大呢？因此分析投资回报率(Return On Investment，ROI)是数据分析师要面临的第一个核心问题。

1.1 浅层 ROI

ROI，简单来讲就是产出和投入的比值。在一个业务中，所有的商业动作，例如每个商业决策、人力安排甚至是公益投入，实际上都是通过花费一些成本(Investment)去换取想要得到的收益(Return)。这个收益可能是直接的金钱等物质收益，也有可能是一些非物质的收益，即通过数字可以量化的收益，所以从表象来看，谈论 ROI 时经常在意它是不是一个大于 1 的数字，实际上背后意味着所做的事情与消耗的成本之间的关系。

本节先把视角缩小，关注浅层的 ROI。浅层的 ROI 可以说是一种工具或者一种计算方法，对于任何的一个行动 A(Action)，以某些方法衡量出它的收益 $R(A)$，并且明确对应的代价是 $I(A)$，投资回报率 ROI(A)为

$$\mathrm{ROI}(A)=R(A)/I(A) \tag{1-1}$$

通过对比公式计算出的数字，可以很直观地知道，这个行动对业务的影响是有利的还是有害的，投出去的成本是否能够收回来。

ROI 的计算有很多已有的计算方法和模型，但总体来讲，ROI 的方法论层面分为三要素和四步骤，三要素分别为计算主体、计算媒介、数学建模；四步骤分别为规划、评估、执行、复盘。这其实就像前言中提到的数据分析在分析之前有大量的类似数据清洗的准备工作，

任何数据分析方法也是这样的，在ROI分析中，在计算之前需要提前规划好三要素，它们会贯穿整个评估流程，下面依次展开介绍。

1.1.1 案例1：活动拉新ROI

计算主体就是业务中需要计算的对象。对具体动作计算ROI，它往往不是具体主体，而是围绕一个作用于这个主体的行为，例如即使再高深的数据分析师也没有办法去回答“淘宝的ROI是多少”，淘宝作为一个完整的电商购物平台，不太可能有单一的ROI的说法，更可能聚焦在一些具体的行为上，例如“淘宝商城的拉新活动的ROI是多少”“某品牌的一场品牌活动的ROI是多少”。收益因为行动而产生，相应的成本也因为行动而花费。

计算主体的选择也可以分为很多种，例如上述提到的拉新活动，可以去关注拉新活动的整体ROI是多少，也可以关注拉新每个用户的ROI是多少。从颗粒度上来讲，后者会更细，但前者也是正确的且必要的。计算主体不同的选择取决于这次计算本身想要获得什么信息。从整体角度衡量ROI可以把一些细节之间的相互影响作用屏蔽，例如A活动拉新100人，B活动拉新200人，同样投入了400元的成本，在收益相同的情况下，对B活动来讲，如果将每个拉新用户的收益摊到每个人身上，则会比A活动小，因此关注更细粒度的计算主体会带来更多的计算信息，假如评估这两个拉新活动是不是还可以继续做，那么通过计算整体ROI就能得出结论，但如果说是不是还对这些用户进行拉新活动，则可能就需要关注对于每个用户的ROI是多少及这个ROI是不是合适了。

1.1.2 案例2：吃早餐的ROI

1. 计算媒介

计算媒介是指通过什么指标来构成ROI，包括收益指标和成本指标，它们用来构成ROI计算公式，也可以称为衡量ROI的关键变量。举个例子，早上到食堂应该怎么吃早饭才能吃饱，这里的成本就是我们花费的钱，产出是吃饱。过程中间的东西就是要吃哪些东西，例如包子、粥、饺子、烧卖；包子多少钱一个、饺子多少钱一个；一顿要吃多少个包子、多少个饺子。这里的计算媒介就是食物类型、数量及单价。当然实际上还会有更多细分的信息，例如包子是肉包子还是菜包子，但是包子的类型不一定是关键变量，除非不同包子类型实际上影响了包子的单价，因此计算媒介的选择和因果解耦有关。

2. 数学建模

数学建模都是为了单个具体的目标而建立的，例如在计算吃早餐的ROI中，我们确实只需关注有限的情况就可以了。如果遇到比较复杂的问题，例如去计算一款App上的拉新用户的ROI，则大多数情况是在还不知道用户的产出到底怎样的情况下去做的，需要具体测算。在这种情况下就会通过一些数学方法对目前已有的信息进行加工，然后对未来的数据进行预测，但这并不意味着只有使用了高深的算法和模型才叫数学建模，数学建模既可以复杂也可以简单，目标都是通过数学方法找出因果关系并且以量化的形式表达出来，通过案例3中的4个步骤就相对比较直观了。

1.1.3 案例3：地摊零售 ROI

1. 策略规划

首先在计算 ROI 之前，需要明确动作是什么，是做活动还是投放广告，投入的财力、物力、人力是多少，并且这个行动的目的是什么，期望得到的产出是什么。这一步所依赖的更多的不是数学能力，而是业务层面的洞察力和理解力，很多时候作为一个数据分析师，除了专业方向的数学能力之外，还需要像半个产品经理一样了解业务逻辑及业务细节，这也是数据分析的核心能力。实际上计算 ROI 的过程往往不可避免地是一个决策过程，因为很多时候，业务方就是通过 ROI 是否大于 1 去判断业务是不是可以继续做下去，因此分析师必须同时从业务情景和分析逻辑两者切入。举个例子，零售业务决定在华东区域以地摊形式进行零售，除了大环境和政策上鼓励发展微小零售行业以外，更多还是需要去衡量地毯零售业务需要投入多少成本，以及在这种成本投入下，可以达到多少销售额、收获多少消费用户、收获什么样的消费用户。

2. 事前评估

评估需要对行动、成本、产出进一步明确它们的因果关系，建立起相应的数学模型，并且很多时候需要对建立起来的模型进行初步演练测算。例如一个电商商城拉新活动，通过业务经验或者实际落地场景可以得到这次拉新活动可能获得的人群是什么，平均每个人的成本有多高，他们进入电商平台之后的生命周期如何，价值如何，这样就可以得到预估的 ROI，同时也可以通过获取竞品相应行为的效果，评估本次行动的收益在行业内的水平及是否符合预期。

3. 执行策略

执行策略期间其实没有很多数据需要进行数据分析，唯一可能需要关注的是数据的获取是不是如预期一样顺利，例如本来每个包子确实都是一样的价格，但是菜包子中偶尔会吃到已经有些变质的包子，那可能我们的模型就存在一定的偏差，是调整评估模型，还是忽略这些类似偶发的特殊情况，需要根据实际情况来决定。

4. 总结复盘

假如整个执行过程都比较顺利，我们也如愿得到了想要的数据，并通过模型得出了相应的 ROI。复盘可以做两件事，一件事是分析实际结果和预期结果之间是否存在差别(Gap)，如果存在差别，则造成差别的原因是什么，下次执行时是否可以规避；另一件事是假如这次执行比较符合预期，那么是否可以反复执行。良好的复盘可以指导业务往更好的方向发展，接下来看几个实际的 ROI 分析案例。

1.1.4 案例4：《囧妈》决策的 ROI 分析

在过去的疫情期间有很多产业发生了非常多改变，受特殊时期影响比较严重的是电影行业，由于无法线下聚集，很多电影院闭馆，许多电影无法如期上映，电影制片商如果没有比较好的应对方法，则只能等待电影院重新开放时再上映电影，这之间涉及的各种问题可能外界也不是特别清楚，但行业内一定是比较头疼的，但期间有部叫《囧妈》的电影在特殊时期被字节跳动买下版权，并且在线上播放，海报如图 1-1 所示，资本层不论这样决策是否正确，都可以尝试从 ROI 分析角度来看一下字节团队是如何做出这个决策的。

图 1-1 《囧妈》海报

作为决策团队的一分子，在疫情出现时，得知今年的电影上不了院线了，实际上就出现了把电影版权买下来并且在线上免费播放的机会。假如在成本上我们比较明确的是跟电影团队谈出合适的收购方案，在付出的主要是金钱成本的情况下，做这件事的收益又是什么呢？

首先是拉新收益，由于不能去电影院看电影了，只能在线上看，所以一些原来没有使用过字节系产品的用户可能会因此下载 App，并且也可能因此被触达并留存在 App 上，成为一名有价值的 App 用户，这对平台来讲是一笔极大的拉新收益；其次，对本身是 App 老用户的用户来讲，借由这次电影上映，也可能会回来看一看，这相当于一次大型的促活行动，也具有相当的价值；最后，由于这部电影的上映时间是在春节期间，所以这个时期对于互联网的各个产品来讲本来就是补贴高峰期，处于非常残酷的零和博弈环境，但电影线上化又是其他平台不具备的能力，这件事情本身的流量拉动效果及对竞品的压制，也会有极大的收益。除这些明显的核心收益外，例如让大家知道字节有免费的电影资源，让电影圈知道字节愿意收购电影版权等。除此之外，《囧妈》作为"囧途"贺岁档，前期已经积累了丰富的用户，并且在春节期间承载了很多期待，几位主创人员也已经在前几部电影中积累了贺岁档爆款电影的方法论，此时购买版权相当于购买了一个春节档非常成熟的线上营销爆款产品，这远比做一些未知结果的营销活动要更加胜券在握。

在明确了这些收益项之后，团队觉得这件事在一定的 ROI 下可能具备执行的可能性，那么就推进到评估阶段，也就是对每个收益项做明确的量化。每个收益项的计算方式可能不一样，例如对于新用户、老用户可以去计算他们的用户价值，竞品的压制收益基于对竞品调研后的估算，电影口碑的品牌形象根据平台后续电影受众的增量计算，量化的预期结果见表 1-1。

表 1-1 《囧妈》线上播放测算 ROI 收益

项 类 型	项 目 明 细	影响范围/人	单位收益/元	合计/元
收益项	新用户	1 000 000	50	50 000 000
	老用户	60 000 000	1	60 000 000
	竞品压制	100 000	5	500 000
	品牌形象	40 000 000	0.1	4 000 000

续表

项　类　型	项 目 明 细	影响范围/人	单位收益/元	合计/元
成本项	版权花费	—	50 000 000	50 000 000
	推广花费	—	50 000 000	50 000 000
ROI	—	—	—	1.145

之后进行执行，过程很顺利，在春节档无电影可看的情况下，唯一一部院线电影线上化，带来了足够的热度，以及之前所积累的用户，“免费观看”也为字节在春节期间收获了无数免费通稿和曝光，企业形象也备受赞誉，于是得到了实际模型情况，见表 1-2。

表 1-2　《囧妈》线上播放实际 ROI 收益

项　类　型	项 目 明 细	影响范围/人	单位收益/元	合计/元
收益项	新用户	800 000	50	40 000 000
	老用户	70 000 000	1	70 000 000
	竞品压制	300 000	5	1 500 000
	品牌形象	60 000 000	0.1	6 000 000
成本项	版权花费	—	50 000 000	50 000 000
	推广花费	—	40 000 000	40 000 000
ROI	—	—	—	1.306

对数据进行复盘后可以发现，这次行动带来的新用户量不达预期，那在新用户触达上面可能存在一些问题，是不是推广方向并没有往拉新上面侧重，但整体来讲 ROI 大于 1 且高于预期价值，活动还是值得做的，可以多次尝试做。

1.1.5　案例 5：淘宝私域引流 ROI 情况

经常进行网购的朋友在收到快递时，可能大部分收到过商家在包裹里放的小卡片，如图 1-2，小卡片上印着一个二维码，然后写着“扫码领福利”或者“扫码进群返红包”。实际上，这些卡片的二维码有些是商家自己准备拉群，运营自己的私域流量。私域流量是互联网中风靡一时的概念，是指把抖音、微博等公共平台上的流量转移到个人账号（例如微信好友、微信群里）进行运营的流量，但大部分其实是商家、物流卖给了其他的购买流量的人，他们以领福利、领红包的噱头把用户聚集到微信群里，然后通过一系列福利流程引导用户在群里下单，进而完成业务营收。这样的一个业务的 ROI 是怎样的呢？

图 1-2　快递盒中的小卡片

成本侧主要有拉新成本、运营成本和固定

成本,拉新成本主要是跟有流量的流量主谈好的引流一个用户的价格,一般是按一个人多少钱定价,例如今天晚上引流,那到明天早上统计一共引流多少,结算多少。假如有些流量质量比较差,或者不可控地进来一些机器人账号会进行梯度结算;运营成本主要是用户进入微信群之后,需要对他们进行的福利引导,包括红包、赠品、电子券、免费商品等一些需要通过业务做补贴的行为;固定成本主要指手机、服务器费用,例如做这种微信群内的业务通常需要6~7个微信号来管理一个群,一些业务体量做得比较大的公司,未使用虚拟服务器登录多个微信账号,并且用脚本控制微信账号以完成群发、群回、自动化触发会话等,实现高效多线程的群管理,像这样需要投入手机费、话费、服务器费用等。收入侧主要依靠用户在群里下单商品获得的利润,大部分做这样业务的公司并没有自己的商品供应链,更多的是依托淘宝、拼多多这些大平台,在平台完成交易,从中收取佣金。

明确了成本和收入后,可以发现这个业务的ROI高低完全取决于用户的下单行为,挖掘到足够多的用户进群,有足够多的用户下单,下足够多的订单,就可以回本甚至盈利。那接下来评估一下这个业务的ROI模型是怎样的:从某个流量渠道处将用户引流来之后用户会在群内接受一些福利引导教程,之后进行下单转化,对已经完成初次下单的用户,还希望这些用户能够更多更长久地下单,直到从他个人身上回本或者盈利,于是得出了该业务的ROI模型,为了方便计算,把拉新成本、运营成本、固定成本都均摊到每个用户身上,将相应的产出也摊到单用户身上,在这个产出中为了方便会把用户的下单转化率一起考虑进去,即单用户价值=用户下单转化率×平均用户生命周期价值,见表1-3。

表1-3 网购用户私域拉新ROI测算

成本项	单用户拉新成本	3元/人
	单用户运营成本	1.75元/人
	单用户固定成本	0.05元/人·周
收益项	单用户价值	0.24元/人·周
ROI	—	1,当第25周时
回本周期	—	25周

在这个例子中可以发现有些业务的ROI并不是在业务进行的目前或者短时期内完成的,而是需要经历足够长的时间才能把ROI做到1或者超过1,因此很多时候ROI也跟业务在未来很长时间段里的预测相关。那么问题就来了,如果把一个行动放入比较长的时间维度里去看,则产生的收益仍然还是我们眼前看到的这些吗,或者说会不会有一些潜在价值、潜在的隐患是我们做短期ROI分析中遗漏的,因此在浅层ROI的基础上衍生出了深层ROI。

1.2 深层ROI

深层ROI也可以叫长期ROI,主要反映的是一个行为长期来看的价值及如果持续做一个行为并长期来看收益是怎样的。举个例子,业务在某电视台插入了广告会获得相应的广告收益，有相应的ROI，那么假如插入一倍的广告，收入会翻倍吗？或者，本来在该电视台买下了一年的广告位，也有对应的年化ROI，如果我再做一年，则依然有相当的ROI吗？换句话说，实际情况下，如果对于广告策略选择无限增加的方式来期望收益的增长往往是行不通的，在多次以相同方式投入的情况下，往往会产生连带损失，相对地，如果多次投入会带来正向的收益，则称为连带收益。除此之外，还会有一些我们看不到的东西是可以进入深层ROI中的，例如用户的衰减，这里我们不得不说到用户生命周期价值（Life Time Value，LTV），就是用户在他的生命周期中一共提供多少收入，关于用户生命周期会在第3章中详细介绍，这里就不展开了。在这里要说的是，例如一个App，通常是用日活（Daily Active User，DAU）、月活（Monthly Active User，MAU）来衡量一个业务的规模，并通过单个用户的价值来计算ROI，那么在实际业务中用户是有可能流失的，并且不同用户也有可能呈现不一样的流失速率。换句话说，通过广告收集来的用户起初也许可以追踪到用户呈现出较为稳定的平均每周消费一次，但随着时间的推移，各类平台和玩法不断通过更新迭代来吸引用户离开，也许半年，也许一年，这些用户的下单频率会慢慢下降，甚至下单频率变为0，成为业务的流失用户，这是一种自然衰减（Natural Shrinkage，NS），这个在做长期ROI的测算时也是比较关键的，接下来看分析案例。

1.2.1　案例6：综艺直播ROI测算

目前在泛娱乐的互联网世界中，存在着很多奇怪的业态，例如有一类业务是通过猫咪在线直播和用户观看形成一种云养猫、云撸猫的商业环境的，用户可以通过积分、金币对猫咪进行投食、互动。现在这个产品没做多久，为了吸引用户，准备在抖音上开设一场直播，出钱请猫圈的大咖们带着他们的网红猫一起做一个综艺直播来吸引用户，来看一看这个活动的ROI如何。

首先说收益，这个活动主要影响的是两类人群，即新用户和老用户。对老用户来讲，本身可能处于老用户自然衰减的过程中，但是通过这次活动，可能会再次触达老用户，让老用户回想起还有这么个东西，影响老用户的残余价值（Customer Lifetime Value，CLTV），例如从行为上可以发现老用户相较之前一段时间来的频率变高了，或者停留时长变长了。对于新用户来讲，因为通过这种养猫综艺可以拉来比较精准的定向新用户，新用户的LTV也是收益项。

成本是活动的硬性成本，请人、场布等，并且由于是一个线上活动，对吸引过来的新老用户都会有对应的承接方法，这些承接方法中难免涉及运营成本，并且假如用户是通过平台上宣发的这档综艺的广告吸引来的，甚至还会增加广告成本。

到这里完成了对这次活动的浅层ROI的描述，基本上可计算的收益项和成本项比较清晰了，接下来更深入地去看。

对于这个综艺活动，为了达到足够好的效果，业务方会通过采买广告的形式去吸引更多用户过来，现在比较流行的是各大社交平台上的付费广告，例如抖音，业务方向抖音的广告商购买了定向的广告位，并且会针对相关对猫感兴趣的人群展示这个广告，按每次展现收费，这种广告以竞价广告为主，竞价广告就是出越多的钱就可以在竞价广告中获得更多的优势，从而获得更多的展现，相应的收入也会变高，广告的出价 r 既是成本项本身，又是可以控制收益项的杠杆，这里的ROI需要怎么计算？

还是先看收益项，分成老用户看到广告后的残余价值的提升及新用户的LTV，这个指标都可以拆解成用户数量×单个用户的LTV或者ΔCLTV，越高的出价 r 带来越多的展现，越多的展现带来更多的用户，越高的出价 r 获得越多的展现，因此新老用户的价值函数都是与出价 r 相关的函数。成本也一样，成本可以拆解成单次展现出价 r×展现次数，出价 r 越高展现次数越多，相应的成本消耗也越高，成本也是出价 r 的单调函数，因此在计算ROI时，由于ROI＝收益/成本，所以可以直观地发现，ROI本身是一个跟出价 r 相关的函数，也就是刚才说的出价 r 实际上变成了控制ROI的杠杆，通过调节出价 r 的大小去控制ROI的大小。

1.2.2 案例7：摆地摊的ROI测算

之前有一段时间，地摊经济的概念很火，并且兴起很多新式的地摊，例如地摊上做烧鸟，地摊上煮高品质的泡面等，摆地摊看起来是一个非常低端的生意，并且几乎没有从业门槛，很多人看不上，但实际上仔细算算可能会发现摆地摊的产出可并不低，因此在思考要不要摆地摊之前，不妨先算算摆一个地摊大概能赚多少钱。

地摊主要做的是晚饭和夜宵生意，例如在杭州这样的城市，平均下班时间可能在晚上6点左右，整个晚饭时间持续到10点左右，这也是杭州作为互联网城市的一个特征，那夜宵时间通常是晚上11点到凌晨2点左右，先假设做的是泡面，这应该是个人人都会做的餐饮，一般出摊就需要在泡面上有些特色，例如做红烧牛肉面，但是泡面摊做的是实物与照片相符版的泡面，即有牛肉和蔬菜。当然更多的产品意味着更高的定价，实际上的利润空间也会更高，假设一碗牛肉面30元，原料会用到一包泡面3元，一些煮好的红烧牛肉10元，些许蔬菜1元，成本不过14元，一个摊位上可以多摆几个炉子，假如是4个，以满足繁忙时段的需求。这些燃气、调料费可能只需1元成本，那卖一碗面就是100%的利润，也就是15元。可能15元对大多数人来讲算不上什么大数目，但是我们换种方式理解，在电商行业中，例如现在的拼多多、抖音，他们的平均客单价可能不到100元，平均商品毛利率也就15%～20%，一个小摊子的利润已经赶上各大平台了！

有了利润，接下来需要知道销售量是多少，地摊一般摆在大型商业体楼下或者大型企业楼下，杭州的连锁商业体龙湖天街及阿里巴巴、字节、网易这些公司的楼下就常年出没摆摊的生意人，这些地方人流量大，并且一般从晚饭时间开始一直持续到晚上11点甚至深夜，假设一个大企业周边或者大商场周围这段时间的人流量为5万人，其中的用户转化率为0.5%，即1000个人中有5个人会购买食物，那5万人就可以转化250人，由于是面食，人均下单商品量基本就是1单，所以就有250单。实际上从这里也可以反向去推算需要多少口锅，煮一碗泡面大概耗时5min，250单就需要1250min，而假如是晚上6点到凌晨2点，一共只有8h，也就是480min，所以大概需要3个锅，这样才基本保证不会有做不完的生意，更别说流量可能会出现集中的情况，需要更多的锅保证流量不外溢，选择4口锅也是很合理的。如果是250单，则一天的营业额就有7500元，一个月的营业额是225 000元，利润是112 500元，看起来已经非常可观了。

当然上述的情形里有些是可以相对确定的变量，有些则是相对不确定的变量。人流量尽管工作日和周末会出现高低不一的波动，像公司旁边工作日流量较高，周末流量较低；商业综合体周围是工作日流量较低，周末流量较高，但这个规律是普遍存在的，平均到每天的流量也会相对固定。用户转化率依赖产品本身，做得好一些的铺子转化率会高一些，但某一种食物会有它相对固定的转化率。同时一个月的工作时间也可能无法做满，受个人原因、天气原因影响也会有些减少。这些林林总总加在一起，对最终营业额的影响可能只有原来的20%，也就是一个月有45 000元的营业额，对应利润为22 500元。实际上已经相当可观了。

实际的数据可能不像例子中那样乐观，但是在出摊前先使用ROI思维想一下，也能知道生意的关键点和风险点是怎样的。

还有一些更为复杂的例子，例如其实本身业务因为用户的属性不同，在两个不同的App上运营着自己的用户。就好像抖音和抖音极速版，淘宝和淘宝特价版，微信和QQ，在大部分情况下这两边的用户是大比例互斥的，为了方便区分，假设同一业务有A、B两个App在运营，各自有各自的用户，现在这个活动是A做的，由于推广渠道、范围的原因，难以避免地会使本来在B上的用户也看到这个活动，那么B业务是否应该向A业务输送用户呢。假设有用户被活动从B吸引到A上了，那他的ROI发生了什么变化呢？

这个案例中的收益是从B来到A上的用户的LTV，可以说对于A来讲是新用户，同时会除去B上的用户的CLTV，两者的差值是收益项，同时成本是在B上的投放成本。这个ROI算下来可以发现是一个跟B上用户本身相关的函数，因此在做这类活动时，往往优先考虑不同App上的用户是否存在内部迁移的可能性，以及对于不同阶段的用户是否有更加合适的载体，以此来获得充分的ROI。

抛开ROI本身计算的方式方法不说，基于ROI去做事就是非常好的一种解决事情的方法，ROI思维其实也就是大局观，每当制定策略、做活动时，不能只去想着眼前这件事是不是正向收益的，其相关的事情会不会因为策略而带来联动的收益或者损失，也不光只看一两天的收益，而是放到更长远的时间、更大的空间去看策略对业务的将来有什么样的影响。例如，做一个策略提升了用户的留存，那反面思考是不是降低了单日的收益；或者通过一些精准人群的渠道购买到了留存率相对较高的用户，这个留存率高可能体现在次日留存或者7日留存，那长期看他们的生命周期长吗？生命周期价值高吗？又或者通过一些活动和促活手段将一群沉默用户唤醒了，但有没有可能在不久的将来这些用户本来也会醒过来，只不过是被提前叫醒了，他们的生命周期价值没变；再或者一个新业务自己的增长和留存都不错，但是不是跟其他业务有重叠，抢走了别的业务线上的用户价值呢？这些都是典型的ROI思维。

总体来讲，ROI思维对做事或者决策有3点帮助：①为每个决定和计划提供一个量化的理论支持。每当作一个决策或者行动时，如果能够把ROI算明白，或者保证ROI始终大于1,则起码可以认为这个策略是一个合理的策略,是一个可靠的策略; ②在计算的过程中寻找劣势点,为策略的改进迭代提供建议。计算ROI本身就是通过非常多的环节和指标组合起来得到最终的结果,在这个过程中可以清楚地知道哪一个环节数值偏高、哪一个环节数值偏低,从而影响了ROI,以此可以针对问题环节进行优化。例如在之前提到过的私域流量运营的例子中,用户增长阶段就有多个环节,从购买流量到最后转化的每个环节都有一个转化率,这个转化率的高低,或者通过调研可以知道市场水平和当前水平的Gap有多少,这样就可以有针对性地进行改进; ③通过ROI思维可以更加清楚地看到整个行动的全貌,每个行动都有可能引发别的事情的变化,ROI计算的过程也是了解整个事件的过程。

1.2.3 案例8: 广告投放中的ROI测算

ROI思维在广告投放中是应用最广的,每个App都需要通过各种渠道来获量、买量,通过推广来获量是第一件事,第二件事是有了流量之后的变现,客户在App内要么产生购买行为,如购买道具、购买商品,要么单击付费广告,第三件事是后续的精细化运营,其中获量一直被认为是最重要的事,流量从哪里来? 花钱做推广的部门,其实压力很大,钱怎么花得更有价值,而且要在不同维度中花,还要花得有理有据。第一类传统线下广告(户外、地铁、公交等),这一类数据是不可被统计且不可被量化的。所有的效果反馈,数据都是由渠道说了算,你听了未必信,但也没有更好的办法来佐证; 第二类是电视广告,虽然有调研机构提供收视率等各类数据,但是依然不可被量化,也不可被实时统计与实时跟踪,只能听代理商、媒体平台的一面之词; 第三类是基于互联网、移动互联网的广告投放,这部分数据可以被科学量化,也是ROI思维可以被充分利用的场景。

实现ROI考核,得看你能否还原用户决策行为并做到科学归因,现在一些公司宣称能做媒体渠道归因数据分析,但是大部分公司做的归因是末次单击互动型归因,即把所有功劳归因给末次单击的渠道,这显然是不科学的。说到科学归因,需要还原用户的决策行为。有人在直通车单击广告产生了购买行为,但不能把这一转化全部归给淘宝直通车。也许用户之前因为看了电视广告产生了印象,出差时看了机场灯箱上的广告加深了印象,在朋友圈看到某人转发的图片,心里想着哪天买来试试,突然某天心血来潮在淘宝搜索并购买了。来自不同渠道的广告信息都对用户所做的购买行为转化产生了促进作用,而目前市场通用的末次单击归因是极不科学的,而多触点归因又很难做到,因为线上多渠道的数据很难打通,此外不同渠道的分配比例也很难界定,但是在一个具体渠道内进行归因是可以实现的,例如针对IOS推广的苹果竞价广告投放。它作为一种新兴推广渠道,之所以受CP青睐,因为它可以做归因,告诉CP哪些下载量来自哪个关键词,从而帮助CP改进关键词投放方案,此外这种渠道也利于结算、效果考核、方案改进。同样是App Store推广,ASO(无论是关键词优化,还是积分墙等干预型)就没法归因了。

苹果竞价广告的归因分析,最有价值的地方在于通过数据反馈来核算关键词的投入产出比(这里所讲的关键词也可以理解为不同的渠道),它关注由词投放开始所引发的展示、单击、下载、购买乃至复购。在竞价广告投放上,不能光看CPA,有的关键词可能价格高一点,但是它转化也更好，实际算下来也许是相对便宜的。例如某游戏 CP 投 Game 这个词，价格很高，应该加大投放还是减少投放？再例如某个词价格很便宜，应该提高预算还是减少预算？这就需要结合 ROI 数据进行评估与优化。

这其中包含了需要 ROI 思维来回答的三大问题：①是否知道所投放的关键词分别带来的下载量；②哪些关键词产生了购买转化；③关键词的 ROI 及怎么实时按 ROI 调整投放。

按常规模式，从数据上知道投放的关键词分别带来的展示量、单击及下载，如第 1 个词带来 100 下载量，第 2 个词带来 20 下载量，往往会加大第 1 个词的投放，减少第 2 个词的投放；加入 ROI 思维后会发现带来 100 下载量的词无转化无购买，而带来 20 下载量的词转化及购买较高，在 ROI 数据的基础上会做出正确决策：加大第 2 个词的投放，减少第 1 个词的投放。这里说的苹果竞价广告 ROI 不是指苹果 Search Ads 的官方归因 API，目前苹果归因 API 只能追溯每个下载来自哪一个关键词，依然停留在前端表面，而广告主不仅想知道下载量的来源，更想知道由词带来的用户后续转化行为（购买转化、复购等）。一般来讲需要接入第三方 SDK 做定制化埋点方案才可以得到这一部分有价值的数据。

通过 ROI 获知投入产出比高的关键词，加大对这些词的投放，从而不断地提升转化率，这就是 ROI 思维。有一个社交 App 的投放案例，是一个有内购的产品，很多游戏 App 有内购，做推广当然要考虑带来变现。这个社交类 App 是一个高端社交产品，目标用户群较为垂直。这时这个 App 的拥有者就想进行投放来拉新用户，他对于用户质量有更高要求，比较看重用户后续付费行为等转化数据。自 2016 年 11 月起，他自己一直在进行 ASM 投放，随着红利期逐渐消失，自 2017 年 3 月开始，CPA 成本逐渐升高，下载量没有起色（维持在 100＋的下载量）。希望通过进一步改善投放策略，降低 CPA 价格，尤其是提升下载量与 ROI，这也是客户的核心诉求。

携带 ROI 思维主要要做两件事：①产品分析，产品长期维持在社交分类 300～400，榜单相对比较稳定，投放渠道主要为 Facebook、Google 及 ASM。初始投放情况为，App 主 3 月份自己投放的数据平均 CPA 维持在 2～3 美元，日均下载量维持在 100 左右，从 2 月份开始，数据基本维持不变，投放进入平稳期。也就是说，CPA 客户还是满意的，但是量始终上不去；②制定投放策略，通过对 App 主的 App 状态和当前市场竞争现状进行了解后，对 ASM 投放制定了迭代优化的投放策略，其实也是不断地筛高精准词、高转化词的过程，称为漏斗形：针对已投放广告系列及广告组进行梳理，按照拓词、筛词、长期投放词重新进行分类并设置组目标；针对每个关键字通过智投平台自动规则系统及智能调价系统进行批量监测和管理，以 CPA 为目标进行优化；根据投放情况及市场态势，优化后台关键字，提升产品相关度，增加可投放词数量，根据投放效果不断地优化关键字及出价。

第2章

标签与评分：千人千面的基础

现在，大大小小行业在经历初期的粗犷式扩张业务以后都会做精细化运营，所谓的精细化运营其实就是对不同类型的消费对象做差异化运营，在互联网上通常被称为千人千面，最常见的就是进入淘宝时展示的商品和推荐的好物，即不同人打开淘宝时所展示的商品是完全不一样的；还有大众点评、小红书，一般进入首页时都会显示相关的推荐信息，这些推荐信息根据人的不同也是不同的。千人千面能力可帮助用户过滤掉不感兴趣或者无用的信息，帮助业务提高用户的转化效率，属于一种双赢的模式，这也是为什么大大小小的行业都非常重视这个能力的原因，但是在生成这种能力之前，需要做很多数据能力建设，也是数据分析师充分发挥作用的应用场景，下面就来一一拆解。

2.1 数据分析对象的有效标签

千人千面从字面意思理解就是对一千个人有一千个面，这个面也称为用户画像，用户画像就像一幅画像一样通过对颜色、线条、人物等的描述来构成画像，在用户画像里面称为标签。用户标签是构成用户画像的核心因素，是将用户在产品/平台上面所产生的业务数据、行为数据、日志数据等进行分析提炼后生成具有差异性特征的词条。例如用户在某产品上在某个时间点在某个场景下做了某个行为，将这些信息进行提炼形成对业务有用的输入，从而变成一个个标签。

1. 标签存在形式

用户标签可以有很多种存在形式，可以是用户的自然属性，可以是对用户交易、资产数据的统计指标，也可以是基于某些规则总结出的一些分层。无论是哪种形式都是对用户的某个维度特征进行描述与刻画，让使用者能快速获取信息。好的标签需要具备如下4点特征：①原子性，即用户标签是用户画像特征刻画的最细粒度；②可复用性，标签可以被多次使用，而非一次性标签；③可度量性，标签值和价值可被度量和计算；④可组合性，标签可被自由组合以生成组合标签。

2. 标签分类方式

标签有多种分类方式。按更新频率来分可分为静态标签、动态标签，例如“性别”这个标签，一般来讲是不会随着时间而变动的，所以它属于静态标签，而“最近一次访问时间”会随着每次用户的登录而更新，也就是动态标签；按开发方式分可分为事实标签、规则标签、预测标签，这一种分类方式是从技术开发角度区分的。事实标签是从底层数据表中取出原始数据，进行简单的加、减、乘、除运算而得到的标签，例如“最近一次登录距今天数”这个标签，它反映基本事实。规则标签则是进行了业务定义后的标签，例如“流失用户”这个标签，基于业务认知，可以将“最近一次登录距今天数”大于 30 天的用户定义为流失用户，不同公司会有自己的定义方式。预测标签是需要利用算法分析预测才可以得到的标签，例如电商产品常通过用户的下单行为去猜测用户的性别，通常算法类标签涉及复杂的逻辑与权重，开发难度大，在所有标签中占比不高。按生成规则分可分为单一标签、复合标签，一般来讲，上述的统计类标签可以说是单一标签，而规则类和算法类标签就是需要多个单一标签组合而成的复合标签；从层级上分可分为一级标签、二级标签、三级标签等，同样，层级也是为了业务理解更加有序才产生的，例如一级标签是大类，按具体行业和业务可以分为人口属性、行为属性、营销属性、商业属性等。二级标签可以具体下分，例如商业属性下二级标签可以分为优惠券，三级标签分为优惠券-敏感度高/中/低用户。当然，如果业务逻辑复杂，则可能还会有四级标签。

一般的中大型公司或多或少已经建设了自己的标签，但实际使用效果却差强人意，很难驱动业务产生价值。互联网行业搭建统一的用户标签体系要解决的常见痛点：标签口径不一致。用户画像、精准营销平台人群圈选、算法特征都涉及用户标签，各个系统存在标签同义不同值、同值不同义的问题。举个例子，互金信贷行业的通过率就有至少三种不同的统计口径，风控部门是以授信通过或者审核通过为准，财务部门以放款为准等。不同部门因侧重点不一样而导致对这个指标的定义不一样。企业建设统一的标签平台规范口径也是数据中台的重要内容。标签指标重复建设，用户标签分散，重复建设，难以统一管理。形成了局部数据孤岛，存在重复建设问题。例如和标签生产相关的团队就有好几个：数据团队模型开发人员要做自己的模型变量标签，存在多个模型工程师重复建设同一标签而产生大量同质的标签表，数据分析团队归纳业务需求总结出来的标签，例如用户生命周期标签，若分析团队位于不同部门，则重复建设情况更为严重，再加上技术开发人员做的营销平台、消息系统、优惠券平台等需要打常规的用户标签来选人等。标签生产周期长，互联网公司的标签生产流程大致如下：业务提标签需求→数据对接人（一般是数据 PM 或者分析师）收集转化→提交给数据开发（离线开发与实时开发）→数据开发按业务逻辑清洗数据，导入平台系统→后台开发做成数据服务统一对外输出标签。

一般如果没有做标签上线流程的配置化，则此时还需要前端开发介入，整个流程耗时长，从平均需求产生到上线耗时一周甚至更长时间，有些国有企业由于指标涉及部门多、决策流程长，生产常规运营标签耗时竟然可以达到 1 个月，这样的生产流程根本无法满足业务快速发展的需求。业务运营靠经验，手工操作流程多且周期长，在缺乏统一标签平台或者没有精准圈人平台之前就会导致效率低下。以信贷行业为例，一般运营人员做活动的流程如下。活动前：运营提选人需求→分析师提数→风控人员按规则过滤用户→运营手动分组并将名单导入营销系统→选择触达方式(消息/优惠券等)和触达周期(一次性/周期性/实时等)→触达用户;活动后:运营将名单再次交给分析师→分析师将数据提交给运营→运营分析活动效果。

这里存在很多拍脑袋决策的节点,例如运营圈人规则看不到人群数量,容易出现圈定人群样本量过少而无法进行营销活动;运营在看不到人群画像和分布的情况下,手动盲目对人群进行分组AB实验,容易导致AB实验结论不可靠。活动效果分析没有横向和纵向对比,无法客观得出活动到底做得怎样。当然这里面还存在诸多手工操作的地方和维护困难的地方,例如每次圈人过风控规则,圈人后手工导入营销系统,手动将名单交给分析师做效果分析等。

基于以上种种痛点,建设一个统一可用的用户标签体系就显得极为关键了,建设标签体系的核心原则是从业务中来,到业务中去,以终为始,怎么用来倒推怎么设计,脱离业务去设计的标签缺少实际的落地场景,这些都是无用的标签,实际上这是很多公司数据部门容易犯的错,数据部门想要从数据层面去驱动业务,基于自身过往从业经验,拍脑袋梳理和设计了上百个标签,却发现业务根本不买单。数据部门价值体现的最佳方式就是融入业务团队,知道业务的来龙去脉和痛点。一套正确的数据分析梳理业务的顺序是:明确商业目的→梳理业务流程→收集业务痛点→汇集整理标签,最后才是开发标签反哺业务。

3. 标签设计方法

设计标签可以归纳为以下三种方法:①方法一,基于业务主流程来设计标签,以信贷行业为例,梳理后信贷业务主流程为激活→注册→登录→认证→申请进件→风控→放款→还款→逾期催收。以激活到注册流程为例,为精准化识别用户渠道及后续做渠道成本结构优化,这个环节可能需要的标签是注册渠道、获客渠道、渠道类型、结算类型、获客成本、注册设备等。再以申请进件到风控流程为例,结合流程中常见的业务场景,可能需要的标签:首次/最近一次申请时间、产品、额度、是否通过,总申请次数、金额,拒绝次数、放弃次数,通过类型(人工、系统自动)等;②方法二,基于业务场景来设计标签,以典型运营场景为例,信贷业务主要靠老户复贷挣钱,促老户复贷是经常会做的一个运营活动,思考活动运营的3个要素(活动对象、在什么场景、执行什么策略),这时需要的标签可能是用户类型(新老户)、最近一次成功还款时间、金额、最近一次借款产品、产品偏好、优惠券敏感度、响应度、额度敏感度、响应度等;③方法三:基于北极星指标自顶向下设计标签,一般公司每年会基于大的战略方向制定公司整体的北极星指标(指引业务发展的指标),然后基于整体业务指标自顶向下拆分到各业务部门,各业务部门再根据运营策略拆解成更细的指标。

2.1.1 案例9:信贷公司用户画像

举个例子,某信贷公司制定当年度北极星指标为利润、注册量、放款量、逾期率,其中利润为主指标,其他3个指标围绕利润指标进行平衡。提升利润的核心是提升放款量,但提升放款量会带来获客成本上升及坏账成本上升问题,所以这是三者的平衡。先来拆解利润指标:利润=收入-成本、收入=放款人数×人均放款金额×收益率、成本=获客成本+坏账成本。提升放款人数，常见的运营手段有低成本获客，优化各环节转化率，提升借款通过率，涉及的标签类别是获客场景标签、各节点是否完成转化标签、借款行为场景标签等。提升人均放款金额需要配合做用户运营，例如单期转分期、短期转长期、优质用户提额、促进老用户复借等，涉及单期、累计借款金额、笔数、最近一笔距今时长、用户产品偏好、用户资质、用户等级、续贷间隔、续贷次数、用户生命周期等标签。

另一方面是成本指标，信贷公司最大的成本可分为两部分：获客成本和坏账成本。降低获客成本，本质上需要接入更多优质渠道及优化CPA/CPS结算的转化率，基于此这里涉及的标签是注册时间、注册渠道、获客渠道、渠道类型、结算类型、获客成本、注册设备等；降低坏账，本质上是对逾期用户进行管理，需要很多贷款信息标签和逾期信息标签，例如累计逾期金额、累计逾期笔数、最近一次逾期时间、最长逾期时间等。

此外，设计一个好的用户标签平台还需要考虑如下特征：①数据和业务团队双赢策略——标签生成自助化。让使用方自助生成标签是数据团队和业务团队双赢的策略，既提高了业务团队运营的效率，又解决了标签的业务字段逻辑沟通的成本，同时释放了数据团队开发标签及维护标签的工作。标签生成自助化的前期开发成本较高，适用于在中期上线第1版后再来落地。②标签系统价值的可持续性——建立有效的标签管理维护机制。标签的维护包括标签规则及元信息维护，标签生产调度机制及信息同步，有统一的输出接口。这是持续释放用户标签平台的重要步骤，也是容易被忽视的环节。③标签平台的运营。标签平台是数据产品，既然是产品就需要运营，让我们的用户更好更高效地使用起来。及时关注用户反馈，经常通过一些运营手段来触发用户，让产品和用户交互起来。

对标签的质量进行科学完整地评估，有助于控制标签质量，指导标签的管理者、开发者不断地提升标签质量。通过创建一套完整的评估体系，对于质量过差的标签，可以考虑不进行上线，等达到基本的质量要求后才能开放给业务以供使用。不然，既不会对业务带来价值，也容易让标签画像系统失去用户的信任。评估可以从以下三层来评估标签的效果和价值。

1. 数据层面

一般使用3个指标：覆盖率、准确率、稳定性。①覆盖率是指在一个标签中，有业务含义的人群数量与总人群数量的比例。举个例子，“优惠券敏感度”标签，全量用户是100万人的规模，其中20万人打上了“高”标签，20万人打上了“中”标签，30万人打上了“低”标签，其他30万人没有打上任何标签。那么，“优惠券敏感度”标签的覆盖率就是70%。这个覆盖率还算可以，如果覆盖率过低，则可能会有下面的负面影响：用标签进行人群圈选时，人数过少，无法满足运营活动对样本量的最低要求；用标签统计平台用户的特征时和真实情况会有统计偏差，即样本无法代表整体。一般而言，用户自己填的标签和模型算法打出来的标签，覆盖率会偏低。②准确率是指在给用户打的标签中，准确反映事实的人群数量与总人群数量的比例。举个例子，“性别”标签，总用户100万人，真实情况是男60万人，女40万人，系统打标成男50万人，女30万人，其他20万人根据交叉矩阵，真实是男且标签是男用户40万人，真实是女且标签是女用户25万人，则标签准确率为(40+25)/80=81.25%。真实情况是现实世界标签的准确率往往是很难评估的。一般会用一些外围样本数据来辅助验证,例如对于性别标签,可以抽样让客服电话调研获得真实性别数据,通过样本来估算整体。③稳定性是在指给用户打的标签中,能在指定时间前被准确计算出来的次数比例。举个例子,信贷行业中的关联指标"通讯录中近30天有借款逾期人员的比例",这类指标需要计算几亿的通讯录表,和业务表关联好几次,计算复杂度高,高峰时期容易执行不出来结果。稳定性标签还要根据各标签的计算复杂度来综合评估,一般静态类标签稳定性比较高,算法预测类标签或者关联上下游表比较多的标签在特殊情况下稳定性会差一些。一般而言,稳定性要99%以上才能被业务接受,关键时刻不能掉链子。

2. 应用层面

(1) 用户覆盖度。可以使用两个指标衡量覆盖度:产品触达率和产品使用率,产品触达率=触达用户数/目标用户数。举个例子:标签产品目标用户(产品,运营)共计100人,知道该产品的用户有80人,则触达率为80%。产品使用率=使用过的用户数/触达用户数。

(2) 标签使用度。使用度可以从以下几个指标综合评估,包括使用次数、使用热度、服务调用次数。可考虑人均聚合或者阶段汇总聚合。对于应用使用度低的标签,可以针对性地进行分析,不断提升每个标签的使用价值。

3. 业务层面

业务价值是业务人员对标签系统的主要考核价值。标签系统业务层面的应用很广泛,从精准营销、精细化运营到个性化推荐、广告匹配系统、BI系统。以精准营销平台为例,一般业务价值可以从降本增效来考虑,例如从营销成本降低、营销频次提高、营销人效提升等角度来衡量。参考指标为,营销成本降低:以前运营圈人活动平均响应3天→现在0.5天;覆盖场景数提升:以前一周内覆盖50%运营场景→现在一周内覆盖90%运营场景;触达用户数提升:每日触达2万用户→现在每日可触达10万用户。

另外一个比较好的指标就是业务运营的ROI,业务如果用了一个标签,对一群人进行了投放,ROI是日常投放的好几倍,则这个标签的价值可以说是毋庸置疑的了。这时,可以说这个标签的业务价值很高。标签系统实际上可以大幅降低业务运营的成本,导致整体ROI提升,这需要和业务配合起来进行评估。例如有个同类活动在使用标签系统前的ROI和使用后的ROI对比,更会彰显标签系统的价值。

如果能找到一些和业务核心KPI直接挂钩的评估手段,则会更加彰显标签平台的重要性。这里有个问题:如何准确统计这些指标,需要数据人员和业务人员沟通敲定。标签体系的业务价值衡量确实是个难点,很难直接评估,而业务向上汇报过程中往往会将标签平台的价值一带而过,强调人和运营的重要性而忽视工具和平台的重要性。这就需要数据人员自己具备业务价值量化评估的能力,一个好的方式是多和业务部门合作,参加业务部门运营活动会议,用数据去影响和驱动业务部门,让业务离不开数据团队,自然业务就会在给老板的汇报中多多体现数据标签的价值。这样才能实现业务和数据团队的双赢局面。

用户标签体系是个庞大的系统工程,不可能一蹴而就,需要随着业务的发展情况而不断地迭代完善和丰富。在设计过程中，需要抛弃一上来就大而全的设计理念，根据业务需求场景逐步落实和丰富标签，毕竟能产生业务价值才是评价标签体系的根本。还要不断地研究和学习业界优秀的标签平台（CDP/DMP 平台），这会给自己设计产品带来一些灵感，例如业界做得比较好的有腾讯广点通、阿里巴巴的达摩盘、字节跳动的 CDP 等。

企业在发展的过程中，要依据具体的数据成熟度和数据应用度来衡量是否有必要建立自己的用户标签体系。大厂标配的 CDP 平台并不适用于所有公司，数据产品存在的本质也就是降低企业经营和业务决策的成本。

2.1.2　案例 10：美妆产品用户画像

形成的用户画像从时态上也分为静态画像和动态画像，静态画像（基础属性、地理属性等）主要用于一些对用户有明确的属性要求的场景，例如女性内衣大概率推荐给女性、打火机大概率推荐给男性，而动态画像（例如最近 30 天有没有登录 App，最近 7 天有没有购物行为，最近 1 天有没有刷过短视频等）更多的是一些行为上的数据标签，主要用于有明确目的的营销活动中，例如新人礼包一定是发放给过去一段时间没有进行过消费的用户。在实际的业务问题中经常需要组合很多数据标签，究其原因主要是为了转化率和 ROI，见表 2-2，在每个行动都需要付出成本且对每个用户都是一样的情况下，如果能找到对业务来讲更加匹配、转化率和 ROI 更加高的用户群体，就能取得更好的收益，这也就是精细化运营。

表 2-2　美妆产品用户画像定位表

用户画像	人均补贴金额/元	人群数量/万人	下单转化率	人均支付金额/元	ROI
女性	200	300	12%	220	0.132
干燥性皮肤	200	120	16%	267	0.2136
生活在一线城市	200	200	10%	253	0.1265
白领	200	40	20%	312	0.312
35 岁以下	200	100	22%	337	0.3707
35 岁以下、生活在一线城市的干燥性皮肤的白领女性	200	20	45%	478	1.0755

用户画像的应用是一个抽象出来使用的过程，对于要研究的对象，第 1 步，对对象个体进行分析，找出典型用户；第 2 步，提炼典型用户关键特征，形成用户画像；第 3 步，使用画像筛选目标用户，进行转化，举个实际的例子。

2.2　标签的组合与量化

当对某个主体搭建起了足够多的标签之后，例如这个主体是用户，往下一步就会想办法通过这些标签去形成一些有用的输入，以此来帮助业务更好地进行精细化运营，因为在大部分情况下通过单一标签值并不能很好地解决面对的业务问题，例如想要推广一款婴儿辅食器，单单把用户定位在有孩子的人群上远远不够，可能还需要定位在30岁以下的人群上，因为这个年龄段的夫妻更大概率孩子年龄较小；可能还需要定位在女性人群上，因为像这种婴儿的辅食器材更大的可能是孩子的妈妈才能想到；可能还需要是一、二线城市，因为在三、四线城市婴儿的培养可能没有这么细致，于是需要把这些标签都筛选出来，这些有价值的标签共同组合构成了用户的画像。

用户画像大类别上会分成虚拟用户画像(Persona)和数据用户画像(Profile)，其中虚拟用户画像由很多偏感性、描述的标签构成，例如用户对产品的黏性、用户使用App的频率等，这些词都是基于对用户真实的需求情况而来的，可以比较清晰地反映对用户的认知。数据用户画像就更像是一个档案，更多地由客观的事实标签构成，例如是否已婚、是否有房等，可以清晰地对用户的情况和价值有比较明确的判断，分类案例见表2-1。

表2-1 用户标签分类表

	Profile	Profile	Profile	Profile	Profile	Persona	Persona
用户	性别	收入	身高	教育程度	是否有车	黏性	App使用率

用户画像，不管是Persona还是Profile都是特征工程的典型应用，都需要通过数据分析和挖掘从用户的各类数据中提炼出有价值且在足够量的用户群体上有共性的点，因此尽管对于一个用户可能有成百上千个有效的标签，但其中可能有很多标签是重复的且具有干扰性的，在制作用户画像时需要尽可能地保留有价值同时简洁的标签作为画像的有效标签，例如用户长期活动在北上广等城市和用户生活在一线城市本质上对于描述用户来讲是同一件事。

2.2.1 案例11：外卖员画像

现在的夏天一年比一年热，到7、8月时有的城市气温经常要高于40℃，因此在各大城市外卖行业增速都非常快，但是愿意在炎热的天气下骑电瓶车配送外卖的外卖员的招聘就不那么简单了，例如美团，美团的骑手大部分是由各地代理商承包的，美团按照配送单量与代理商结算，代理商再和骑手结算。骑手大多是外来务工人员，流动性较大，因此对于代理商来讲，维持稳定的招聘率对保障骑手业务十分重要，那么代理商应该从哪里获取骑手、获取什么样的骑手才能维持稳定的招聘率呢？用户画像发挥着巨大作用。步骤一：调研目前的骑手，找出典型用户，筛选典型特征，当需要对个体进行研究时，如果有现成的数据库，则一般可以从数据库中获取数据进行分析；如果没有现成数据，则可以通过用户调研形成定量数据。例如对美团的某代理商调研有骑手100万人，其中80%以上的骑手为"90后"，并且从其中收入处于中位数的骑手及刚加入的骑手的工作现状、收入、来源渠道发现，骑手画像的基础信息是农村出生、"90后"、男性、大专以下学历；行为信息是喜欢玩手机、喜欢打游戏、容易月光；心理动机或者说入职想法是不喜欢太复杂的工作、不太喜欢坐班、喜欢时间自由。步骤二：通过画像找出目标群体，由骑手画像再去找寻对应的目标人群或者目标人群的聚集场所进行招聘，相对的招聘率就可以更高，ROI也更高。

在标签中有些标签属于定值标签，例如性别、地域等，这些标签是可以通过值明确定义的，但有些标签（例如商品的品牌调性高低、店铺消费者评价的好坏、商家信用等级的好坏）即使可以用一些程度词去形容高低，但在进行比较严格的数据分析时就会遇到问题，或者会把类分得太大，并且在有些数据分析场景，也很难用唯一指标作为标准来评价对象的好坏。例如在电商平台上什么是好商家，可能经营效益好、品牌调性高、买家评价好、违规操作少、发货时效性高的商家是好商家，但这里就已经涉及4个维度的数据了，每个维度下可能又会有多个度量指标，例如经营效益好，可能分拆到最近的销售情况、用户的整体复购等，因此通过把标签量化成评分，构建一套关于目标的总和评估方法，可以有效地对目标进行好坏的区分

2.2.2　案例12：店铺评分系统

以两大电商平台淘宝和京东为例：淘宝天猫的店铺评分体系分为商品体验、物流体验、售后体验、纠纷投诉、咨询体验共5个维度，每个维度下有1～3个指标，每个指标又分档，最终结果会分成2、3、4、5分，总分则是在这5个维度分上进行加权计算得出；京东的店铺评分体系分为用户评价、客服咨询、物流履约、售后服务、交易纠纷、加分项、减分项，总体的设计思路可能大差不差，但京东的这些指标背后有很多算法逻辑，相对的分值也会复杂一些，不过总分也是通过加权得出来的。

那么，类似这样的评分体系如何设计？以下篇幅着重介绍统计学方法构建评分，实际上在一些大公司里经常会听到类似这些达标和画像的工作需要用到算法、模型，但其实算法和模型主要是把构建的对象更加科学化、精准化，其本质仍然需要有一个例如评分体系这样的结构在里面，否则假如不加筛选地使用成百上千个特征让算法自己学习以形成评分体系，大概率的情况下会发现，得出的评分体系不具备业务上的解释性，也就是常说的黑盒，这样对业务优化也是十分困难的，这也是常说的“数据和特征决定了模型的上限，模型和算法只是逼近这个上限”，利用非模型方法构建综合评分，主要是解决3个基本问题：特征、权重及效果评估。

特征选择及处理，特征其实是指对研究对象来讲比较有代表性和描述性的标签，就像可以通过鹰钩鼻来准确地筛选出来一部分人，那鹰钩鼻就是这个人群的特征。特征的选择方法有很多，如过滤法（Filter）、包裹法（Wrapper）、嵌入法（Embedded），每种方法有各自的操作理念，如图2-1所示。总体来讲，特征的选择需要衡量其合理性、冗余性及全面性。

在确定特征合理性的方法上主要介绍两种方法。第1种是熵理论，在一个评分体系的构建中会有很多特征输入，有的特征信息量大，有的特征信息量小，所谓信息量大，就是把本来不确定的事情变得十分确定，于是在数据处理中引用了熵的概念，熵这个字来源于物理学，其定义为热量与温度的比值，反映的是系统的无序性，在这里把特征携带的信息量比作熵，称为信息熵，量化信息熵大小主要有3个因素：①单调性，发生概率越高的事件，其所携

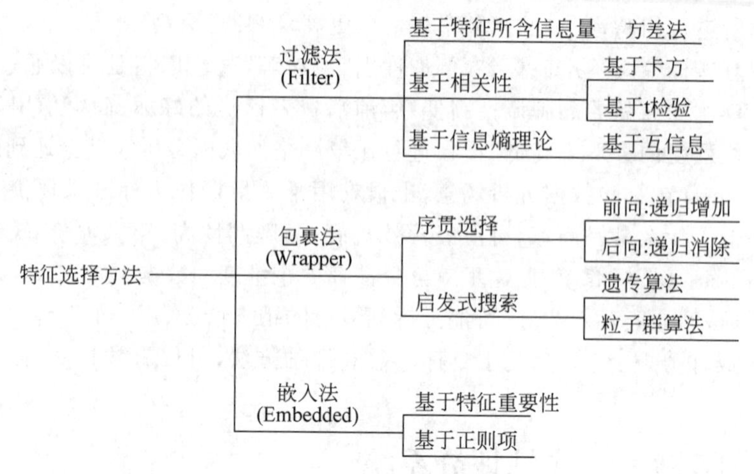

图 2-1 特征选择方法类型图

带的信息熵越低,例如"太阳从东方升起"是一个确定的事件,基本不携带任何信息量,不管是对于什么对象,这个信息都无法消除任何不确定性,因此这个特征的信息熵为 0;②非负性,也就是信息熵不可能是负数,因为对一个对象的描述不可能在得到一个新的信息后反而增加了不确定性,这是不合逻辑的;③累加性,多个随机事件同时发生存在的总不确定性是可以表示为各事件不确定性的和的。克劳德·香农从数学上严格证明了满足上述 3 个条件的随机变量不确定性度量函数具有唯一形式,如式(2-1)所示。

$$H(X) = -C\sum_{x \in X} p(x)\log p(x) \tag{2-1}$$

如果在一个评分系统当中又进来了一个新的标签,则可按照新的标签的每个值对原特征进行分类,然后在每个小类里都计算一个小熵,再对每个小熵加权求和,称为条件熵,如式(2-2)所示。用另一个标签对原来的特征分类后,原标签的不确定性会减小,因为多了新标签的信息,而信息熵和条件熵的差值就是该信息的信息增益,即新增信息后原信息的不确定性降低的幅度。

$$H(Y \mid X) = \sum_{i=1}^{n} p_i H(Y \mid X = x_i) \tag{2-2}$$

第 2 种是 IV 值,IV 值是以证据权重(Weight Of Evidence,WOE)为基础进行计算的,WOE 相当于对原先的一个变量进行分组处理,如分箱或者离散化,常用的离散方法如等宽分组、等高分组,或者利用决策树分组。分组后对于某个分组 i,WOE 的计算公式如式(2-3)所示,其含义是"当前分组中响应用户占所有响应用户的比例"和"当前分组中没有响应的用户占所有没有响应用户的比例"的差异。

$$\text{WOE}_i = \ln \frac{P_{y_i}}{P_{n_i}} \tag{2-3}$$

也可以理解为当前组中正负样本的比值与所有样本中正负样本比值的差异。差异越大则 WOE 越大,这个分组里的样本响应的可能性就越大,而 IV 值衡量的是一个变量的信息量,相当于是自变量 WOE 值的一个加权求和，其值的大小决定了自变量对于目标变量的影响程度。特别地，在变量的任何分组中都不应该出现响应数为 0 或非响应数为 0 的情况，这反映到实际的特征上意味着这个标签对全量适用或者不适用，可以直接把这个分组做成一个规则，作为特征模型的前置条件。

确定完特征的合理性之后，需要进行特征的冗余性检查，实际上即使特征冗余对整体特征模型的准确性影响不大，但在计算的过程中往往意味着不必要的复杂，一般来讲，检查冗余性主要通过相关性的度量来筛选，最常用的一种相关系数是皮尔森相关系数，也称为皮尔森积矩相关系数(Pearson Product-moment Correlation Coefficient)，一般记为 r，用来反映两个变量 X 和 Y 的线性相关程度，如式(2-4)所示，r 值介于 -1 到 1 之间，绝对值越大表明相关性越强。

$$r=\frac{\sum_{i=1}^{n}(X_i-\overline{X})(Y_i-\overline{Y})}{\sqrt{\sum_{i=1}^{n}(X_i-\overline{X})^2}\sqrt{\sum_{i=1}^{n}(Y_i-\overline{Y})^2}} \tag{2-4}$$

使用皮尔森相关系数有几个需要注意的基本点：第一，皮尔森相关系数是用来衡量线性相关性的，因此在数据的分布不清楚的情况下，直接比较皮尔森相关系数不能说明任何问题，就算是皮尔森相关系数大(非线性相关也会使皮尔森相关系数很大)，也不能说明两个变量线性相关，必须画出散点图进行比较；第二，离群点对皮尔森相关系数的影响很大，观察公式也可以知道，皮尔森相关系数基于平均值、方差，因此离群点会导致较大偏差，在实际检验过程中需要根据实际情况判断是否将其剔除；第三，皮尔森相关系数的假设检验部分用到的是 t 检验的方法，实验数据是成对地来自正态分布的总体，两个变量的观测值也是成对的，每对观测值之间相互独立。

完成了特征的相关性检验其实相当于筛选出了有效且相互不太重叠的标签了，但是筛选出可以构成特征的标签也会存在置信问题，例如商家，只成交了一笔订单并收获好评，是否意味着这个商家就是最好的商家呢？同样地，另一个商家只成交了一笔订单并收获差评，是否意味着这个商家就是最差的商家呢？因此对特征还需要进行置信度处理，并且实际上正常的置信处理基本上会基于样本服从正态分布去进行，但在小样本时并不可靠，因此进行特征处理时，经常会用到威尔逊区间。来看个实际的案例，在如大众点评、美团等一些非常注重评分系统的 App 上，在样本量小的初期多多少少也会通过威尔逊区间去做评分的处理，对于一个商家的评价这件事有几个基本的事实：①每个用户的投票都是独立事件。②用户只有两个选择，要么点赞，要么差评。③如果投票的总人数为 n，其中点赞的数量为 k，则点赞的比例 p 就等于 k/n。威尔逊的思路是，p 越大，就代表这个项目的好评比例越高，越应该排在前面，但是，p 的可信性取决于有多少人投票，如果样本太小，p 就不可信，但是可以知道的是，由于 p 是二项分布中某个事件的发生概率，所以可以计算出 p 的置信区间，因此这个好评率的标签就可以分为 3 个步骤，第 1 步：计算每个对象的好评率；第 2 步：计算每个好评率的置信区间；第 3 步：根据置信区间的下限值进行排名，值越大排名就越高。当然这样的做法会导致排行榜前列总是那些票数最多的对象，新对象或者冷门的对象很难有出头的机会，排名可能长期靠后。

在完成了上述的一些特征的必要性处理之后，针对特征还可以做一些优化处理，其中最常见的就是去量纲化，去量纲化可以消除特征之间量纲的影响，将所有特征统一到一个大致相同的数值区间内，以便不同量级的指标能够进行比较和加权处理，主要的去量纲化方法有 3 种，适用于不同类型的数据，第 1 种是 0-1 标准化，也叫归一化，是让不同维度之间的特征在数值上有一定比较性，这样可以大大地提高分类器的准确性。归一化的缺点是最大值和最小值非常容易收到异常点的影响，当样本中有异常点时，归一化有可能将正常的样本挤到一起，例如 3 个样本的值分别为 1、2、10 000，那对这样的 3 个样本归一化之后，1 和 2 会被挤到一起，即被视为同一类值，但实际情况中 1、2 反而可能是样本标签的两端，因此这种方法的稳健性(稳健是 Robust 的音译，也就是健壮和强壮的意思。它也是在异常和危险情况下系统生存的能力。例如，计算机软件在输入错误、磁盘故障、网络过载或有意攻击的情况下能否不死机、不崩溃，就是该软件的稳健性)较差，只适合传统精确小数据场景。第 2 种是正态标准化，这种方法只适合正态分布的数据，对异常值的缩放有限。第 3 种是分箱，类似排序，这种方法对异常数据有很强的稳健性，分箱的方法一方面可以将缺失值作为一类特殊的变量一同放进特征里面，另一方面分箱后降低模型运算复杂度，提升模型运算速度，对后期生产上线较为友好，分箱的弊端也很明显，分箱处理的过程相当于对标签值做了进一步细分，这个处理过程是多出来的。

经历过上述步骤以后，基本可以把一个特征需要用到的各种标签筛选出来了，下一步对特征的标签值做权重设计，就例如一个店铺是不是好店铺，肯定会优先去关注例如销售商品好不好，发货时效好不好，消费者的评价好不好，至于店铺面积大不大，装修好不好就会次一些，再后面如服务员声音好不好听，店内有没有卫生间就是对于评价是不是好店铺相对更不重要的标签了，因此每个标签对于特征都有不同的权重值。

2.2.3 案例 13：层次分析法

权重设计也有很多方法，最经典的是层次分析法(Analytic Hierarchy Process，AHP)，层次分析法是将决策问题按总目标、各层子目标、评价准则直至具体的备选方案的顺序分解为不同的层次结构，然后用求解判断矩阵特征向量的办法，求得每层次的各元素对上一层次某元素的优先权重，最后用加权和的方法递阶归并各备择方案对总目标的最终权重，此最终权重最大者即为最优方案。还是采用店铺评分来举例，按照店铺评分进行拆分，往下大致可以拆出如图 2-2 所示的结构。

在实际拆分过程中应尽量按照互相不重叠的原则进行拆分以保证每个层次和子层次具有足够的独立性，拆解完层次以后，根据每个层次的重要性及强弱进行权重打标，如图 2-3 所示。

而关于每个层级之间重要性的相互影响关系，也需要做出明确定义，因此可以得到一个 AHP 重要性矩阵，见表 2-3。

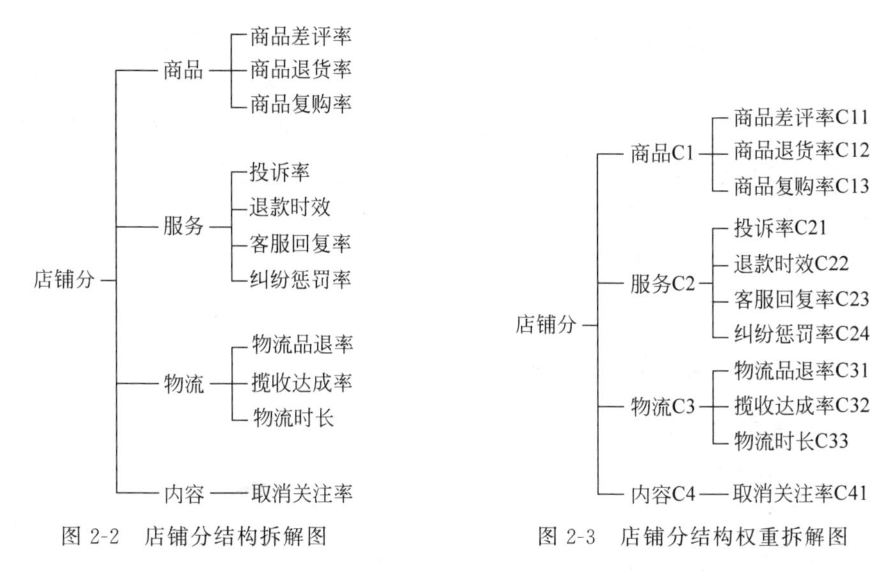

图 2-2　店铺分结构拆解图　　　图 2-3　店铺分结构权重拆解图

表 2-3　AHP 重要性矩阵

店　　铺	商　　品	服　　务	物　　流	内　　容
商品	1	4	4	8
服务	1/4	1	4/4	8/4
物流	1/4	4/4	1	8/4
内容	1/8	4/8	4/8	1

这里需要引用到一致性定理：当且仅当其最大特征根 $\lambda_{max}=n$，n 阶正互反矩阵 $\boldsymbol{A}$ 为一致矩阵；当正互反矩阵 $\boldsymbol{A}$ 非一致时，必有 $\lambda_{max}>n$。Santy 提出的一致性比例检验法是：随矩阵的对称位置两个值的乘积为 1，然后进行一致性检验和权重计算，随机抽取 1～15 阶的判断矩阵各 500 个，根据式 $(\lambda_{max}-n)/(n-1)$ 计算出各个判断矩阵的亲密度(Closeness Index，CI)，然后以被抽取样本判断矩阵的平均值作为随机一致性指标阻力系数(Resistance Index，RI)，用一致性比例 CR=CI/RI 来检验并判断矩阵是否具有一致性，若 CR≤0.1，则认为判断矩阵满足一致性要求。一致性检验结果如图 2-4 所示，所有矩阵通过一致性检验(强一致性阈值 0.1)，判断矩阵对应于最大特征值 λ_{max} 的特征向量 $\boldsymbol{W}$，经过归一化后即为同一层次相应因素对于上一层次某因素相对重要性的排序权值，这一过程称为层次单排序结果，见表 2-4。

表 2-4　层次单排序表

矩　　阵	C1	C11	C12	C13
CR 值	0	0	0	0
维度	商品	服务	物流	内容
权重	0.615	0.154	0.154	0.077

还有一种权重值设计方法采用的是粗糙集理论，粗糙集理论是一种新的处理模糊和不确定性知识的数学工具，其主要思想就是在保持分类能力不变的前提下，通过知识约简，导出问题的决策或分类规则。建立在粗糙集理论上的综合评价模型，重点仍然是对于权重的确定，主要将评价模型中的权重问题转化成为粗糙集中属性重要性评价问题。为了找出某些属性(或属性集)的重要性，我们的方法是从表中去掉一些属性，再来考察没有该属性后分类会怎样变化。若去掉该属性相应分类变化较大，则说明该属性的强度大，即重要性高；反之，说明该属性的强度小，即重要性低。粗糙集理论在这里就不展开讲解了。

2.2.4 案例14：层次分析法应用

日常生活中有很多决策问题，例如购买大家电时同一类商品有不同品牌、不同颜色的区别，去旅游也会去抉择哪个地方好，影响抉择的因素有很多，例如景色、交通、住宿、饮食等，当面临各种各样的方案时，需要进行比较、判断，直到最终做出决策，并且这些因素可能由于个人情况的不同，有不同的比重，爱好美食的人在选择旅游地点时会尽可能地挑选有好吃的地方，热爱拍照的人会优先选择风景好的地方，像这种无法量化的影响因素在业务中是比较头疼的，而AHP层次分析法可以把主观因素量化。

就拿选择旅游地点来讲，选择一个旅游地方可能的影响因素是景色、费用、住宿、饮食、耗时，接下来就是对这几个因素做权重设计，如果想要权重设计更为科学，更为有迹可循，则可以使用Santy的1-9标度方法，他的方法是：①不把所有因素放在一起比较，而是两两比较。②对比时采用相对尺度，以尽可能地减少性质不同的各因素相互比较的困难，以提高准确性。所谓的成对比较是表示本层中所有因素针对上一层某个因素的相对重要性的比较，形成的成对比较矩阵中元素 a_{ij} 表示的是第 i 个因素相对于第 j 个因素的比较结果，Santy的1-9标度方法给出了数值上的定义，见表2-5。

表2-5 Santy标度表

标度	含义
1	表示两个因素相比，具有相同重要性
3	表示两个因素相比，一个因素比另一个因素稍微重要
5	表示两个因素相比，一个因素比另一个因素明显重要
7	表示两个因素相比，一个因素比另一个因素强烈重要
9	表示两个因素相比，一个因素比另一个因素极端重要
2,4,6,8	上述两个相邻判断的中值
倒数	如果因素 i 与 j 比较的判断为 a_{ij}，则因素 j 与 i 比较的判断为 $a_{ji}=1/a_{ij}$

对旅游地点的影响因素进行两两比较并对结果打标，得到关于旅游地点选择的重要性矩阵，见表2-6，其中 A_1 代表景色、A_2 代表费用、A_3 代表住宿、A_4 代表饮食、A_5 代表耗时，例如 $a_{14}=3$ 则表示景色因素对比饮食来讲是稍微重要的。

表 2-6　旅游决策因素判断矩阵表

	A_1	A_2	A_3	A_4	A_5
A_1	1	1/2	4	3	3
A_2	2	1	7	5	5
A_3	1/4	1/7	1	1/2	1/3
A_4	1/3	1/5	2	1	1
A_5	1/3	1/5	3	1	1

在得到了两两比较的结果之后，还需要对更下一层的各个因素做上层某因素的影响程度的排序，这就涉及层次单排序和一致性检验的计算，在表 2-6 中就存在检验不一致的情况，例如 $a_{21}=2$ 意味着 A_2 对比 A_1 的重要性是 2，$a_{13}=4$ 意味着 A_1 对比 A_3 的重要性是 4，那么按照推断 A_2 对比 A_3 的重要性应该是 8，即 $a_{23}=8$，而实际上 $a_{23}=7$，这就不一致了，而实际上在一致性矩阵中允许不一致的存在，但需要确定不一致的允许范围。通过第 2 章中讲到的计算方法，可以得到对于表 2-6 的对比矩阵，它的最大特征根为 5.073，特征向量 $\omega=(0.263,0.475,0.055,0.090,0.110)^T$，一致性指标 CI=0.018，随即一致性指标 RI=1.12，因此一致性比率 CR=0.016<0.1 通过了一致性检验，如果成对比较矩阵属于可接受的一致性或者一致性矩阵，则可以使用特征向量来近似计算层次单排序权重，由此可以计算出 A_1、A_2、A_3、A_4、A_5 对应的权重为[0.2636,0.4758,0.0538,0.0981,0.1087]，把计算过程同样复制到下一层，假如有 3 个目标地点 B_1、B_2、B_3，对景色 A_1 这个指标的成对对比矩阵见表 2-7，则可以计算出 B_1、B_2、B_3 对于 A_1 来讲对应的权重为[0.0819,0.2362,0.6817]，以同样的方法去构造 B 值对于每个 A 的对比矩阵，可以得到所有 A 对应的 B 值权重。

表 2-7　目标地点判断矩阵表

	B_1	B_2	B_3
B_1	1	2	5
B_2	1/2	1	2
B_3	1/5	1/2	1

当然这个不会有标准答案，对于不同的决策者来讲，这个权重往往是不一样的，全部算出来后通过计算每个 B 对于 A 的值，可以得到最终的 B_1、B_2、B_3 的得分，从而进行决策。

第3章

用户分层与生命周期：业务服务的是一个人及他整个“一生”

在实际的业务运营过程中，运营的核心是用户，通过各种各样的运营活动达到目的，例如拉新、促活、留存、转化，而每个有目的性的运营活动都必须针对某类特定的用户，用户生命周期为运营提供了一个大的准绳，每次运营活动都针对在某一特定生命周期阶段的用户基础上的细分，这样才能达到运营活动的效果，并进行有效评估。

3.1 用户生命周期 *N* 种分层方式

要准确理解用户生命周期，必须分清楚用户寿命、用户年龄、用户生命周期这3个概念的差别。用户寿命(类似于人的寿命)：指用户第1次访问产品到流失的整个时间段的长度。可以使用历史截段数据计算用户的寿命，根据用户寿命的分布了解用户使用产品的周期；对不同寿命的用户进行分层，进一步挖掘用户特征，可以帮助业务人员了解用户流失的原因，同时也可以对现阶段用户的流失时点进行预测，进而采取有针对性的运营策略，以减少用户流失；用户年龄：指尚未流失的用户，目前时点与用户第1次访问产品的时间间隔的长度。通过用户年龄可以刻画留存用户的使用产品时长的分布规律，一方面能够侧面反映用户的忠诚度，另一方面针对不同年龄段及同一年龄段按其他维度的分类特征进行挖掘分析，能够指导业务人员延长用户寿命；用户生命周期：是全部用户从第1次访问产品到流失的整个过程中的阶段划分。阶段划分的标准可以参考用户留存曲线和用户购买频次及其他指标进行划分。在用户生命周期的基础上，进一步细分用户特征，帮助运营人员做有针对性的运营，延长用户生命周期，促进用户购买商品，最终提升GMV。用户生命周期是用户阶段的划分，不是一个数值。接下来看几个用户分层的案例。

3.1.1 案例15：店铺用户生命周期分层

根据业务形态的不同和营销目的不同，在实际对用户进行分层的过程中会采用多种不同的分层规则，拿淘宝上面的商家来讲，早期淘宝上的商家依托平台的自然流量使自己接触到更多的用户，而在成功地完成用户积累之后，又会偏向于把对店铺忠诚的用户发展为会员或者加到专门的店铺群里，什么样的用户适合加群及适合加什么群都非常关键，如果对用户做出了一个错误的营销动作，则很有可能流失用户，因此需要对用户做出科学且明确的分层，大部分电商体系里的用户分层是基于 RFM 模型去实现的。

举个所有店铺都在做的东西，对用户分层以待后续做差异化运营及计算用户的生命周期价值，由于对于店铺来讲不像 App 可以一直登录，很多用户进入店铺主要就是为了购物，并且停留时间不会特别长，因此一般来讲对于一个店铺去衡量用户分层的指标就是下单数，假如去年上半年一共新增了 10 万名新用户，也就是有 10 万人在店铺中下了第一单，那对于每个用户从他第一单开始的往后一年里统计下单数，见表 3-1。

表 3-1　店铺用户购买订单数量分布表

购买订单数	下 单 人 数	购买订单数	下 单 人 数
1	403 234	5	54 638
2	87 320	6	26 310
3	71 529	⋮	⋮
4	63 289	50	3421

初步的分层可以通过数据的分布情况实现，观察数据的分布情况，并且在数据出现拐点或者说趋势出现变化的地方进行分层，像表中数据的情况，下 1 单的用户、下 2～5 单的用户、下 6 单及以上的用户可以分为不用生命周期的用户群体，也可以通过画图观察图像的变化点并以此进行判断，如图 3-1 所示。

图 3-1　店铺用户购买订单数量分布图

可以发现在下 1～2、5～6 单的地方函数图像出现较大的转折，可以根据这一点进行用户分层，可以初步地把下 1 单的用户分为新用户，把下 2～5 单的用户分为尝试期用户，把下 6 单及以上的用户分为老用户。

3.1.2 案例 16：平台用户生命周期分层

也有的业务形态并不是基于电商的，例如抖音，抖音的用户增长也是呈爆发式的，不到 10 年时间已经做到 3 亿以上的活跃用户了，用户在新接触一个 App 时可能会对各种不同的功能进行尝试，而后根据自己对 App 的适用程度形成自己的使用频率和场景，因此根据在产品上的使用寿命和使用频率可以对用户进行分层。

拿类似抖音这样的产品举例，根据用户使用抖音的时间长度的不同和使用深度的不同，业务上可以做非常多的差异化运营，假如过去半年一共新增了 10 万名新用户。首先通过进入 App 时长，也就是从用户的使用寿命上，可以对用户进行分层，这里可以根据不同的产品类型去筛选用户的范围，例如通过计算平台上平均用户的使用频率可发现大部分用户最少 3 天内会登录一次 App，那取用户时可以取最近 3 天的活跃用户（登录过的），这样基本可以保证取到所有的留存用户，然后对这些用户查看他们的寿命情况，如图 3-2 所示。

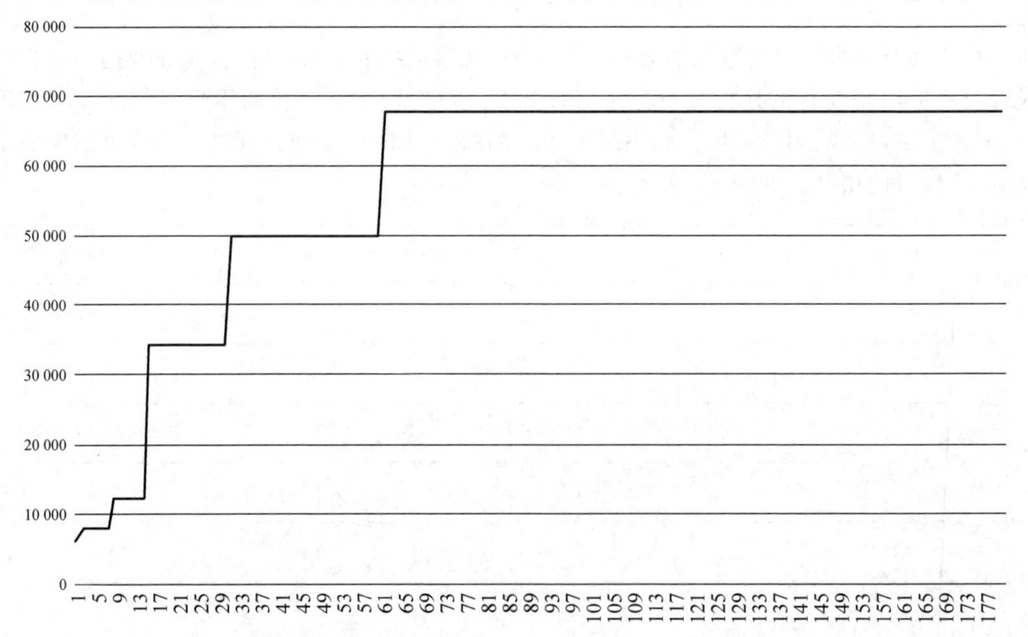

图 3-2 新用户分布图

图 3-2 中的数据为了使案例方便比较，使用了比较极端的数据，实际情况应该是比较平滑的，但是趋势上会跟图中一样，例如在首日、7 日、14 日、30 日、60 日、180 日时都是有跳变的点，这些点就对应地把用户分成当日新用户、一周内新用户、两周内新用户、一月内新用户、双月内新用户、半年内新用户，并且也可以得到对应用户分层群体的分布情况，见表 3-2，如此可以知道现存的用户还是老用户占比较高。

表 3-2　新用户分布表

用户类型	人数占比	用户类型	人数占比
当日新用户	0.06%	一月内新用户	5.31%
一周内新用户	0.45%	双月内新用户	14.50%
两周内新用户	0.84%	半年内新用户	78.85%

其次还可以通过用户的登录次数和登录时长来查看用户的使用深度，拿登录次数来举例，用户范围仍然选择和上述一样，即最近 3 天活跃的用户，得到的结果见表 3-3，可以清晰地知道 App 上的用户使用深度情况，根据使用深度的分布情况也可以把用户分成初新用户、轻度用户、中度用户、深度用户。

表 3-3　用户登录情况分布表

用户分层	用户占比
初新用户(过去 30 天登录 5 天以内)	17%
轻度用户(过去 30 天登录 10 天以内)	12%
中度用户(过去 30 天登录 17 天以内)	14%
深度用户(过去 30 天登录 20 天以内)	57%

此处省略了一张图像，在实际切分过程中也不一定就是按照程度词粗略地进行分层，例如对于轻度用户也可以根据实际的数据分布情况再细拆成 1 类轻度用户、2 类轻度用户、3 类轻度用户等更细的分级。

实际上用户分层之间也可以进行组合，像用户年龄和用户使用深度就被经常组合在一起，因为同样一个深度用户，如果仅是一个一月内的新用户，则有可能处于接触一个新事物的尝新期，或者因为某些活动因素导致这段时间密集性地登录 App，例如电视剧开播、热门综艺开播等，而如果本身是一个半年内的新用户，并且是一个深度用户，则大概率他对 App 已经形成了自己的使用习惯，并且也确确实实地已经变成了一名深度用户。

像上述的用户分层方式多种多样，但总体来讲用户分层主要根据生命周期进行分层，大致可分为导入期、成长期、成熟期、休眠期、流失期。导入期：用户获取阶段，将市场中的潜在用户流量转换为自家用户，也可以称为潜客期，这个用户阶段的标准是用户是否进入业务之中，对于电商业务来讲就是下首次订单，对于 App、平台型的业务来讲就是首次登录。成长期：进入业务并激活，已经开始体验业务的相关服务或功能，体验过 Aha 时刻，所谓的 Aha 时刻就是用户意识到业务的价值点的时刻。这个定义是比较有趣的，实际上这个时期代表着业务做完了一件事——让用户体验并感受到业务的价值。做任何一个业务，首先是对业务的价值有明确的认知，例如现在推出一款服务，但凡是通过我开发的这个工具进行网上购物的顾客，每个订单都可以减免 5 元，在合理的情况下，基本可以认为顾客刚了解这个减免功能，并且不会造成其他利益损失的情况，顾客肯定会愿意使用这个工具，那对于业务来讲，我只需在顾客经过导入期，接触到这个工具以后，能够在成长期把这个工具的价值表达清楚就可以了。成熟期：深入使用产品的功能或服务，贡献较多的活跃时长、广告营收或付费等。成熟期的用户是一个业务的核心用户，如果把每个用户身上的投入和产出都计算出来，则成熟期用户是ROI上可以打正并且盈利的。休眠期：一段时间内未产生价值行为的成熟用户，也被称为即将流失的用户。这也是一批特殊的用户，过去一段时间里这批用户在业务中属于核心用户，但出于某种原因他不用了，分析是什么原因并维护这批用户也是业务中的重要话题。流失期：超过一段时间未登录和访问的用户。

3.2 用户生命周期中的无限可能性

完成了用户生命周期的分层以后，接下来就要开始对不同阶段的用户做差异化运营了。实际上任何一个业务都是为了让利益最大化，如果把这个利益分拆到用户身上，则可以得到

$$\text{利益} = \sum_i \text{类型}\ i\ \text{用户数} \times \text{类型}\ i\ \text{平均用户价值} \tag{3-1}$$

因此，要想让产品价值最大化，要么使用户不断增长，要么提升用户的单体价值，而驱动用户单体价值的方向只有两个：要么提升单体用户价值，要么延长用户生命周期。整个用户生命周期管理的两个问题点：①不是所有用户都会经历完整的用户生命周期，并非所有用户都是按照导入期→成长期→成熟期→休眠期→流失期的步骤走完一个完整的生命周期。很多用户可能在导入期或者成长期之后，因为各种原因就直接流失了。那么依托数据支持，找到这种原因的共性，其实就是用户生命周期管理的一个重点工作（这里后面会详细讲到）。②不是所有产品都需要管理用户生命周期，初创期的产品，因为用户量级不够，可以暂时不用对用户生命周期进行管理。卖方市场的垄断型产品可以不用对用户生命周期进行管理（只此一家，别无分号，你想流失都没地方去）。例如各类银行的网银App等。

如何建立用户生命周期管理模型？

（1）结合业务与数据，定义用户各阶段的特征，上面讲到了，用户生命周期分为5个阶段，对应的就是不同阶段用户的产品参与程度。那么如何做出一个合理且具备可执行力的分类规范呢？这就需要结合业务能力与数据分析能力了。①导入期，下载、注册、激活的用户。导入期没有什么好讲的，所有的新用户都属于导入期。②成长期，不同产品的成长期的定义都是不同的。电商类产品、工具类产品、直播类产品等都是有区别的，而同属于电商类或者直播类的产品，不同的公司，不同的运营体系也会有不同的定义方式。例如电商类的产品，习惯把完成首次下单后的用户定义为成长期用户。例如免费工具类的产品，习惯把用户完整地使用过一次产品功能定义为成长期用户。例如直播类的产品，习惯把用户首次充值或者观看直播累计超过50min的未付费用户定义为成长期用户。成长期的阶段信号，一般是首次完成付费、使用路径完整或者使用时长超过阈值等。用户发现了产品的价值，并有了一定的认可度。为了让用户进入成长期，各种运营方法开始出现。例如电商类的产品，赠送大红包、首单折扣，甚至于拼多多给新用户几乎免单的优惠等是为了促进用户的首单消费。例如工具类产品，通过用户指引，一步一步地引导用户使用产品，快速走一遍完整路径，也是为了加快用户进入成长期。③成熟期，成熟期的阶段信号基本上是重复购买、频繁登录或者

经常使用等。成熟期阶段的用户是产品最重要的用户，也是能够带来最多收益的用户。用户运营的工作重点，也是处于这个阶段的用户。RFM模型、金字塔模型等，诸多的用户分层方法都是针对这个阶段的用户来的（这个后面也会详细讲到）。④休眠期，关于休眠期的定义，和成长期类似。不同行业，以及不同企业有不同的定义。有些企业把一段时间不登录定义为休眠（时间周期比流失短一些）。电商公司则习惯性地把一段时间内未下单定义为进入休眠期。直播产品则一般把一段时间内未充值且在线时间下降到一个范围内称为进入休眠期。这个阶段的用户价值开始走下坡，无论是充值金额、购买次数、在线时长等关键指标都在下滑。⑤流失期，××天未登录的用户被视为流失用户。具体是多少天，则根据行业、过往数据等进行定义。

（2）用户归类，这个很好理解，就是把现有用户根据确定分类标准进行分类。

（3）用户价值提升策略，①梳理行为路径，用户进入产品后会有非常多的行为路径。A-B-C-D，或者A-C-D-B，又或者A-D-C-B等。每个用户根据自己的操作习惯和使用目的等会存在非常多的行为路径，但是作为运营，我们不希望新用户体验太多的行为路径，尤其是偏离主线的路径。因为越多的分支，就存在越多流失的可能，因此，需要定义一条最优行为路径。通过优化最优行为路径，让用户第一时间感受到产品的Aha时刻；通过优化最优行为路径，减少用户在其他路径上的流失；通过优化最优行为路径，加快用户进入成熟期。举个例子，这是一个直播产品的简易产品路径。那么其中最优路径是怎样的呢？通过对业务的熟悉和对数据的分析，直播产品的最优行为路径：登录App→主播选择页面→进入直播间观看→充值→送礼物→关注。②对路径进行优化，根据数据，可视化成一个桑基图。因为涉及业务等原因，本书所有数据均为脱敏后的数据，均不代表实际业务情况。通过桑基图可以直观地看到流量去向。这时，运营要做的就是对这些非主要行为路径上的流量进行分析。通过运营手段、产品优化等手段，来让非主要行为路径上的流量回归主要行为路径。例如，启动App后，有大部分流量流向了顶部广告，然后从顶部广告直接流失了。那么运营就需要关注一下，是不是广告位置太醒目，能否换个地方？广告内容是否没营养，因此无法留住人？之前有个项目，为了减少用户流失，直接取消了用户选择进房。当用户登录App后，直接进房，无须选择。效果不错，大大降低了这一部分路径上的流量流失。为了优化路径，运营们各种招式纷纷上阵。强制弹窗，把最重要的内容直接弹到用户眼前，让你不关注都不行。新手任务，通过一步一步引导、完成、奖励，让用户忽视其他路径，最快完成最优路径。这个地方，可以运营的点很多，但是道理都是一样的，通过运营手段让最多用户以最快时间及最短距离走完最优路径。③分层运营，提升用户单体价值。如果把用户价值比作一个长方形，则用户生命周期的长度和用户单体价值就是这个长方形的长和宽，所以提升用户单体价值也是其中最重要的一步。

3.2.1　案例17：用户分层四象限法

这里给大家列举一些常用的分成方法。可以按方抓药，根据自身产品的特性选择合适的方法。四象限法，用四象限原理，对用户进行分层。通过7日活跃次数和平均停留时长两个指标维度，把用户分层为四类。重度依赖用户：7 日活跃次数≥X；平均停留时长≥Y，重度活跃用户：7 日活跃次数≥X；平均停留时长＜Y；一般依赖用户：7 日活跃次数＜X；平均停留时长≥Y，一般活跃用户：7 日活跃次数＜X；平均停留时长＜Y。这种方法，适合免费工具类、内容消费类等产品，而在具体运营上，适合采用积分、等级等体系，激励内容消费用户持续活跃，贡献流量价值。金字塔模型，针对内容生产型用户，则可以采用金字塔模型进一步分层。例如直播平台的主播、视频网站的内容制作上传者等。巨星：官方认证巨星主播；明星：官方认证明星主播；达人：官方认证的达人主播；潜力星秀：X＜直播时长＜N、Y＜主播收益＜M；新星：0＜直播时长＜X、0＜主播收益＜Y。通过官方认证的荣誉体系，激励内容生产者持续产出。当然根据产品的不同，荣誉体系对应的收入分发也会有所不同。通过金钱＋荣誉的双重刺激，来激励内容生产者的高效持续产出。RFM 模型，RFM 模型不详细介绍了，相关内容的文章已经非常多。通过 R(距离上一次付费时间)、F(近 30 天付费次数)、M(近 30 天平均客单价)三个维度的数据，把用户分为八类，分别如下：重要价值用户、重要发展用户、重要保持用户、重要挽留用户、一般价值用户、一般发展用户、一般保持用户、一般挽留用户。

对于即将流失的用户做好流失预警：①定义流失用户，××天内未登录的用户被视为流失用户。这个××天如何定义？有两点想法。一方面是根据业务情况等来定义，习惯性地定义为 30/60/90 天。另一方面可以根据召回的效果来定义，例如 10 天、20 天、30 天的召回，效果肯定是阶梯下降的。那么是否会存在一个点，过了这个点后效果会大幅度下降？那么这个点，就是定义流失用户的关键点。②制定召回策略，假设公司把 30 天未登录视为流失用户，那么召回并不是从第 30 天才开始的。3 天、7 天、15 天等关键性的时间段就需要开始召回了。例如每周一，拉取了过去 7 日内没有打开产品的用户名单，这些就是 7 日流失用户。运营通过 Push 或者短信进行召回。这样的工作每周、每月都在重复进行。因为用户的流失是无声无息的，虽然我们将 30 天定义为流失用户的期限，但其实用户并不是 30 天这段时间突然流失，因此，如果可以在第一时间就对用户进行召回，则效果肯定是最好的。这里要强调一下，3、7、15、30 等数据可作为产品的时间选择。具体如何确定时间，大家又如何确定自己产品的时间？唯有不断地通过测试，根据数据反馈来调整。熟悉自己的业务，结合数据反馈来优化，做好这两点，就能确定出最适合自己的时间截点。③召回工具，这个就太简单了，这里不过多阐述，只列举一下各种方法，如站内信召回、Push 推送、邮件召回、短信召回、电话回访等。每个召回工具都有利有弊，选择适合自己的即可，多种方式搭配，效果会更佳。目前主流的是 Push 推送＋短信的搭配，但是如果公司业务是涉及对外的，则邮件也是一个不错的选择。

运营针对用户生命周期进行管理，归根结底就是为了让用户价值最大化。处于不同生命周期内的用户，用户价值是不同的，因此需要运营来有针对性地进行处理，精细化运营。运营手段多种多样，其实结合本书会发现很多之前每天都在做的运营工作，可能终于知道为什么这样做；如何把几个运营动作结合起来，形成一套组合拳等。

3.2.2　案例18：用户生命周期分层

在实际操作中，用户转化状态分析是最复杂也是最难操作的，它比常规的留存分析更细致，并且用户存在多种状态的流转，因此使用 Python 实现用户生命周期的用户状态分层和可视化也是数据分析的重要一环。以用户的订单数据为例，见表 3-4。

表 3-4　用户的订单数据

Userid	Orderdate	Orderid	Amountinfo
142074	2016/1/1	4196439032	9399
56927	2016/1/1	4198324983	8799
87058	2016/1/1	4191287379	6899
136104	2016/1/1	4198508313	5999
117831	2016/1/1	4202238313	5399
151069	2016/1/1	3888183440	4548
124094	2016/1/1	4175774836	4298
107268	2016/1/1	4192119481	4298
146768	2016/1/1	4192909363	3999

第 1 步：数据导入和预处理，代码如下：

```
//第 3 章/用户生命周期分层.数据导入和预处理
Import time
Import pandas as pd
Import numpy as np
#导入原始数据
dtypes = {'ORDERDATE':object,'AMOUNTINFO':np.float32} #设置每列数据类型
raw_data = pa.read.csv('sales.csv,dtype = dtypes,index_col = 'USERID') #读取数据文件
#缺失值审查
Na_cols = raw_data.isnull().any(axis = 0) #查看每列是否有缺失值
Na_lines = raw_data.isnull().any(axis = 1) #查看每行是否有缺失值
#异常值处理
sales_data = raw_data.dropna() #丢失带有缺失值的行记录
sales_data = sales_data[sales_data['AMOUNTINFO']> 1] #丢弃订单金额≤1 的记录
#日期格式转换
sales_data['ORDERDATE'] = pd.to_datetime(sales_data['ORDERDATE'],format = '%Y-%m-%d')
#将字符串转换为日期格式
#数值转换
df = sales_data.reset_index().copy()
df['month'] = df['ORDERDATE'].astype(datetime64[m]')
Grouped_month = df.groupby('month')
```

输出结果见表 3-5。

表 3-5　用户订单数据明细

Number	Userid	Orderdate	Orderid	Amountinfo	Month
0	142074	2016-01-01	4196439032	9399	2016-01-01
1	56927	2016-01-01	4198324983	8799	2016-01-01

续表

Number	Userid	Orderdate	Orderid	Amountinfo	Month
2	87058	2016-01-01	4191287379	6899	2016-01-01
3	136104	2016-01-01	4198508313	5999	2016-01-01
4	117831	2016-01-01	4202238313	5399	2016-01-01

第 2 步，将用户与消费时间进行数据透视，代码如下：

```
pivoted_counts = df.pivot_table(index = 'userid', columns = 'month', values = 'orderdate', aggfunc =
'count').fillna(0)
pivoted_counts.head()
```

输出结果见表 3-6。

表 3-6　用户订单数据明细-数据透视

userid	2016-01-01 00:00:00	2016-02-01 00:00:00	…	2016-12-01 00:00:00
51220	0.0	0.0	…	0.0
51221	0.0	0.0	…	0.0
51224	0.0	0.0	…	0.0
51225	0.0	0.0	…	0.0
51226	0.0	1.0	…	0.0

第 3 步，将用户对消费行为按月进行编排，只要用户消费次数不为 0，都视为有消费行为，代码如下：

```
df_purchase = pivoted_counts, applymap(lambda x:! if x > 0 else 0)
df_purchase.head()
```

输出结果见表 3-7。

表 3-7　用户订单数据明细-消费行为

userid	2016-01-01 00:00:00	2016-02-01 00:00:00	…	2016-12-01 00:00:00
51220	0	0	…	0
51221	0	0	…	0
51224	0	0	…	0
51225	0	0	…	0
51226	0	1	…	0

第 4 步，自定义函数，对消费状况打标签，代码如下：

```
//第 3 章/用户生命周期分层.消费状况打标签
#对消费状况打标签
Def active_status(date):
Status = []
For i in range(12):
#若本月无消费
If data[i] == 0:
If len(status)> 0:
```

```
If status[i-1] == 'unreg': # 未注册
Status.append('unreg')
Else:
Status.append('unreg')
# 若本月有消费
Else:
If len(status)> 0:
If status[i-1] == 'unreg':
Status.append('new') # 新用户
Elif status[i-1] == 'unactive':
Status.append('return') # 回流用户
Else:
Status.append('active') # 活跃用户
Else:
Status.append('new')
Return pd.Series(status)

Purchase_status = df_purchase.apply(active_status,axis = 1)
Purchase_status.columns = df_purchase.columns
Purchase_status.head()
```

输出结果见表 3-8。

表 3-8 用户订单数据明细-消费行为打标

userid	2016-01-01 00:00:00	2016-02-01 00:00:00	…	2016-12-01 00:00:00
51220	Unreg	unreg	…	unactive
51221	unreg	unreg	…	unactive
51224	unreg	unreg	…	unactive
51225	unreg	unreg	…	unactive
51226	unreg	new	…	unactive

步骤 5：将未注册替换成 NaN，并计算各状态的值，代码如下：

```
Purchase_status_ct = purchase_status.replace('unreg',np.NaN).apply(lambda x:pd.value_counts(x))
Purchase_status_ct.head()
```

输出结果见表 3-9。

表 3-9 用户订单数据明细-未注册替换

Month	2016-01-01 00:00:00	2016-02-01 00:00:00	…	2016-12-01 00:00:00
active	NaN	400.0	…	403
new	6802.0	6240.0	…	3540
return	NaN	NaN	…	3054
unactive	NaN	6402.0	…	52 679

步骤6：将空值填充为0,并画出面积图,代码如下：

```
Purchase_status_ct.T.plot.area(fontsize = 12,figsize = (10,6))
Plt.title("Status of Users by month",fontsize = 18)
```

输出结果如图3-3所示。

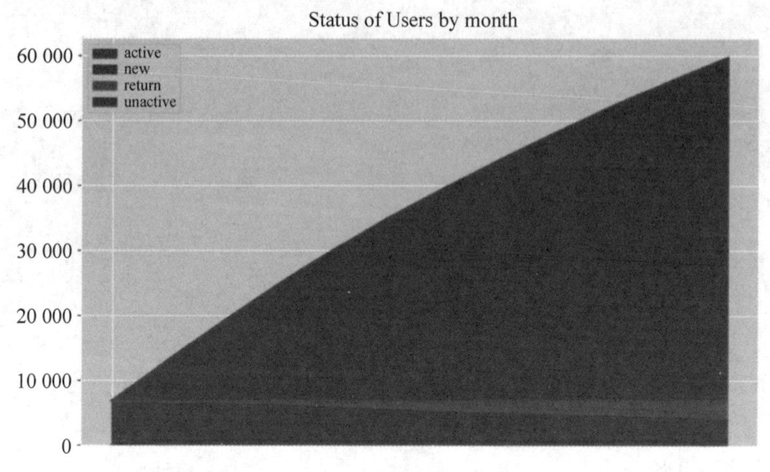

图3-3 用户消费行为分布图

切换成百分比图,代码如下：

```
Purchase_status_ct.fillna(0).T.apply(lambda x:x/x.sum(),axis = 1).plot.area(figsiz = (10,
6),fontsize = 12)
Plt.title("Proportion of Users' Status by month",fontsize = 18)
```

输出结果如图3-4所示。

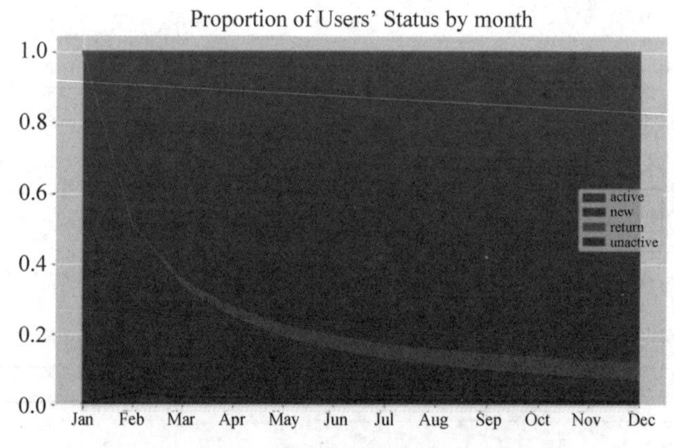

图3-4 用户消费行为分布百分比图

观察图片可知,活跃用户(持续消费的用户)2月份占比最高,后面的月份呈下降趋势;新用户(首购用户)每月下降趋势明显;回流用户(一段时间未消费,本月才消费)有明显的提升,这恰恰说明用户召回运营效果明显,但在拉新上面做得不够好。

3.2.3 案例 19：中国移动的用户生命周期分层运营

用户生命周期的应用作为数据分析里比较基础的板块，除互联网公司，在各大传统企业也都已经在应用，中国移动公司在很久以前就已经对不同生命周期的用户以分层的方式进行精细化运营。

早期的一些传统行业在发展阶段主要依托“规模效益”，即不断地拓宽渠道，增大业务体量以获得更多的利润，但当市场趋于饱和之后都会逐渐向“深度效益”转变，通过更微观的环境、更深度的运营加强产品和客户之间的接触，从而创造出价值。中国移动为自己的用户设立了 5 个大的生命周期阶段和 11 个关键的驱动因素。

(1) 获取期的用户，这个阶段的用户相当于还没真正使用中国移动的用户，对于这些用户有两个关键的驱动因素，一个是购买意向，另一个是获取成本，因此在这个阶段的精细化运营中，又能划分出 4 个重点项目：①渠道规划配置模型，实际上相当于对潜在用户的购买意向程度进行分层，例如上班族和学生族对于中国移动的需求程度就存在较大差异，假如上班族的需求覆盖度是 100%，那学生族的覆盖度可能只有 40%，因此在实际的用户挖掘上从人员配置和预算配置上也会分为不同的配置。②潜在客户价值甄别，用户生命周期价值本身就是跟用户生命周期强挂钩的效益性指标，对中国移动来讲，还拿上班族和学生族举例，学生族的使用可能是住校学生每天给家里打电话，简单聊一聊，仅要求少量的通话时间就可以了，而上班族每天有大量工作可能需要通过电话沟通，因此更能吸引上班族的可能是通话时长更长、价格更高的套餐，学生族更在乎价格更低一些的套餐，在初次接触时就需要拿出有足够吸引力的套餐。③跨区域农村市场拓广，简而言之就是挖掘下沉市场，寻找新的用户增长点，用户生命周期初期对用户的生命周期价值进行分层时就会分出来一些现状价值比较低，但是价值增长空间较高的群体，例如农村市场的用户，由于普及度的问题，很多人不使用中国移动的原因是没有接触到中国移动，而不是不愿意用，因此也可能存在更多的价值点。④传播精确匹配，由于每个新用户的获取成本不同，举个简单的例子，一个 80 岁的人如果还没使用中国移动，则想要去转化这样的人相对来讲是很困难的，但用户价值却又相对较低，因此在互联网平台上投信息流广告时就可以选择过滤掉这个画像的用户。

(2) 提升期的用户，这个阶段的用户属于刚接触中国移动，但还处于对产品进行尝新的阶段，想要长久地留住用户，这个阶段需要充分的消费者引导，有两个重要的驱动因素，一个是经常收入，另一个是服务现金成本。对此，中国移动又在这个阶段总结出了 4 个重要动作。①高价值套餐引导模型，由于话费套餐的选择成本很高，如果消费者自己去线上办理套餐，由于通话时长、短信、流量、铃声等多种项目的多种选择，则往往会很难找到一个最合适、性价比又高的套餐，因此定义电话通知，以活动的形式告知消费者高价值同时高单价的套餐，引导消费者购买更高单价的套餐会促使用户从原来价位的套餐转变为购买更高价值的套餐；②消费承诺分析模型，在早期的中国移动套餐中，有很多套餐需要消费者用到指定额度的通话时长和流量，例如以前推出过国内长途漫游套餐，这种套餐会要求消费者每月国内长途通话时长超过一定门槛，可以获得更低的每分钟话费，而实际上对这些使用该套餐的消费者进行分析，可能会发现部分消费者无法达到降价门槛，因此在话费结算时没有实际享受到套餐的优惠，需要做出调整，避免在提升期影响用户的提升路径；③10086客户分群模型，一个用户的价值与这个用户产生的收益和他消耗的成本有关，一方面需要尽可能地使每个消费者的每个月固定套餐费用达到上限，另一方面也需要降低在该用户身上花费的成本，其中很大的一项就是10086的服务现金成本，在提升期的用户经过一段时间的使用，从10086的使用情况上可以发现，有的用户很少咨询10086进行投诉或获取便利，而有的用户却高频率地需要10086的服务，导致个人身上的服务成本很高，对消耗过度服务成本的用户，需要采取适当的策略降低他的服务成本，或者相应地提高他的收入项；④渠道效率评估模型，如同样在上班族中拉新的用户，在获取期没有体现出足够的差别，但到提升期也可能出现不同程度的差异，如在互联网行业上班的上班族对通话时长其实没有过多的需求，但是对每个月的流量需求却是比较大的，像在传统企业的上班族，可能更多的需求是跟用户保持沟通，需要足够长的通话时长，因此最后表现出来的是，互联网上班族的月固定套餐费用会更高，因为流量的费用相比通话时长会更高，从而导致这部分用户的产出价值更高，把这个收益放到更大的维度上就是互联网上班族这个细分渠道实际上效率更高，在相同资源的情况下，更应该优先使用这个渠道。

（3）成熟期的用户，这个阶段的用户是每个业务最重要的用户，盈利的大头主要放在这部分用户身上，驱动这部分用户的核心因素，一是交叉销售/叠加销售，二是优惠和话费调整。这里面又划分出4个有效的营销动作。①全程精确营销，对于选择每种套餐的用户来讲，具体到每个个体的实际产生消费行为实际上是存在差异的，例如同样选择了100min通话及10个GB流量的套餐的消费者，有的人一个月使用下来流量使用了80%，但是通话只使用了10min或者更少，那实际上可以根据这一点，为这个顾客选择流量更多但通话时长不变或者通话时长更短的套餐，并且用他自身的过往使用情况作为说明点，更有效地进行营销。②关联性交叉销售，现在很多通信运营商也不仅只是覆盖移动通信这一个场景，随着智能手机的更新换代，更多大型互联网公司也已经具备了自身的互联网优势，这具体体现在两端，诸如抖音、B站这些流媒体、视频网站，由于用户长期使用会造成大量的流量损耗，因此他们作为业务方推出了自己的资费套餐，定向性地以较低的价格获得较多的在平台上的视频流量，实现用户和自身的共赢。还有一种是以移动为主体的，由于中国移动也观察到，如用户A每月大量地在爱奇艺上观看电视剧、电影，因此假如用户A可以购买更高级，或者更长期地使用中国移动的套餐，那么中国移动会赠送他视频会员，以此提高用户黏性。③优惠弹性模型，对于成熟期的用户来讲，月资费套餐已经是一个习以为常的消费项了，并且一个用户在经过一段时间变为成熟期用户以后，也渐渐地清楚自己想要的月资费套餐是什么样的，因此不会频繁地对月资费套餐做出修改，但是即使如此到月末难免会出现流量不够、话费不够的意外情况，这时中国移动会推出弹性的优惠套餐，在用户刚触碰到流量上限时给予一个优惠力度较大的流量增值包，往后逐步递减，这样一方面可以获取足够的利润，另一方面对用户的使用体验感也会造成是其自身有持续超流量使用的需求，才导致较高费用的。④群体依附性模型，这种模型主要体现在一些特殊群体上，例如中国移动推出的家庭号、公司号等，由于是群体性的套餐，一般来讲都会理解成有更多的优惠，然而实际上这些群体性套餐，很多时候着眼在群体内部，例如在家庭号套餐中，家庭内部成员互相通话时可以享受更低的资费，甚至免费。这对家庭间通话时长较久的用户来讲是极具吸引力的，即使他会使用一个比他原来更贵的套餐，毕竟比他每个月可能会超量使用通话时长肯定还是划算的，这对公司号也是一样的。

（4）衰退期的用户，衰退期的用户是造成一个业务缩水和失败的主要原因，因此拉回这部分用户也是每个业务的重要课题，中国移动对这个时期的用户有两大核心驱动因素：续签、转移。拆到具体的应用上主要有4种方法：①终端精确营销，对于衰退期的用户来讲，本身相关的资费对他已经失去了吸引力，因此除原来的一些套餐优惠以外，话费外的优惠才能让衰退期的用户重新提起兴趣，买套餐送手机在中国移动是一种常规化的营销手段，从以前存800元话费赠送诺基亚手机，再到现在的使用208元套餐3年赠送小米等手机的活动，这种营销方式具有非常多的营销场景，对于需要使用多个手机的消费者，或者对于给老人添置智能机的年轻人来讲，这个营销活动不仅解决了他的通信需求，同时也解决了他对手机的需求。②捆绑合约到期模型，衰退期的用户可能已经表现出不想再使用移动套餐的意愿了。这时还有一个想法，即尽可能地延长他的离开时间，这样才能在后续的时间里再找到留住他的机会，或者消费者自身的愿望发生改变，因此移动会以在后续的一段较长时间，提供2～3年使用期限内比较优惠的资费套餐，或者用到2年可以获得退费。③品牌迁移引导，很多用户选择离开中国移动是因为对现在的套餐不满意，但是他并不一定是对中国移动不感兴趣，因此中国移动在集团内部也打造了差异化的多条业务线，如全球通、动感地带等，当用户对当前的全球通套餐不感兴趣时，可以向他推荐集团内部的动感地带套餐，并且在用户决定离开的初期通过调查可以知道用户不满意的地方，那么在推荐其他业务时，可以有针对性地避开不满意的地方，并引导用户向其他业务转移。④跳蚤客户监测，对衰退期的用户也需要做好监测，他们之中有部分用户会在各大运营商之间“反复横跳”，对他们每次改变的理由进行收集分类，并找到其中的平衡点，做到最大限度地满足用户。

（5）离网期的用户，离网期的用户实际上可能已经无法再给业务带来多少收益了，但却可以通过对应的操作减少损失，从时间顺序上可以把离网期的用户分为三大环节：离网、坏账、赢回。在离网的关键节点上，中国移动本身有客户的流失预警机制，通过阶段内用户的行为数据收集，形成对离网用户的预判模型，以及时发现用户可能要离网的趋势，做出反应。事实上，在每个用户即将离网时都存在坏账风险，例如不交月资费或欠费停机等问题，由于消费者已经准备离网了，所以他可能不会选择支付这笔费用，这个比例在离网期用户中不在少数，因此也会是一笔不小的款项，中国移动对处于这个生命周期的用户有严格的信用评级模型，对于消费行为不好、历史有欠账风险的用户会及时限制他的消费，或是不让其出现过度使用的情况。

对离网期的用户有一个重要的环节，即赢回或称召回，用户召回本身就是一个用户生命周期划分后的重要环节，在中国移动对用户召回主要通过两个关键性动作：①客户关怀回归，事实上有时用户选择离网的点是非常小的，甚至可能是某次电话服务的客服态度不好，因此在真正放弃使用的情况下，还会导致日常生活不方便，即对通信联网有困扰的情况存在，这时放出一定的利益钩子，吸引用户重新回来使用是非常有效的。②区域间互动赢回，有部分用户由于长期在外工作或是因为上学等原因经常在非手机注册地使用通信服务，导致跨区域的通话使用成本较高，间接导致了用户离网，从历史通信地址上可发现长期异地的情况，对这类用户应及时进行区域间的套餐转移，从而召回用户。

3.2.4 案例20：用户生命周期划分方法

与过去10年相比，最近两年，客户增长得少了，降本增效提得多了，互联网从增量时代进入存量时代。增量时代的核心特点是速度，客户增长是主旋律；存量时代流量成本越来越高，稳定生意最重要。具体怎么做呢？一是培养核心竞争力，二是做用户留存。在增量市场逐渐变为存量市场的阶段，最关键的就是完成从惯于做新用户的生意，向做老用户的生意转变。在对老用户的运营中，最常做的是留存、复购、流失召回。

换回流失用户的好处不言而喻，提升品牌活跃用户占比、延长生命周期、提高收益、降低规模用户总成本等。在做流失召回时，我们通常会遇到这几个问题：这个用户能不能被召回？用什么钩子召回概率更大？召回之后预计能转化多少金额？当遇到这几个疑问时，其实需要解决的是评估每个流失用户的召回概率、偏好、价值这3个问题。

第1步就是从用户生命周期上定义流失用户，流失比较经典的定义是"一段时间内未进行关键行为的用户"，关键点在于如何界定时间周期（流失周期）和关键行为（流失行为）。首先，对于不同的产品关键行为和时间周期都不同。有的产品相对高频，例如外卖平台；有的产品相对低频，例如电商平台，所以必须根据用户使用产品的行为特征、业务属性来定义流失用户，并不是所有的产品都用相同的逻辑，其次，定义流失有不同的方式，常见的方式有拐点法、分位数法和根据业务经验判断法。

拐点法：拐点在数学上指改变曲线向上或向下方向的点，直观地说拐点是使切线穿越曲线的点（曲线的凹凸分界点）。形象地说就是，x 轴上数值的增加会带来 y 轴数值大幅增益（减益），直到超过某个点之后，当 X 增加时 Y 的数据增益（减益）大幅下降，即经济学里的边际收益的大幅减少，那个点就是拐点。在寻找拐点时，以流失周期为 x 轴，以用户回访率为 y 轴作图，用户流失的流失期限与流失用户回归率通常成反比，即随着流失期限增大，流失用户回归率逐渐变小，并逐渐趋近于0。

$$\text{用户回访率} = \text{回访用户数} \div \text{流失用户数} \times 100\% \tag{3-2}$$

同时根据产品的特性，可以选择"主动登录"这一行为作为是否流失的关键行为。用户当天（或 X 天）登录则认为是回归用户，当天（或 X 天）未登录则认为是流失用户。利用用户回访率计算用户流失周期的步骤如下：①计算某日登录用户的 N 日回访率，并画出用户回访率时序图。②根据图形，找出对应的拐点，定义出流失周期。例如，如图3-5所示，拐点产生在16天左右，可以选择16天作为用户的流失周期，若用户已经16天左右没有登录App了，则可以采取流失召回动作以吸引用户回归。

理论运用到现实中可能不会奏效，如果没有出现拐点，则该怎么办？在没有拐点的情况

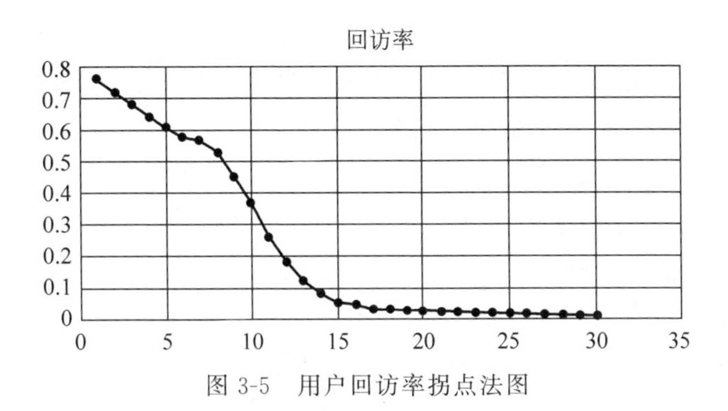

图 3-5　用户回访率拐点法图

下，可以依据业务产品经验或分位数法来判断，一般产品的回访率为 5%～10%，不管划分多长的时间周期都会存在回访，误差不可避免。

分位数法，亦称分位点，是指将一个随机变量的概率分布范围分为几个等份的数值点，常用的有中位数（二分位数）、四分位数、百分位数等。如何通过分位数的方法计算用户的流失周期呢？①计算某个时间登录的用户距离下次登录的时间间隔，并计算各时间间隔用户的占比和累计占比。②找到累计占比 90%（或根据业务定义）的时间间隔，即 90%分位数，此时的时间间隔就可以作为用户的流失周期。这里的 90%分位数，一般是数据分析师和业务人员协商出来的结果，表示有 90% 比例的用户活跃时间间隔都在某个周期以内，那么如果一个用户在这个周期内不活跃，则之后活跃的可能性也不高。例如，如图 3-6 所示，90%分位数时间间隔为 20 天，则可以选取用户的流失周期为 20 天，若用户已经 20 天左右没有登录 App 了，则可以采取流失召回动作以吸引用户回归。

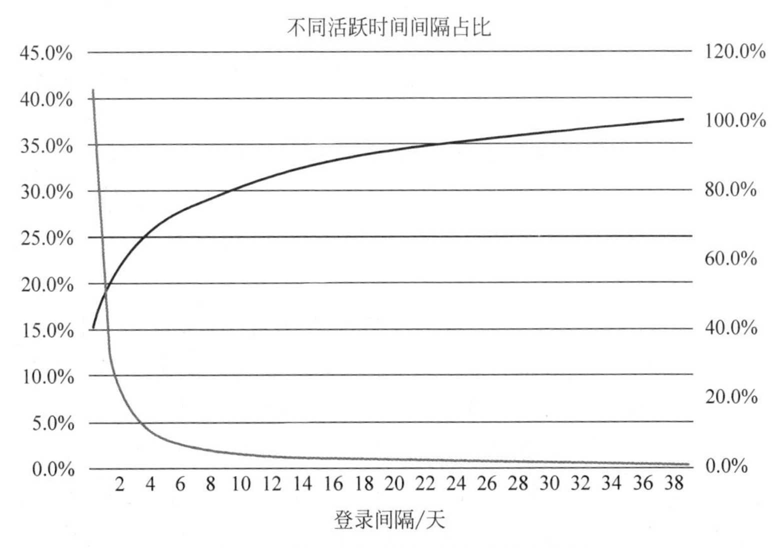

图 3-6　用户不同活跃时间间隔分位图

第 2 步需要明确问题，流失召回的基本问题一般有下面几种：①如果还没有有效召回方案，则问题是设计召回方案以召回用户。②如果方案预算有限，则问题是如何最大化地召回 ROAS。③如果已经有历史方案，则问题是如何提升以往方案 ROAS。

第 3 步需要明确评估指标，在明确了问题的基础上，需要将业务梳理一下，然后确定可用的评估体系。假设用户的召回流程是：圈定目标召回用户→设计召回策略→刺激流失用户登录消费。这里可以确定需要评估的圈定用户环节，利用估计各用户在召回后还能产生的价值来划分用户，这里也有很多种做法，①通过用户的消费趋势估计用户召回后的一定时间段内会产生的消费额；②估计不同用户在不同额度消费券刺激下的消费额变化；③将用户的消费额度和用户的消费券刺激下的增加额度相结合，以便划分用户群体。

这里涉及了 RFM 模型，RFM 模型是衡量客户价值和客户创造利益能力的重要工具和手段，其根据最近一次消费时间（Recency）、一定时间内的消费频率（Frequency）、一定时间内的累计消费金额（Monetary）将用户按 3 个维度分为 8 层。在实际应用中，首先，根据业务经验，选出每个用户的 R、F、M 分别代表的指标；其次，求出每类指标的平均值；最后，判断用户的得分与平均值的大小情况，并对用户进行分层。也可以使用机器学习的聚类分析法来对用户进行综合划分。

3.2.5 案例 21：用户召回

另外一个需要评估的点是如何评估用户召回概率（召回难度），一般情况下，可使用大部分的分类模型来预测用户的召回成功率。可以根据业务经验选取自变量作为用户某次召回行为前的自然回流率、用户产品使用次数、用户产品使用黏性、用户产品的转化情况等行为数据，因变量为用户某次召回周期内成功与否。收集某段时间的历史召回数据，用于训练模型。对于一些能够计算比例的分类模型（如逻辑回归）可以评估用户的召回难易程度，即召回概率。

此外在召回前需要先行建立策略效果的评估规则，一种是可以计算各类用户召回的各环节成功率，用户流程包括信息有效触达、信息有效单击、用户成功进入产品、用户有进入转化流程、用户产生消费等。另一种是各个方案及整体的召回率、召回转化情况、召回成本等。

在明确实际的召回方案前，要先对目标用户和召回方式进行排列组合，选出最优的召回方式，按照设想，对用户群和每种召回物料进行排列组合，也就是理想中的召回策略数量。假设用户分层有 A 种，触达工具有 B 种，文案有 C 种……，那么将会有 $A \times B \times C \cdots\cdots N$ 种完备方案，量级是不可思议的。实际上，由于公司资源是有限的，测试成本不可忽略，往往可以依据业务经验人工排除一些不靠谱的组合，对剩下的策略排定优先级后进行测试，迭代出最适合的策略。如果对自己排除一些策略不太自信，则可以使用肖恩提出的“ICE 评分体系”来对策略排定优先级，ICE 评分体系设置了 3 个影响因子，分别为价值（Impact）、信心（Confidence）和工作量（Ease）。首先，可以按数字范围（通常为 1～10）对每个策略进行评分；其次，使用公式为所有策略计算得分：ICE 得分＝价值＋信心＋工作量；最后，依据 ICE 评分的高低将策略排定优先级，而另外一种情况，在流失召回项目刚启动时，往往“装备”没那么齐全，能用的策略也很有限，这时只需对能用的策略进行测试，对不同的流失用户群测试出合适的策略，而后有了新的物料资源，将之与旧方案测试比较，不断迭代。

常见的召回方式有①Push消息，表现形式为通过手机App直接进行消息推送，在下拉列表里就能看到。这种方式几乎无成本，打开频次高，但是只能在用户尚未卸载App时使用，而且要注意推送频次与发送时间，但如果频次太高，则会打扰用户，会被用户屏蔽消息甚至卸载App，效果适得其反。一天中推送多条消息，反而会降低每条的打开率。②App角标未读消息提醒，表现形式为图标上给红色的醒目提示，让人有忍不住去点的冲动，是一种有效的唤醒，但是现在手机也有对应的屏蔽功能。③短信，短信召回的成功率较高，可以放入链接，也可以触达已经卸载了平台的人，但短信的费用适中，所以在设计时，只有必要的对象与必要的人才通过短信召回，避免无效的投入。④邮件，国外常用的沟通方式，并且可以搭载更加丰富的内容，例如附件、图片等，费用也较为便宜，国内较难使用此方法。⑤投放，投放是在拉新时经常采用的方式，有的人会经常看到广告，甚至是已经流失的用户也会经常看见，如果还是用拉新的手段，则会比较乏力，可以尝试将拉新的广告更换为召回的广告。

召回文案的类型也分多种：①标题党，现在的用户，每天要接收来自很多平台的消息，有时会一闪而过，这条消息就被删除，因此在有限的视线内，尽量出现关键信息，将核心信息都提炼在标题里，使用户能一眼注意到核心内容。②福利党，使用折扣、优惠券、奖励、免费等方式，吸引用户回归。使用这种类型的成本较高，效果较好，可以合理控制ROI与预算情况。③社交型，建立了社交关系的平台，可以在文案中提到点赞、评论、关注之类，利用人的社交属性，让好奇的用户通过社交链回归。如“【*脉】×××对你的过往工作经历非常感兴趣”。

在真正上线之前，一般会通过AB实验选出最匹配的策略，例如要测试文案对流失用户的吸引力，C1为福利吸引型文案，C2为产品吸引型文案，要测试文案对高质量高召回率偏好a用户群的召回效果。可以将实验分成2组，保证2组样本的均匀和一致性，对每组进行配置。测试组一：A1＋B1＋C1＋D1＋E1＋F1；测试组二：A1＋B1＋C2＋D1＋E1＋F1。选择流失用户落地页点击率作为效果评估指标，设置一类错误、二类错误的概率，在测试结束后，对两个组的点击率进行显著性检验，根据测试结果选择更适合的文案。

召回策略正式开始后根据需要搭建流失召回监控报表，以方便快速地看到触达的流失用户群体和策略效果。不同的需求方关注的业务方向是不同的，报表面向用户确定了报表的基调，例如管理层可能更关注流失召回的整体效果、目标完成情况、花费成本等，而业务方可能想要看到流失召回的环节转化率、转化明细用户、各策略效果，以便后续继续跟踪迭代。确定了核心指标之后，还需要对核心指标进行进一步拆解，以此来完善报表的颗粒度，以便更好地发现和分析问题，而报表中各个指标的判断标准（口径）也至关重要，例如，流失召回的转化周期为多长时间，流失召回转化率是不是要考虑流失用户的自然回流率等。在搭建报表之前提前对好口径会使后续的沟通更加顺畅，也是大家站在同一维度下沟通的基础。

第 4 章

因果推断：种瓜得瓜，种豆得豆

本章借由一个有趣的案例展开，有一名工作经历略微丰富的人叫张图图，她毕业之后先去了一家叫阿外祖母的互联网公司做电商运营，她通过大量的实地调研和用户调研得出一个结论：如果加大对某白酒品牌的补贴，则销量一定会大幅上升，于是申请了很多资源去做补贴，而活动结束后该白酒品牌销量果然大涨。张图图内心狂喜，以为升职稳了。结果等到她述职时，老板突然问了一句：不对啊，你这个活动赶上了双十一，没有补贴的品牌销量也涨了，有的涨得还更多，你怎么证明是你的补贴有效果呢？张图图没答上来，甚至还觉得老板在故意找事，一气之下换了份工作。新公司是一家叫百百的公司，这家公司是做社交软件的，该公司的用户目前正在大规模增长，图图这次进入了增长部门，司职管钱。在这么一个部门中需要做到花钱花得有责任感，她又一次进行了大量的调研和分析，加上自己的洞察力和高超的对业务的判断力，押中了一个有潜力的综艺节目，成为该综艺节目的冠名商，综艺节目一经推出反响火爆，公司的社交 App 的 DAU 也蹭蹭上涨。张图图心想这次肯定可以稳稳地升职了，结果同事阿贵跳出来讲，同一时期我们在一个叫抖乐的 App 上做了投屏广告，这个 DAU 的增长我们的功劳最大，你看我们直接能归因到的就这么多。老板一看，觉得很有道理，并且人家还是直接归因归到的。结果张图图又一次希望落空。于是张图图又换了一份工作，她来到了一家叫心脏跳动的公司做流量运营，只要把公司引流的流量变现，这个公司的产品流量大、黏性强，还很有趣，大家都说平常看了什么什么就会产生兴趣，但是好巧不巧她对接的行业是个传统行业，有个非常强的垂直领域 App 叫飞机之家。这些卖飞机的广告主总会说，我在你这边投广告有什么用，一共也没几个人留电话说要买，反倒是飞机之家上有人留电话，量又大、购买率又高。张图图一想，这些人可能是在我们心脏跳动的 App 上看到了广告，产生了对飞机的兴趣才进一步去飞机之家上做的研究。可是她没法证明给客户看，有了前两次的经历，张图图已经隐隐约约地意识到，这些问题是有共性的。

这个共性问题就是：针对某个用户群体做了某种干预措施，要了解这个干预措施带来的效果。这句话字面意思简单，但是实际实施很难。相关的学科已经发展了超过 80 年，极大地促进了医学、社会科学等学科的发展，而当今在互联网行业，不管你是从事电商、游戏、社交、信息等哪个细分领域的，不管你是花钱的还是挣钱的，不管你是开发产品功能的还是做运营活动的，功利地讲都需要去不停地证明所做的工作是有用的，公允地说，可能大家都在深夜问过自己，所做的工作是不是有用的。这是一个效果度量的问题，它有个比较酷炫的名字，即因果推断。

4.1　因果推断原理

要讲因果推断首先要明确几个概念，如因果关系。因果关系讲的是如果一切条件都不变，只改变条件 A，观测结果 B 发生了变化，则 A 和 B 有因果关系。放到现实中，最难实现的就是"一切条件不变"，而如何构建一个"一切条件都不变"的观测环境，就是因果推断的核心研究内容。

4.1.1　案例22：相关不等于因果

自然界遍布相关关系，因果性和相关性的混淆充满了所有人的日常生活。例子很多，很多时候会误把相关性当成因果性去做错误的归因，进而导致错误的决策，见表4-1。

表4-1　自然界相关关系和因果推论

相关关系	因果推论
经常喝红酒的人看起来更加健康	经常喝红酒有助于健康
从小学习弹钢琴的孩子学习成绩比不学的人看起来要更好	学习弹钢琴有利于学习成绩提升
经常喝咖啡的人看起来更容易得心脑血管疾病	喝咖啡导致心脑血管疾病

然而事实上，喝红酒的人健康，是因为喝红酒还是因为喝红酒的人群有着相对好的生活环境和医疗条件呢？从小学习钢琴的小孩，他们的家庭条件、对教育的投入程度是不是会更好？而经常喝咖啡的是加班族、熬夜党，他们得心脑血管疾病的概率是不是要高于常人？因此，不能简单地将相关关系当作因果关系；需要更加科学地进行量化分析才可以得到 A 导致 B。"相关不等于因果"的现实意义是，如果要预测一个人健康的概率，则是否经常喝红酒可能是个好的特征，然而当我们真的想要提升公众的健康水平时，鼓励大家喝红酒可能没有用，相关关系可以用来做预测，但因果才带来真的改变。

4.1.2　案例23：数据不会说话，但可能有偏

业务上做任何一个决策的目的是这个决策可以真的带来改变，仅仅关注相关关系是不够的，下面会讲到一些从相关到因果常见的障碍。

1. 选择偏差

假设在招聘中，是否通过面试取决于简历和能力，如果两者都不行就会被刷掉，对于两者都很好的面试者公司又付不起工资，因此也不会录用。那么最终通过面试被雇佣的人是经过选择后的一小部分，这部分人里要不就是简历过关但是能力不过关，要不就是能力过关但是简历不过关，这种简历和能力的负相关(如图4-1所示)就是由选择偏差导致的，不足以指导决策，这就是选择偏差，因为样本有偏才产生了相关关系，这个有偏的样本受到面试者

和用人方的双重筛选。

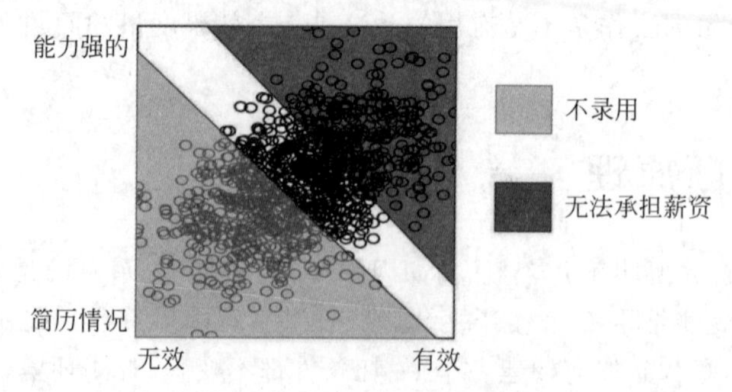

图 4-1　简历和能力的相关图

2. 混杂偏差

混杂是另一类影响因果推断的偏差。拿一个简单易懂的例子来讲，研究发现男性的肺癌发病率比女性高很多，不管任何国家任何民族任何族裔都有相同规律，所以可以认为 Y 染色体上有某个碱基对是肺癌的诱因吗？事实上不管在哪里，男性抽烟的比例都比女性高，而可以明确的是香烟是提高肺癌发病率的一级致癌物。如果把抽烟习惯这个条件控制成一样，将抽很多烟的男性和抽很多烟的女性比，将少量抽烟的男性和少量抽烟的女性比，将不抽烟的男性和不抽烟的女性比，可能就会发现男女肺癌发病率一样了。这种现象就是混杂，表面观察到的相对关系是一个由其他的某个原因导致的共同结果。

3. 辛普森悖论

假如有这样一组数据，见表 4-2，为了研究某种新药的采用是否能够提高该患者的生还率，为什么会出现表中的问题呢，问题出在两组样本有结构性的不同。

表 4-2　患者生还率表

		生　还	死　亡	生　还　率	结　论
总样本	干预组	20	20	50%	干预组＞控制组
	控制组	16	24	40%	新药提升生还率
总样本	男性样本	生还	死亡	生还率	结论
	干预组	18	12	60%	干预组＜控制组
	控制组	7	3	70%	新药没提升生还率
总样本	女性样本	生还	死亡	生还率	结论
	干预组	2	8	20%	干预组＜控制组
	控制组	9	21	30%	新药没提升生还率

干预组和控制组中男女比例不一样，而导致这种结果的原因是：性别是影响生还率的因素，干预状态影响生还率，在总体样本里出现了选择性偏差，导致如果只看总体结果，则将得出错误的结论。在实际应用中需要辩证地看待辛普森悖论，因为在某些 AB 实验的归因中，初始的人群/样本可比，干预措施生效后一些作用于实验对象的结构性的变化是实验想要了解的东西之一。那么这些实验的整体结论依然是有效的。

4.2 因果推断方法

通过刚才两个偏差一个悖论的示例，可以看到在研究因果的道路上，阻碍还是很多的，目前用以解决因果问题的方法主要分为两类：随机对照试验和准试验方法。前文说过 A、B 具有因果关系是指，如果一切条件都不变，只改变条件 A，观测结果 B 发生了变化，则 A、B 有因果关系。结合之后提到的常见偏差可以发现，两个均能代表研究对象总体的样本，一个改变条件 A，另一个不变，同时不对这两个样本做其他扰动，就可以得到改动 A 对研究对象总体带来的观测结果变化。那么就有①随机实验法：在随机实验下，每个个体被随机挑选并接受处理，每个个体是否接受处理不受其他任何变量的影响，这就保证了再也没有"其他变量"会对因果两变量同时具有影响，在绝对意义上实现了完全控制；②准实验方法：在观测数据中个体是否接受处理是非随机的，因此准实验方法通常通过科学的研究设计构造出类似于随机实验的数据环境，将可能混淆因果关系的其他变量的影响剔除干净，从而得到假定的因对果的净效应，但是要实现剔除干净并不容易，这使准实验结果的内部有效性常遭到质疑，但是一种以最小的统计假设为代价获得更加可靠的因果关系结论的方法。

在因果关系衡量问题中随机实验是度量的黄金法则，但①实验方法也有很多需要满足的假设，有时不成立，例如 A、B 两组要独立；②有些想要探究的因不是能够主动施加的，例如在广告主不愿意做实验或者在特定场景不具备分流条件时，如何科学评估广告的效果，如何确定广告与转化的因果关系。在这种情况下将模拟对照实验环境的观测数据来做因果识别；再例如想要研究价格敏感性，但市场监管不允许价格歧视；再例如想研究抖音、抖音极速版、快手等 App 同时使用的用户是否会减损该用户在某个 App 的使用频率；实际上，实验也有相应的解决办法，可以通过构建工具变量，如研究价格敏感性可以通过打折券，研究广告可以分组控制内广比例，通过改进实验方案来得到定性的实验结果，但是在相应的情况下，使用准实验方法进行研究，可能成本更低，见表 4-3。

表 4-3　实验性分析和准实验分析的优缺点

分析类型	优　点	缺　点
实验性分析	(1) 分流干净，最大限度地排除人群选择带来的偏差； (2) 可以主动控制干预的发生与停止； (3) 在实验平台开发成熟的情况下，使用和解读的门槛较低	(1) 干预需要技术性开发； (2) 发生在真实流量上，因此造成的伤害是不可挽回的； (3) 有些干预并不是可以人为施加的； (4) 由于风控/预算等因素的干扰，实验过程中人群的独立性假设不成立
准实验分析	(1) 成本低，不需要额外开发且不会对用户产生影响； (2) 业务上通常会累积大量数据，可以物尽其用	(1) 永远无法穷举干扰因素，因此结论可能有偏差； (2) 没有办法施加干预，因此用现象去分析； (3) 分析过程较长

实验性分析的应用在将来的 AB 实验章节会更详细地讲解，本章主要关注准实验的方法。

4.2.1 案例 24：准实验方法

准实验方法通过找到或者构建同质的对照组进行分析，要达成同质首先要对偏差进行分类，并对每个类别进行分析。①随机偏差：无法控制的变因会使测量值产生随机分布的误差。它服从统计学上的正态分布，因此尽管对于单次观测是不可消除的，但在统计意义上，通过多次测量获得的均值尽量逼近；②系统偏差：同一种方法，使用不同的 R/Python 包得出来的结果可能不一样，使用不同分层抽样方法也会出现选择误差；③毛误差：主要是由于测量者的疏忽造成的，例如实验参数配错、取数口径问题、限制条件错误。偏差可能会使实验得出完全错误的结论，并且偏差一旦发生就是既定事实了，就像拍电影的时候拍错就浪费了一卷胶卷，不同的是在业务上发生的偏差可能造成更大的损失。通过对偏差分类后可以进行处理，随机偏差随着不同次的测量而变化，有时向上或向下，但服从一定的分布，因此通过扩大观测样本量的方式减小方差和组内波动。系统偏差以相同的方式影响所有测量值，因此可以通过校正方式消除稳定的误差。毛误差可以通过实验机制解决，如交叉验证、反转实验等。总体来讲可以得到一个大的框架，如图 4-2 所示。

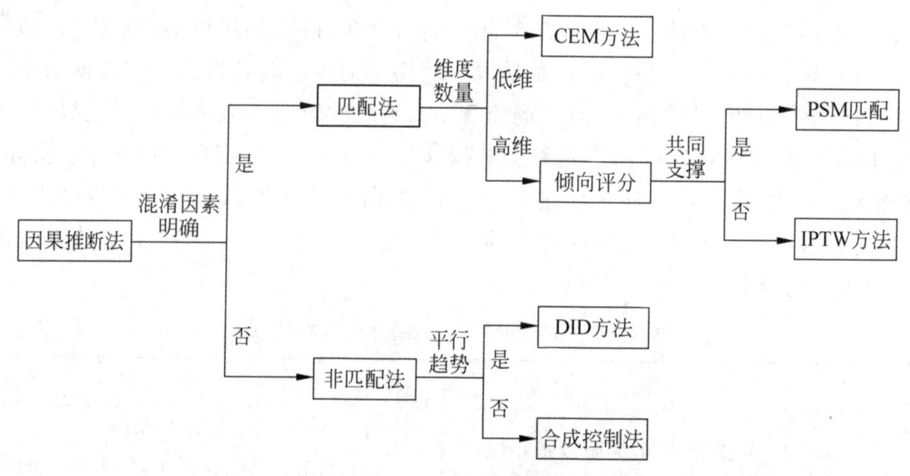

图 4-2 准实验方法结构图

其中包含了一些比较难懂的名词。混淆因素：其实就是会影响结果的干扰因素，包含之前提到的混杂偏差，如果我们基于业务经验或之前的研究，已经知道了干扰因素是什么，就可以通过将实验组和对照组中受此因素干扰的人用相同的方式控制起来；维度数量：混淆因素的数量；共同支撑：两组人的分布重叠程度大；平行趋势：实验组和对照组人群质量的差距稳定，如图 4-3 所示是因果推断方法的以广告业务为例的迭代思路，其中应用最广的是匹配法 Matching 和 DID 方法，下面进行详细讲解。

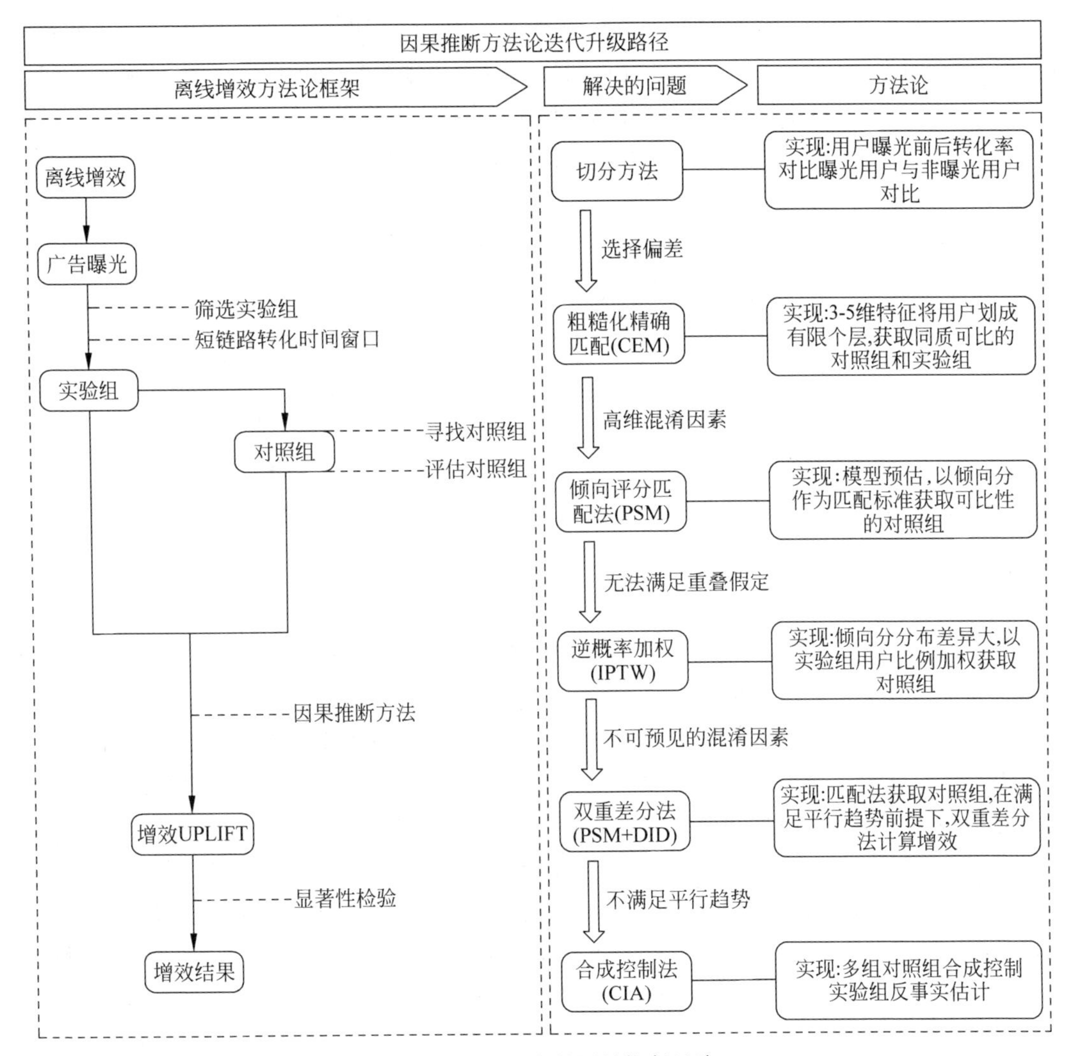

图 4-3　广告业务的因果推断思路

4.2.2　案例 25：匹配法

匹配法(Matching)的主要使用场景是当实验组本身的渗透率非常低，或实验组、对照组不具有可比性时，需要通过为实验组中的每个用户找到一个与其趋同的用户形成配对，重新构造实验组和对照组。举个例子，某个业务为了提升一波销售额，准备给用户来一波发红包活动，为了探究发红包这个营销策略对销售额的影响，需要选取量级相等的两组用户作为实验组和对照组，将红包策略曝光给实验组，但该策略的渗透率非常低，实验组中实际领取了红包的用户不到 1%，那么如果按照传统的 AB 测试的分析方法，则会出现几个问题：①如果将实验组全体和对照组全体进行比较，因为实验渗透率过低，则得出的结论很可能是该策略对销售额的提升不显著，但该策略可能对领取了红包的极小部分用户实际产生了显著受益，而后续迭代的目标应该是提高策略的渗透率；②如果仅用实验组中领取了红包的用户与对照组全体比较，由于领取了红包的那部分用户本身很有可能比一般用户更加活跃或更有购物需求，所以用户活跃度本身会干扰实验结果，实验组和对照组用户不满足随机分组条件，不具有可比性，因此，实际上需要重新将实验组的领取红包的用户与对照组中的用户进行匹配，构造可比的实验组与对照组，如图 4-4 所示。

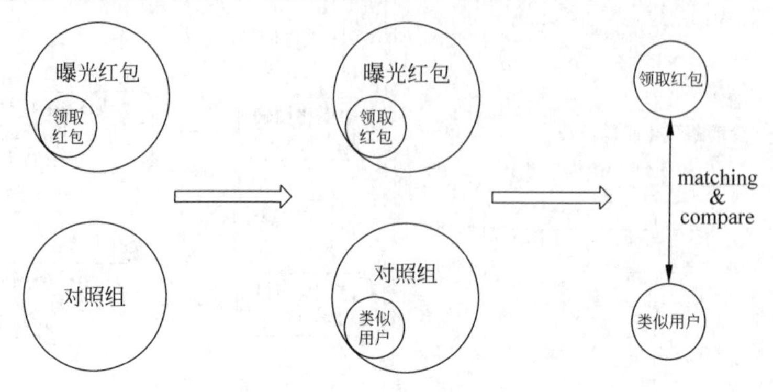

图 4-4　红包策略匹配法

Matching 中又主要分两种匹配类型：第 1 种是粗粒度精确匹配(CEM)。该方法的大体思路是先对所关注的各特征进行分层，也就是离散化，然后对于每个特征，每个用户会得到一个分层标签，将所有特征叠加，每个用户会得到一个最终的分桶标签，如果在同一个桶里有至少一个实验组用户和一个对照组用户，则进入匹配。这里提到了分桶的概念，如果说分层是指使用单一维度值进行分类，则分桶实际上就是多个维度值组合分类的结果。

至于特征的分层方法，如果特征本身存在明显的分布现象，则可以按照分布情况进行分层，但也有一些分层标签粒度较粗，在某些场景也需要对特征进行更细的分层，有两种方法。①中位数分层：如取前 10%、20%、30%等分位数进行分层，同时，如果分位跨度过大，则所构造的对照组的数据分布可能与实际实验组的数据分组相差较大；②等距离区间分层：区间宽度可以用 Freedman-Diaconis Rule 或者 Scott's Rule 计算，这样分箱的好处是能更好地保留数据原有的分布，但相比前者比较复杂。

使用 CEM 方法在各分桶标签中，实验组用户数量和对照组用户数量不一定相等，需要进一步处理，主要有两种方法：①$N:N$ 方法，假设在一个桶中，实验组用户量为 x，对照组用户量为 y，假设 $N=\min(x,y)$，则在该桶内实验组和对照组用户中各随机抽取 N 个用户进行匹配，删除多余样本；② 权重分配方法，假设在一个桶中，实验组用户为 x，对照组用户量为 y，同时假设实验组全体用户量为 X，对照组全体用户量为 $Y\left(X=\sum x, Y=\sum y\right)$，$X$ 和 Y 不包括不满足匹配条件的用户，并且所有不满足匹配条件的用户权重为 0，所有满足匹配条件且为实验组用户的权重为 1，所有满足匹配条件且为对照组用户的权重为 $(x/y)\times(Y/X)$，在后续分析中会用此权重进行指标计算。

第 2 种是倾向评分匹配(PSM)，PSM 实际上是用多个协变量估算某个个体接受干预的概率，以此解决组间混杂因素分布不均问题。该方法的大体思路是选取若干个用于做匹配的协变量，用模型去预测每个个体接受干预的概率，这里的模型有多种，例如 Logistic Regression、XGBoost 等，然后对于每个实验组个体，找到与其倾向分最接近的对照组个体进行匹配。

两种方法各有优劣，CEM 方法的优点是匹配后各特征可实现分布完全平衡，缺点是由于是精确匹配，当分层较细时，样本量的折损会比较大。PSM 方法的优点是由于是降维后匹配，匹配的成功率比较高，缺点是匹配后的变量不一定是完全平衡的，需要后验。

4.2.3　案例 26：双重差分

双重差分的基本逻辑是通过对策略实施前后对照组和实验组之间的差异的比较构造出反映策略效果的双重差分统计量，如图 4-5 所示。

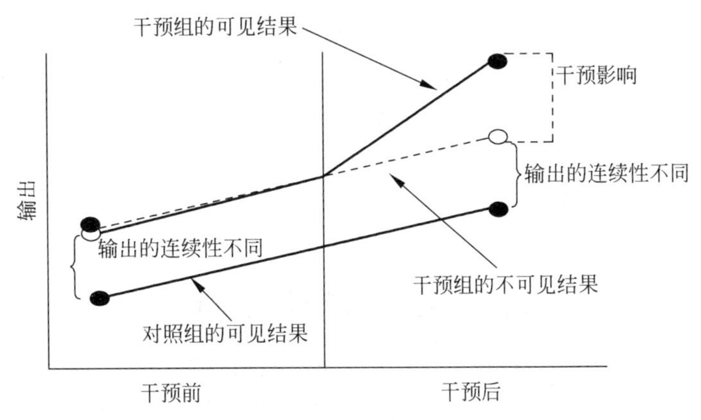

图 4-5　实验输出变化图

双重差分的思路可以转换成一个简单的线性模型：

$$y_{it} = a_0 + a_1 \text{Treat}_i + a_2 \text{Post}_t + a_3 \text{Treat}_i \times \text{Post}_t \tag{4-1}$$

其中，y_{it} 为用户 i 在时间 t 的观测指标的值。如果用户 i 是实验组个体，则 $\text{Treat}_i = 1$，否则 $\text{Treat}_i = 0$。如果时间 t 是在策略发生以后，则 $\text{Post}_t = 1$，否则 $\text{Post}_t = 0$。由此可以得到表达式，见表 4-4，从表中可知，通过双重差分，干预的影响是线性模型中交互项所对应的系数。

表 4-4　策略实验前后值

对　象	策　略　前	策　略　后	diff
实验组	$a_0 + a_1$	$a_0 + a_1 + a_2 + a_3$	$a_2 + a_3$
对照组	a_0	$a_0 + a_2$	a_2
diff	a_1	$a_1 + a_3$	a_3

在进行双重差分之前，需要明确平行趋势假设。在策略实施前，实验组与对照组随时间变化的趋势是相同的，即两组的 diff 是相对稳定的。如果策略实施前，实验组与对照组的变化趋势不平行，则无法保证策略实施后两组变化趋势的变化是由策略引起的。常见的平行趋势检验方法有以下两种。

（1）视觉判断：图 4-6(a)中两组的指标随时间的变化基本一致，基本满足平行趋势假设，而图 4-6(b)中两组的组间差异明显随时间的变化波动较大，不满足平行趋势假设。此方法相对主观，无法量化，但操作较简便。

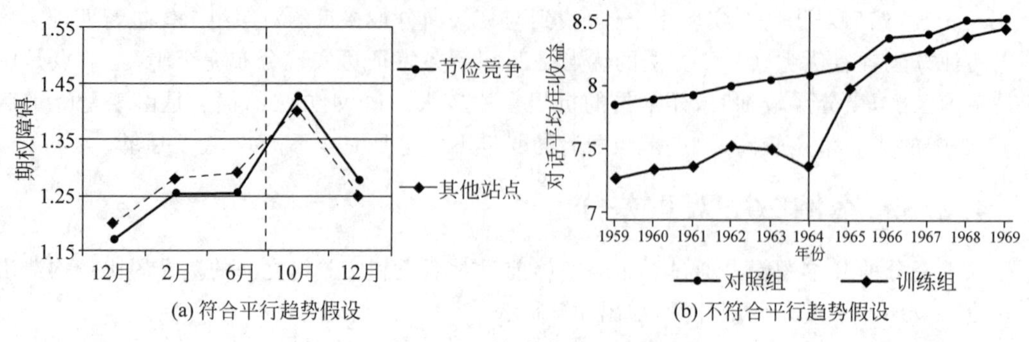

图 4-6　平行趋势检验图

(2) 模型判断：将时间转换为 Dummy Variable 后以日期、干预及它们的交互项作为输入，将重点观察指标作为输出，通过回归模型交互项所对应系数的 p 值判断两组是否满足平行趋势假设。如果日期所对应系数显著不等于 0，则不满足平行趋势假设，否则满足。当平行趋势检验无法通过时可以进行调整，从而重新构造实验组、对照组或者删除不满足平行趋势的日期相关数据。下面来看几个案例分析。

4.2.4　案例 27：App 新功能影响效果归因

App 上现有一个新功能等待上线，为评估使用该功能对用户消费行为的影响，决定开启 AB 实验，但数据回收后发现实验的渗透率极低，实验组中仅有极小部分人使用了该功能。如果对整个实验组和对照组进行比较，则结论为该功能对 GMV 无显著正向影响。目前主要想评估使用过该功能的用户相比使用前，消费行为有何改变，若结果为显著正向，则后续优化方向为提高该功能渗透率。

首先进行用户匹配。分析对象为实验组中使用了此功能的用户，用 PSM 找出对照组中的类似用户。选取与“是否使用该功能”相关的协变量作为输入，用 XGBoost 预测某用户使用该功能的概率。Matching 前两组倾向分差异较大，实验组集中于头部，对照组集中于尾部，如图 4-7(a)所示。Matching 后两组倾向分分布基本重合，后验后发现匹配后两组其他变量分布也趋于相似，如图 4-7(b)所示。

下一步进行平行趋势检验。在这个案例中主要的观测指标是 GMV，需检测两组 GMV 差距在新功能上线前是否相对稳定，如图 4-8 所示。图 4-8(a)为两组不同日期 GMV，框中所标示日期区间为功能上前一周。尽管两组 GMV 的差距在近一周有小幅波动，但整体偏稳定。图 4-8(b)为通过日期和干预及其交互项拟合 GMV 模型后不同日期交互项的置信区间，新功能上线前日期所对应交互项不显著，不等于 0，满足平行趋势条件。

从图 4-8(a)可知，尽管两组在 Matching 后趋于相似，但在新功能上线前，两组 GMV 仍然有明显差距，因此这里不能使用 AB 测试比较两组 GMV，所以最后使用 DID 得出结论。通过双重差分判断新功能对于 GMV 的影响，利用双重差分公式回归模型拟合后发现，交互

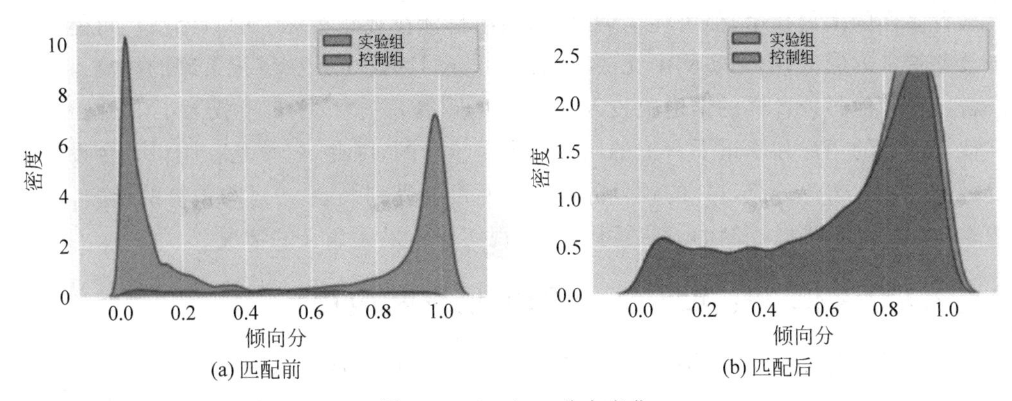

图 4-7　Matching 分布变化

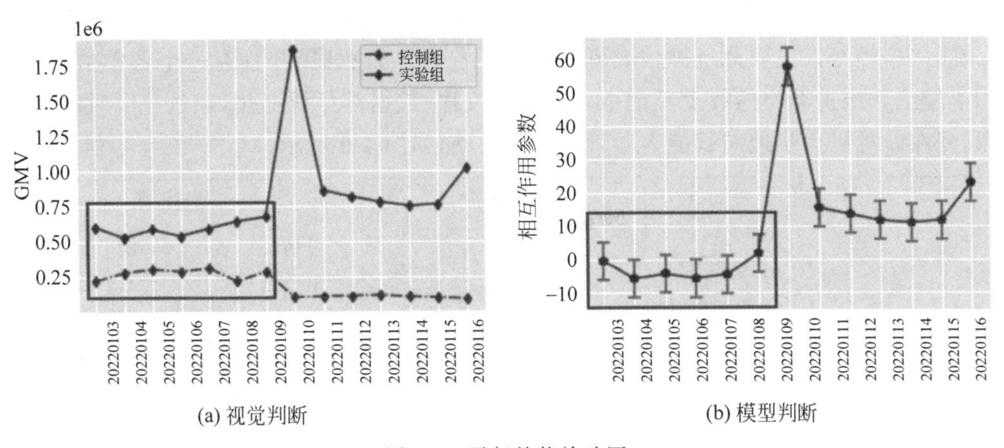

图 4-8　平行趋势检验图

项 p 值≤0.05，通过交互项大小最终得出该功能对 GMV 有显著正向影响+128%，因此使用该功能确实对用户的后续消费有正向消费，后续迭代目标为提高该功能的渗透率和使用率。

4.2.5　案例 28：电影网站打分

再来看因果推断在推荐场景中的应用，假设有一个电影网站，它要求用户对已看过的电影打分，并且通过这些打分数据去预测如果用户看了××电影（没看过的），则会打多少分，然后推荐系统根据预测打分决定是否向用户推荐某个电影。传统的推荐方法是根据用户对看过的电影的历史打分，预测则是用对没看过的电影的打分矩阵分解。

但从因果推断的角度去看待这个推荐问题，就有另一种角度，如果将所有的电影都推荐给用户，则是不现实的，并且很浪费资源。有些电影不论你推不推荐，某个用户可能都会自己去找来看，所以最佳的推荐是：如果推荐了，用户就会去看；如果没有推荐，用户就不会去看，这种情况就非常符合因果推断的情况。这里的干扰因子有很多，例如导演，喜欢某个导演会影响用户是否观看，也会影响打分。

任何方法都有其局限性，对于因果推断一个无解的局面就是 AAvariance>ABeffect，尽管有多种多样的消偏技术，但可能消偏之后，两组目标在观测指标上的自然波动可能依然会大于策略带来的影响，实际实验中无法剥离自然波动，因此也无法量化策略的影响。例如某个广告主在其他各种各样的渠道上投入了99%的预算，在腾讯平台上投入了1%的预算，但是其他渠道上的用户和腾讯平台上的用户很多是重合的，因此，就算是在腾讯平台投放时对人群做了足够均匀的分流，1%的预算的效果仍然可能受到剩余99%的预算的影响，而这个影响本身的波动是难以控制的，最后可能会出现实验结果无意义的情况。

4.2.6 案例29：贝壳App的因果推断应用

因果推断在现在的互联网公司是非常普及的理论，贝壳是提供新居住服务的平台，核心要素是人、房、客。人就是经纪人，房就是商品，客就是客户。对于经纪人，重要的事情是维护房源和客源。下面介绍在智能客源维护方向，他们是如何进行科学的因果分析的。

在过去，经纪人主要通过微信或者电话来了解客户的意愿，并且有一个客源信息中台，相当于经纪人维护客户的线上笔记本。仅仅把流程、数据进行线上化，经过一段时间的信息积累，现在就可以逐步地向智能客源管理方向发展，如图4-9所示。

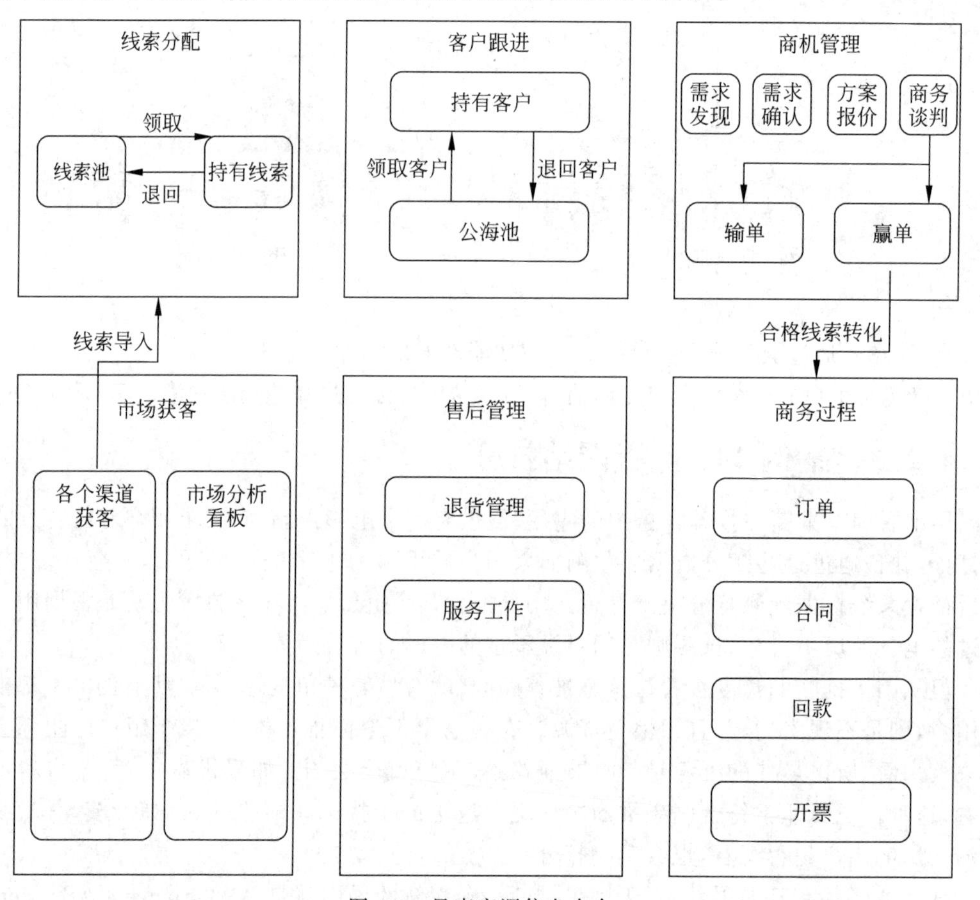

图4-9 贝壳客源信息中台

左边部分为原先的客源信息中台，在中台上经纪人会记录客户信息，例如通过微信或者电话了解的客户需求，以及对客户的跟进情况等。右侧是智能客源管理工具的示例。经纪人会收到一条信息，包含客户的质量分数、状态、偏好，经纪人与客户的亲密度等。当经纪人单击这个信息后会进入产品详情页，可以看到更多解读信息。

从原先的记事到后来的智能化推荐，如何科学论证工具的价值呢，在贝壳这样的房源业务中，核心的目标是提升成交，但是成交会受到很多因素的影响，从因果推断的逻辑上需要通过 3 个层级去论证。第 1 层级：关联，即变量之间的关联是怎样的，例如莲花清瘟胶囊对治愈流行性感冒是否有关系，对应到贝壳的智能客源管理工具里即这个工具对促成成交是否有影响；第 2 层级：干预，即如果实施了 X 行动，则 Y 会发生什么样的变化，例如通过论证已经知道莲花清瘟胶囊跟治愈流行性感冒是有关系的，那具体效果是怎样的；第 3 层级：反事实，因为实际的因果推断有时并不知道实际发生干预的过程，因此需要从结果倒退向事实，是 X 引起的 Y 吗？假如 X 没发生会如何？相应地，假如不使用莲花清瘟胶囊，流行性感冒会怎样？

在具体的实施中，第 1 步关联论证一般会从业务经验和逻辑推断去进行，实际上除非是像总价＝单价×数量这种显性的等式关系，可以说数量大小直接影响总价大小，大部分因果关系可能没有那么直接，例如 App 今天的在线人数较多，那情理上觉得 GMV 应该也会增加，然而实际上是否相关无法论证，但是从逻辑推断上仍然应该认为它们是有关的，假如流量增大没有带来 GMV 的上升，那就有点不符合常理了。在贝壳上，理论上认为智能客源管理工具对成交是有正向作用的。第 2 步就是实施干预，来论证智能客源管理工具的效果到底是如何的，这一步在大部分情况下会进行 AB 实验，而实际上对于智能客源管理工具来讲，它的干预步骤分为两个阶段：试点阶段，核心目标是让经纪人愿意使用这个工具，这个工具是有价值的；推广阶段会将工具推广到更多城市。两个阶段采用了不同的实验方案：试点阶段，实验组和对照组按照人群进行分组，根据使用工具的频率进行分组（使用工具多的人群 vs 不使用的人群）；第二阶段，进行随机分组，对 10 个城市的门店随机分成了两组。观测方法采用双重差分法，指标采用的是平均成交量。

一种方案是根据使用工具的频率进行分组（使用工具多的人群 vs 不使用的人群），如图 4-10 所示，蓝色的曲线是使用多人群的平均成交量，橙色的线是不使用人群的平均成交量。

可以看出：上线前实验组和对照组差异不大，但是上线后使用多的人群明显高于不使用的人群，提升了 25%。结论是此工具可以提升人均成交量，针对这个方案的反事实验证需要思考：是工具引起的效果吗？是否可能优秀的经纪人会乐于使用新技术与新工具，这会导致他们使用工具的频率较高，他们提升的人均成交量也更多，但是无法说明工具可以使人均成交量提升。为了论证是否存在优秀经纪人，看一下两个人群的资源量：人均客源量，图 4-11 中右下方的蓝色曲线代表使用多人群的平均客源量，橙色曲线则是不使用人群的平均客源量。

彩图 4-10

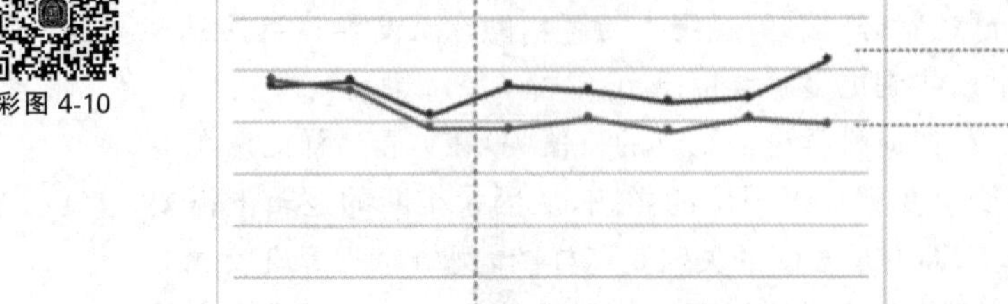

图 4-10　使用工具频率分组

彩图 4-11

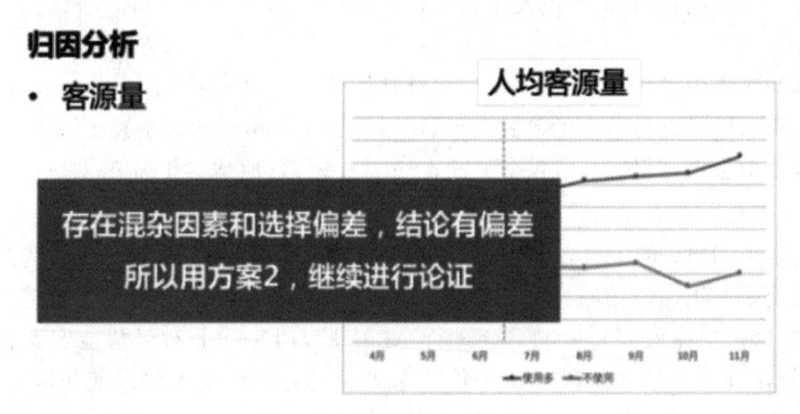

图 4-11　不同经纪人客源量

很明显，使用多的经纪人客源量远高于不使用工具的，这说明使用多的经纪人本身是比较优秀的，所以可以得出结论，存在混杂因素和选择偏差，方案 1 的结论可能存在偏差，因此，使用方案 2 继续进行验证。

方案 2 采用随机分组的方法，按照门店进行随机分组，如图 4-12 所示蓝色的折线是实验组，橙色的线是对照组，灰色的线是(实验组-对照组)/对照组，绿色的虚线表示上线时间。

可以很明显地看出，上线之前，实验组和对照组的人均成交量近似相等，而上线之后实验组明显高于对照组，大约提升 2.56%。结论：工具可以提升成交量。方案 2 的反事实分析采用与方案 1 相同的思路，考虑是否存在混杂因素或者选择偏差。首先，分析了两组人群的平均客源量和新增客源量，发现实验组和对照组在上线前后近似相等，但这无法说明结论不存在偏差。现实中的混杂因素是无法一一穷举的，无法通过探索混杂因素来严格证明最终的结论。可以转换思路，思考工具可以改变什么，从工具影响路径的过程进行分析。首先，如何进行客户管理？管理思路是对客户进行分层处理。顶部是接近成交的优质客户，中部是质量较好的客户，底部是大量储备客户。希望对于顶部客户快速成交，中部客户向上催

彩图 4-12

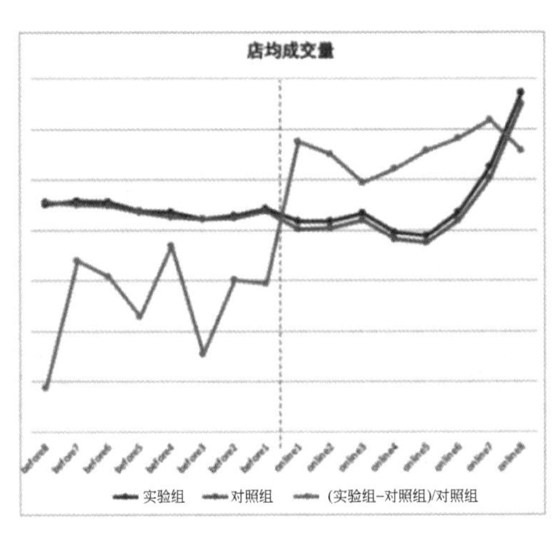

店均成交量
实验组相对提升：+2.56%

结论：工具可以提升成交量

图 4-12 门店均成交量分布图

熟，因此，智能管理工具想要促进最终成交，首先需要让经纪人付出更多精力维护顶部优质客户，使高分客户能被服务得更好，最后促成高分客户的更多成交。

在进行因果分析时，第 1 步经纪人付出更多精力维护顶部优质客户。经纪人对于高分客户的精力变化可使用客源信息中台(经纪人的线上笔记本)的使用次数来衡量精力，从如图 4-13 所示的折线图可以看出上线之后经纪人对客源信息中台的使用次数有所增加。

② 分析影响路径

智能客源管理工具

对高分客户投入更多精力

高分客户被服务更好

促进高分客户更多成交

促进成交

➢ 经纪人的精力变化

- 精力：使用客源信息中台的次数
- 精力占比：高分客户的精力占比 $= \frac{\text{高分客户的使用次数}}{\text{所有客户的使用次数}}$

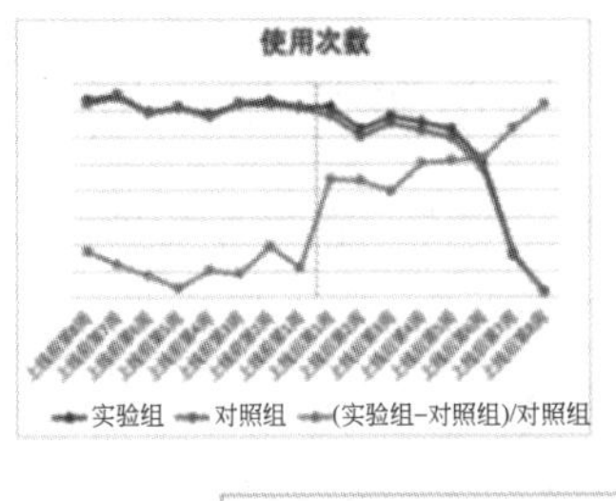

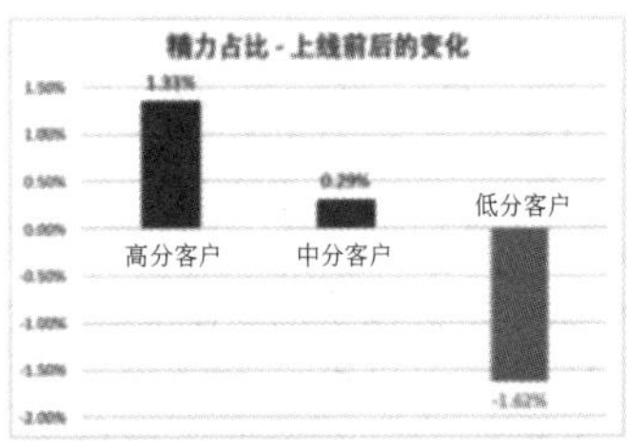

上线后,经纪人对高分客户付出更多精力

图 4-13 经纪人精力影响路径

进一步，也观察了经纪人对高分客户的精力占比，即对高分客户使用信息中台的次数占总使用次数的比例。我们发现在上线之后，对于高分客户和中分客户，经纪人精力占比有所提升。说明经纪人对高分客户付出了更多精力。第 2 步，高分客户被服务得更好。使用了指标“带看率”，即客户接受经纪人的邀约请求去线下看房子的比例。分别观察了高分客户、中分客户和低分客户的带看率，实验结果如图 4-14 所示。

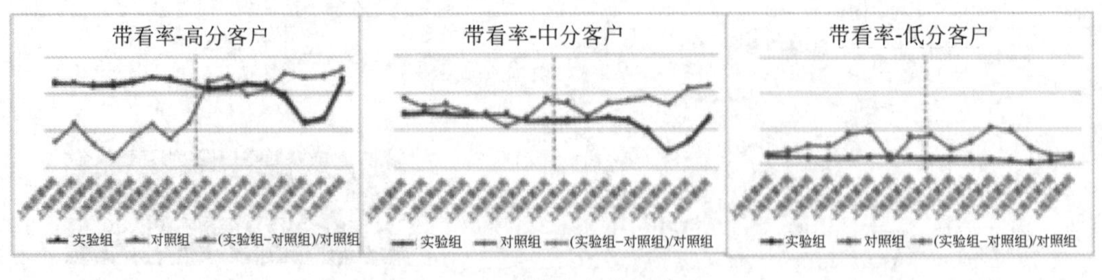

图 4-14 不同客户带看率图

很明显，在工具上线之后，高分客户的带看率有明显上升，中低分客户的带看率则基本没有变化。这就说明高分客户确实邀约成功的次数变多了，也就是被经纪人服务得更好了。最后，促进高分客户的成交更多。观察 3 个分数段的客户在工具上线之后是否产生了成交量的上升，如图 4-15 所示。

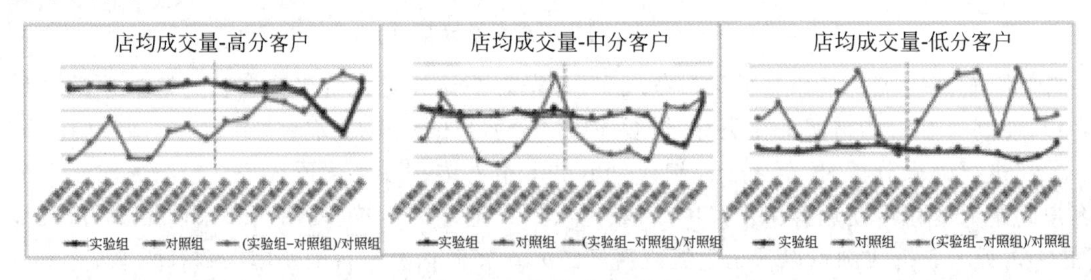

图 4-15 店均成交量图

通过对比可以明显发现，上线之后高分客户的成交量有明显上升，而中低分客户的成交量没有明显变化，所以我们认为智能客源管理工具确实促进了高分客户的更多成交，进而促进了整体的成交量。

4.2.7 案例 30：快手 App 的因果推断应用

在短视频平台上因果推断被大量地应用在推荐场景里，以快手为例，快手上的视频热度或者说流行度在推荐系统中普遍存在偏差，其实在各个业务中都面临着同样的问题。头部效应严重就会导致热门内容曝光量较大，进而导致训练日志被热门内容主导，这对于长尾内容非常不友好。此外，模型会过度曝光头部视频，因为有些头部视频有可能已经处于衰退期，它的 PXTR 已经在下降，此时给予它太多曝光会导致低效率，浪费曝光流量。基于这两个问题，工业界有 3 种解决方案。首先使用 IPW，但这种方法依赖于流行度的具体值，流行度值大小的变化使权重值波动较大，所以模型的方差很大，训练很难收敛。第二种方法是使用 Causal Embedding 方案，这类方案需要划分出两种数据集。如最开始的 Causal Embedding 论文使用无偏数据集，但是无偏数据很贵，也有其他工作尝试基于观测数据进行处理后划分不同数据集，但人为划分数据也会引入其他一些偏差。第三种方式是直接通过加特征或者加 Debias 塔的方案建模流行度对模型的影响，类似于之前 YouTube 和谷歌提出的建模方法，但是这种方式没有完美的理论支撑，而且 Bias 特征很难与其他输入特征进行平衡(Bias 特征可能被其他特征淹没)。

因此快手引入了因果推断的思想进行 Debias。流行度偏差的核心问题是流行度偏差确实不利于学习用户的真实兴趣,但流行度较高的视频其内容质量较好;另外用户有看热门的需求,例如大家打开微博、知乎或者脉脉等软件都会去看一看热榜。解决方案是在训练时去除流行度偏差对模型的负向影响,对应于因果图就是去掉 Z 到 I 的这条边。又由于流行度高的内容质量其实是不错的,因此在推断时会保留 Z 到 C 这条边,如图 4-16 所示。

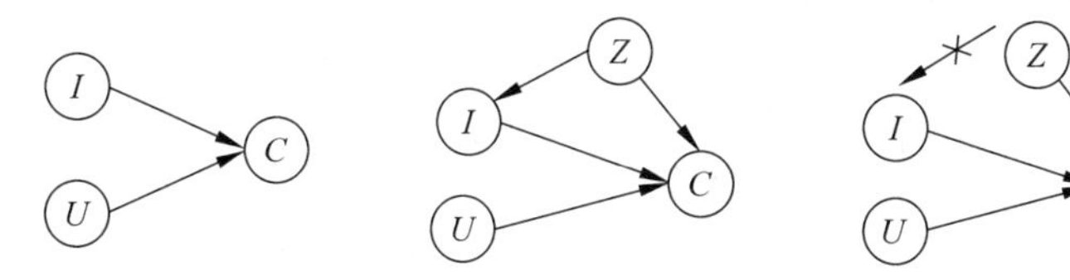

图 4-16　快手因果模型图

具体看一下训练时如何去消除流行度对模型的负向影响。结合图 4-16 的快手因果模型图来看,快手侧基于后门机制,使用一个 do 算子来表示消除流行度影响。具体推导过程:

$$\begin{aligned}P(C \mid \mathrm{do}(U,I)) &= P_{G'}(C \mid U,I) = \sum_{Z} P_{G'}(C \mid U,I,Z)P_{G'}(Z \mid U,I)\\ &= \sum_{Z} P_{G'}(C \mid U,I,Z)P_{G'}(Z) = \sum_{Z} P(C \mid U,I,Z)P(Z)\end{aligned} \tag{4-2}$$

在式(4-2)中,第 1 步到第 2 步利用了贝叶斯概率公式,第 2 步到第 3 步使用 do 算子消除了 I 与 Z 的关系,所以 U 和 I 与 Z 是独立的,第 3 步到第 4 步是因为流行度的先验在两个因果图中是不变的。另外对用户、视频与视频流行度进行解耦,将 $P(C|U,I,Z)$ 条件概率转换为匹配分与流行度的乘积。建模的数学公式如下:

$$\begin{aligned}&P_{\theta}(c=1 \mid u,i,m_i^t) = \mathrm{ELU}'(f_{\theta}(u,i) \times (m_i^t)^{\gamma}), \mathrm{ELU}'(x) = \begin{cases} \mathrm{e}^x, & x \leqslant 0 \\ x+1, & \text{其他} \end{cases}\\ &\max_{\theta} \sum_{(u,i,j)\in D} \log\sigma(P_{\theta}(c=1 \mid u,i,m_i^t) - P_{\theta}(c=1 \mid u,i,m_j^t))\end{aligned} \tag{4-3}$$

其中,ELU' 是一个激活函数,流行度部分引入了 γ 参数进行控制,并引入了 Pair Loss 对模型进行训练。进一步,可以将 $P(C|U,I,Z)$ 的解耦结果代入引入 do 算子的条件概率公式继续进行推导,最终的表达式如下:

$$\begin{aligned}&P_{\theta}(c=1 \mid u,i,m_i^t) = \mathrm{ELU}'(f_{\theta}(u,i) \times (m_i^t)^{\gamma})\\ &P(C \mid \mathrm{do}(U,I)) = \sum_{Z} P(C \mid U,I,Z)P(Z) = \sum_{Z} \mathrm{ELU}'(f_{\theta}(u,i)) \times Z^{\gamma}P(Z)\\ &\qquad = \mathrm{ELU}'(f_{\theta}(u,i)) \times Z^{\gamma}P(z) = \mathrm{ELU}'(f_{\theta}(u,i))E(Z^{\gamma})\end{aligned} \tag{4-4}$$

可以发现最终的结果只与流行度的期望有关,而流行度这个单变量的期望是一个常数,对排序不产生影响,所以通过这种方法,已经将流行度对模型的影响消除了。在推断阶段,

也使用了 do 算子，将流行度作为变量引入条件概率

$$P(C \mid \mathrm{do}(U=u, I=i), \mathrm{do}(Z=\tilde{z})) = P_\theta(c=1 \mid u, i, \tilde{m}_i), \tilde{m}_i = m_i^T + \alpha(m_i^T - m_i^{T-1})$$

$$\mathrm{PDA}_{ui} = \mathrm{ELU}'(f_\theta(u,i) \times (\tilde{m}_i)^{\tilde{\gamma}}) \tag{4-5}$$

具体地，针对流行度考虑了其变化趋势对推荐的影响。这么做是希望模型与项目的生命周期进行结合，因为项目的流行度变化是呈现从逐渐增加到逐渐降低的过程。最终的模型推断得分是匹配得分与流行度的乘积。

对比了干预后流行度对项目的影响变化，式(4-6)是没有进行纠偏的推导

$$\begin{aligned} P(C \mid U,I) &= \sum_Z P(C,Z \mid U,I) = \sum_Z P(C \mid U,I,Z)P(Z \mid U,I) \\ &= \sum_Z P(C \mid U,I,Z)P(Z \mid I) \propto \sum_Z P(C \mid U,I,Z)P(I \mid Z)P(Z) \end{aligned} \tag{4-6}$$

$$\begin{aligned} P(C \mid \mathrm{do}(U,I)) &= P_{G'}(C \mid U,I) = \sum_Z P_{G'}(C \mid U,I,Z)P_{G'}(Z \mid U,I) \\ &= \sum_Z P_{G'}(C \mid U,I,Z)P_{G'}(Z) \sum_Z P(C \mid U,I,Z)P(Z) \end{aligned} \tag{4-7}$$

是进行纠偏的推导。它们的主要差别在于因果图中 Z 对 I 的条件概率，进行纠偏操作后 U，I 与 Z 是独立的，进而就去除了流行度对项目的曝光影响。在具体落地过程中，对模型进行了进一步改进。例如损失函数使用了 Pointwise 来替代 Pairwise，当然这一选择是基于业务表现的。此外，使用 ReLU 来替代 ELU′，因为有大量工作证明 ReLU＋BN 的效果好于 ELU′。还将流行度变化趋势从差值替换为计算梯度，这是因为差值对低流行度内容十分不友好。另外还把控了推断阶段注入流行有益部分的内容质量。

从实验结果来看，曝光提升或者下降的情况是符合预期的。具体地，曝光下降最快的情况大多是一些猎奇的或者低质量的内容。实验结果如图 4-17 所示。

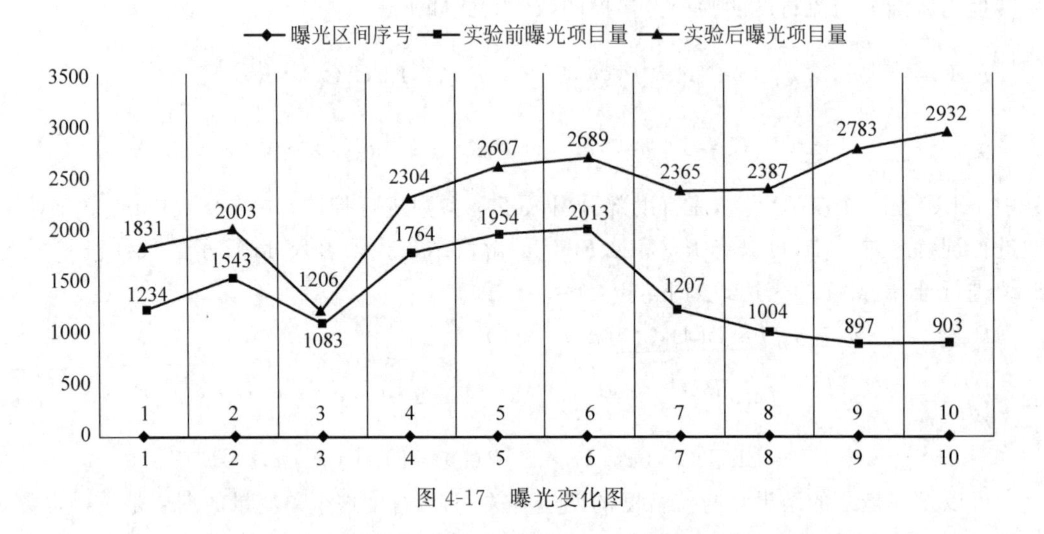

图 4-17 曝光变化图

图 4-17 的横轴代表的是曝光区间，越往右曝光区间的曝光量越大。从图 4-17 中可以看出，对比各曝光区间的曝光项目数量，中长尾的曝光项目数是增多的；对比各曝光区间的曝光量，中长尾项目的曝光量也是提升的，而头部视频或者流行度较高视频的曝光量提升主要因为推断时我们特意引入了流行度。另外还针对效率进行可视化，发现中尾部的视频对应的 PXTR 的提升更大，这也符合预期。

快手也尝试用因果推断来解决视频完播率的 Debias，它的背景源于在很多业务场景中（如单列短视频场景）视频是自动播放的，不需要用户单击。在这种情况下会导致很难去定义什么样的播放时长可以作为正样本。比较直观的方法是人为设定一个阈值，但是这存在着一定的倾向，例如对于长视频而言这种方式偏差很大，因此，使用播放完成率来衡量用户对于视频的偏好，但事实上，基于完播率的这种做法天然地对短视频是友好的，如图 4-18 所示。

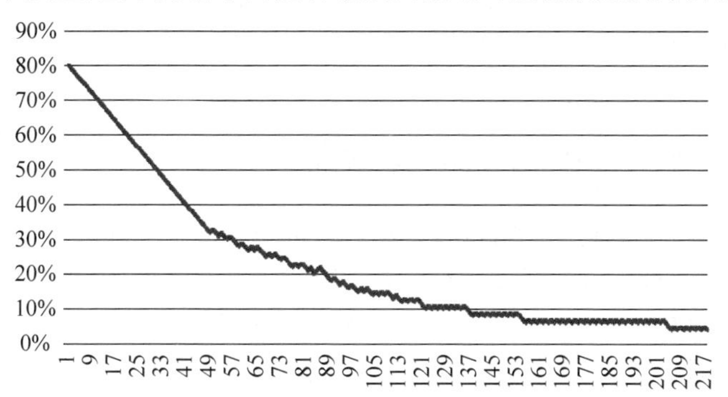

图 4-18　平均完播率与视频时长的分布

短视频的完播率比长视频高出许多，短时长视频的 PCR 普遍高于长时长视频 PCR，因此单独使用 PCR 来衡量用户对视频的偏好会导致推荐系统倾向于推短时长视频，所以需要去思考如何定义正负样本及如何对不同长度视频的完播率进行消偏。

首先，针对正负样本的定义，需要设定一个对于各长度视频均适用的判别方式。此外，它需要有一定的判别性，并且具有一定的物理意义，如图 4-19 所示，此图是对某长度视频的完播率与对应播放日志数的关系图。

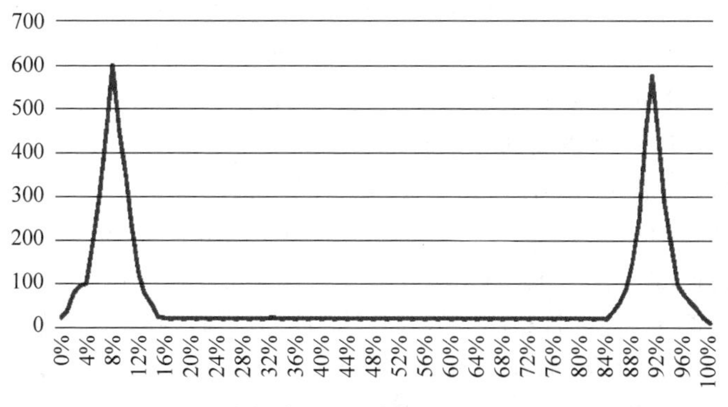

图 4-19　完播率与对应播放日志数的关系图

可以看到它有一个明显的双峰分布,也就是说如果我们在双峰中间选择一个阈值对其进行切分,则可以很容易地将正负样本区分开。我们在实际使用时统计了对应视频时长下的平均完播率,使用这个数值来作为切分阈值。

第2个问题是对不同长度视频的完播率进行消偏。Bias的本质是样本分布不均匀,而消偏可以通过一些加权的方法使实验组和控制组的分布差异尽量减小。这里使用了经典的IPW方法:

$$e(x)=\Pr(T=1\mid X=x)$$
$$w_i=\frac{t_i}{e(x)}+\frac{1-t_i}{1-e(x)} \tag{4-8}$$

具体来讲,使用不同视频时长的完播率来定义IPW的权重,将其加入损失函数进行加权,从而进行Debias。最终消偏后播放视频数及完播数都有明显的提升,另外不同长度的视频对应的完播率也有所上升。

4.2.8 案例31:Bigo的因果推断应用

Bigo是一家做网络直播的公司,Bigo旗下的短视频平台Likee和直播平台Bigo Live是典型的双边市场(Two-sided Markets)。以Bigo Live直播为例,供给侧(Supply Side)是正在直播的主播们,需求侧(Demand Side)是观看直播的观众。作为海外直播市场的领头者,Bigo Live一直致力于为用户提供更加清晰与流畅的直播体验。在技术方面会做大量的音视频编解码技术创新与优化工作。这些工作主要围绕主播侧进行,但同时也需要评估对用户体验与平台营收的影响。在双边市场情景下,一个主播会被多个用户同时观看,同时用户在同一天也会观看多个主播的直播。在这样的情况下,主播侧的实验违反了个体干预稳定性假设(Stable Unit Treatment Value Assumption,SUTVA),这使很多主播侧实验的评估基本上是失效的。同时实验的长尾效应也极其严重,Bigo Live的营利模式主要来自用户的直接付费,该营利模式下,营收类关键指标的长尾效应尤为显著。如给定一天内排名第一的用户付费金额可能大于其余前五付费之和,这使在营收类的关键指标上,基于随机化的分配机制(Assignment Mechanism)也是有偏和失效的。

互联网应用人员在观察性研究中进行因果推断的最核心在于通过对观察性数据的理解与分析,建立合理的干预分配机制(Treatment Assignment Mechanism),即在给定干预变量I和协变量X的分布,从原始数据里选取与构造虚拟的试验组与对照组,接下来结合真实的业务场景,介绍Bigo在观测性数据上因果推断的一些尝试与案例。

Bigo Live是海外最大的直播社交平台,在为用户提供高质量的直播服务外,Bigo Live还为用户提供了不少休闲游戏。Running-Bigo是Bigo Live在2020年自研的一款休闲类游戏,面世后深受Bigo Live用户的喜爱。团队基于仿真与贝叶斯优化(Bayesian Optimization)等技术,与产品等部门共同设计核心的游戏玩法与数值机制,并设计了基于贝叶斯优化的地图生成器,为用户提供多样化的地图场景。在产品上线后的一个多月,针对Running用户增长的时长数据,业务部门的领导们提出了如下问题:①用户在Running里花费较长的时间会挤压其他游戏的时长投入和营收吗？② 针对整个休闲游戏体系，引入 Running-Bigo 对整体的用户营收效果与平台生态又该如何评估呢？

实际上，这不单是在 Bigo，而是任何互联网产品都会遇到的问题，当引入一个新功能产品，如增加一个 Tab，或引入一个功能模块，一方面新的功能模型会吸引用户的时长和注意力，另一方面该新增的功能模块也会挤压其他模块的用户时长和核心营收数据，特别是休闲游戏，休闲游戏的替代效应一般比较强。那该如何评估该模块的引入对整体休闲游戏生态的影响呢？其实这是一个因果推断问题，即量化用户在 Running 的道具消耗对用户在整体休闲类游戏道具消耗的影响的因果效应值。

如上定义一个因果推断问题是直接基于业务部门提出的问题：如果 Running 的引入对整体生态与营收是负向的，则可以很容易地通过对用户力度引入前后的数据进行观察性研究，从而建模得到一个负向置信的因果效应值。同时，对于该问题存在着观测不到的变量，影响着用户在 Running 的道具消耗与用户在整体休闲类游戏道具消耗，如用户的主观游戏热情与偏好，因此如果直接进行回归分析，则其估算出来的因果效应值是有偏的，因此采用工具变量法去做进一步修正，在工具变量法的框架下，做如下定义：①工具变量 z：用户玩 Running 时的胜率。②干预变量 d：用户在 Running 中的道具消耗数（取对数）。③目标变量 y：用户在休闲游戏中的所有道具消耗数（取对数）。④协变量 X：主要包括用户在 Running 上线前后的道具消耗数的各种统计数值（取对数）和其他一些业务相关的变量；⑤无法测量的混淆因子（Confounding Factors）：用户的主观游戏热情及对不同游戏的偏好。

在这里，选取用户的胜率作为工具变量。这里有一个业务上的理解与假设，为什么在 Running 中用户的胜率可以当作工具变量？一个前提：Running 是当前 Bigo Live 休闲集合中策略性最强的，即运气成分是比较弱的。用户可以通过自己的游戏水平决定自己的游戏参与情况（还有其他因素考量，由于业务原因这里不便展开讲解）。

在给定基本的模型设置与变量选择后，首先对其进行统计检验，测验选择的变量与框架是否满足工具变量法的基本条件。使用工具变量法中的 3 个基本的统计检验：①第 1 个检验叫作弱工具变量检验，检验的 P 值小于 0.05，即表示该检验 Reject 弱工具变量假设，因此选择的工具变量是强工具变量。②第 2 个检验叫作 Wu-Hausman 检验，该检验拒绝外生性假设，即对于原始的回归表达式存在着内生性问题 $\mathrm{Cov}(d,u)=0$，如果直接进行回归分析，则结论是有偏的，需要引入工具变量。③第 3 个检验叫作 Sargan 检验，如果该检验并没有拒绝原假设，即 $\mathrm{Cov}(z,u)=0$，表明引入的工作变量 z 是有效的。

在给定 3 个基本统计检验结论下，可以利用两阶段最小二乘的方法进行拟合，在 Bigo 的场景下其结果表示见表 4-5。

表 4-5 道具消耗量影响表

Variable	β	标准差	P-value
Running 道具消耗量	0.101	0.013	0.001 76

如表中结果所示，可以看到这里拟合的因果效应值 $\widehat{\mathrm{ATE}}=\beta$ 是置信正向的，也就是表示用户在 Running 消耗道具对整体休闲游戏的道具消耗是有正向作用的，因此在完成上述建模分析并结合其他探索性分析后可以得出如下结论：用户参与 Running 不会对整体休闲游戏生态核心指标有负向作用；在 Bigo Live 中适量引入类似 Running 类休闲游戏，可以提高休闲游戏整体生态的多样性与用户黏性。

第5章 可解释模型：没有实际场景的模型是劣质模型

在数据分析过程中，无论是0到1的业务还是慢慢成形的业务，到了把主要的业务问题解决之后都会把业务流程做成模型、把归因体系做成模型、把盈利方式做成模型，本身做模型这件事是数据分析工作中重要的内容。很多模型（像正态分布模型、漏斗模型）都有其本身的含义和理论基础，并且可以实际地反映问题。

5.1 串联业务的可解释模型

5.1.1 案例32：面包质量问题

举个例子，在战争时期，德国为了应对战时粮食危机决定全国面粉统一由政府管理，每天发放固定的面粉，由指定工厂制作面包发给市民，并规定面包质量为400g，这对于一个工厂来讲可是天大的好事，但由于政府的强压，使他们在定价和原料获取上都没有充分的利润，因此有些工厂就在面包上做了手脚，一个统计学家对每天发放的面包质量进行了记录，见表5-1。

表5-1 每天发放面包质量表

天　　数	1	2	3	4	5	6	7	8	9	10
面包质量/g	393	407	393	395	389	409	389	390	394	415
天数	11	12	13	14	15	16	17	18	19	20
面包质量/g	410	409	384	388	414	414	392	393	408	387
天数	21	22	23	24	25	26	27	28	29	30
面包质量/g	399	393	414	404	398	400	399	407	406	411

表中为面包质量的数据，工厂制作面包使用面包模具进行生产，虽然模具的大小不一，但需要满足面包质量大小达到400g这个标准，在数据足够多的情况下，面包质量应该符合正态分布，如图5-1所示，也就是68.2%的数据应该在400g左右，高于410g或者低于390g的数据应该不多于31.8%。

而实际使用数据表中的数据进行作图后发现，图像出现了右偏分布，如图5-2所示，也

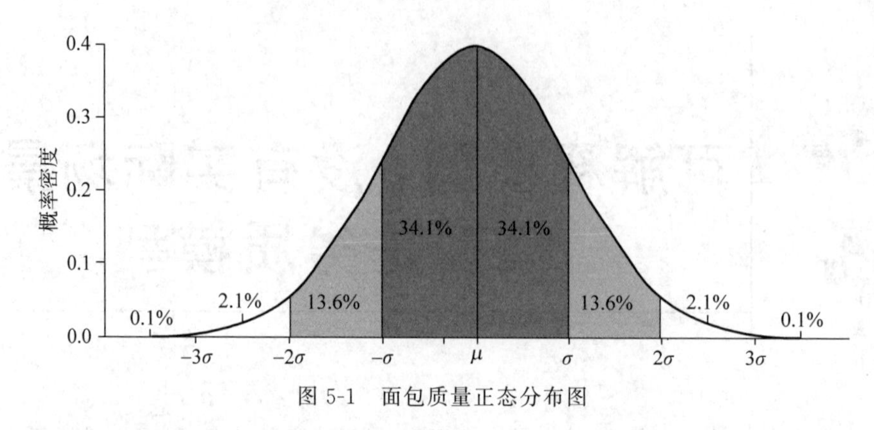

图 5-1　面包质量正态分布图

就是更多的面包其实处于 400g 的左边，并且低于 390g 的面包数量相对较多，因此可以判断工厂在模具上刻意选择了质量较小的模具，以此来赚取利润。

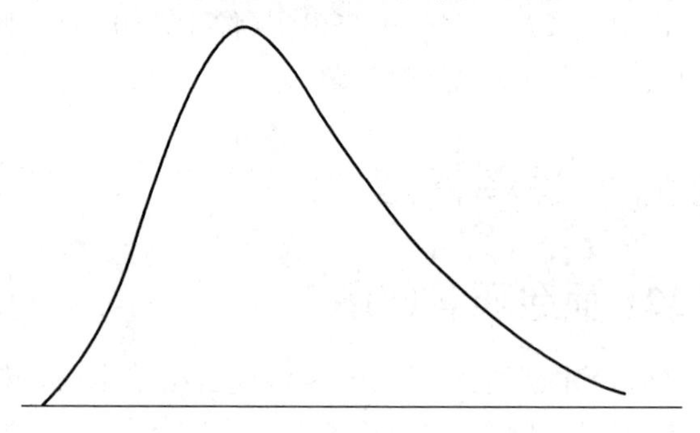

图 5-2　右偏的面包质量正态分布图

在这个例子中，由于工厂生产面包几乎与模具选择有关，所以最终的"结果"面包也只跟模具相关，可以应用可解释模型的原理去评估业务的效果，以及时发现问题，然而在实际业务中往往会出现更多的干扰因素，例如假设面包生产工作并没有那么简单，不容易可标准化，不同的员工、不同的时间点、不同的天气都会影响最终的面包质量，这些因素会使面包质量的分布并不按照正态分布，导致模型不可解释，失去评估业务的作用，因此模型的可解释性决定了模型是否能够与业务匹配，从而帮助提升业务水平。

5.1.2　案例 33：TikTok 商家成长模型问题

通过一个实际的业务场景来了解搭建一个业务模型都涉及什么问题。在国内，有很大部分网购用户已经逐渐熟悉和适应了直播电商，不管是在淘宝还是抖音，现在各大互联网公司又把矛头对准了海外市场，其中抖音的海外版 TikTok 本身在海外拥有海量的用户群体，因此 TikTok 电商也在快速地进行全球扩张，短时间内开辟了大量的新市场，海外扩张依赖于国内成熟的业务体系，如何套用国内的业务模型，帮助处于不同阶段的商家根据自身情况快速找到在 TikTok 上经营的稳定模式和最佳实践是扩张能否成功的关键。依靠海内外商家的优秀案例，分析商家的成长路径，找出成功商家不同成长阶段中的关键动作及阈值，形成商家成长模型，以制定相应扶持政策和产品帮助新入驻商家快速高效地达到产生动销，稳定动销，直至温饱的里程碑，是数据分析乃至业务的重要命题。

就以如何建立商家成长模型为例，商家是怎么成长的是一个很大的概念，当具体到某个个体商家时，有的商家是有明确的经营目的的，有的商家仅仅做做看，还有的是由别的平台迁移过来且有着成熟经验的，所以首先需要明确不同类型的商家，从资质上看可以分为个人型商家和公司型商家，从行业上可以分为美妆商家、3C商家、食品商家等，从品牌效力上可以分为知名品牌商家、普通品牌商家和无品牌商家，从商家角色上可以分为是否为机构商家，从经验上可以分为有无电商经验等。之所以把这些分类切出来，是因为商家成长情况会受到这些属性的影响，例如头部品牌的商家运营起来起码比没有品牌的商家更为高效，有电商经验的商家比没有电商经验的商家也是天差地别。

对不同类型的商家还可以划分出来针对每种类型商家的成长阶段，统一地可以分为破冰期，指从入驻到稳定有销量；成长期，指从稳定有销量到初级的头部商家；成熟期，指从初级的头部商家到顶级的头部商家，这种成长阶段的分层对于不同类型的商家是不一样的，具体体现在(例如同样处于破冰期)，对于有电商经验的商家来讲，本身的分布数量比起没有电商经验的商家要小很多，并且有电商经验商家的破冰期定义可能是入驻到稳定每天卖50单，而对于没有电商经验的商家来讲破冰只需每天卖5单就可以了。

继续区分，不同类型的商家在同成长阶段也可能有不同的成长路径。商家有很多种经营模式，有的是自己准备货源自己发货，有的是找厂家一件代发，甚至有的是直接从别的店铺下单后发货到消费者手中，并且有的商家是依靠货架模式把商品都上架到店铺中，依靠橱窗展示来卖货，有的则是通过创作短视频，把商品绑定在短视频上带货，而有的是通过直播带货，不同商家选择的卖货载体也不同，因此可以把商家的主流成长路径划分成自卖型和非自卖型，把带货形式分成直播型、短视频型和橱窗型。把商家切分清楚后，可以开始对成长路径进行建模，在商家的成长过程中有很多关键行为对商家有极大影响和明确区分的，例如首次上传商品、首次有销量，并且在不同节点里又会分别处于不同阶段和分布区间，如图5-3所示，即为在直播电商平台上的商家成长情况，对应到不同环节都会有该阶段的关键动作和商家分布情况。

针对每部分的问题都需要可解释的实现方法，例如如何进行商家分类，并不是说把商家的所有属性字段作为特征输入，然后用类似聚类等一些算法把商家分层就完成任务了，那样在实际业务使用时可能不具有参考意义，并且也不知道怎么去使用，类似这种商家分类问题，更多的是根据业务经验判断，选择出一个确实影响到业务并可对一个商家进行判断的指标，然后以这样的指标做组合分层，从而对商家进行分类。成长阶段的分类也没有办法通过机器的方法解决，成长阶段其实是一个人为设定的概念，通常是通过统计分布情况进行划分的，例如想知道一个电商业务中什么样的用户才是在业务中长期停留的忠诚用户，常用的方法是观察用户下单数量的函数曲线，并在斜率发生较大变化时进行切分，人为地定义每个区间对应的阶段。主流成长路径划分由很多种方法共同切分完成，像通过业务经验和定性定量的方法可以去划分出一些关键性的区分动作，例如首次上传商品时间、绑定账号时间、开

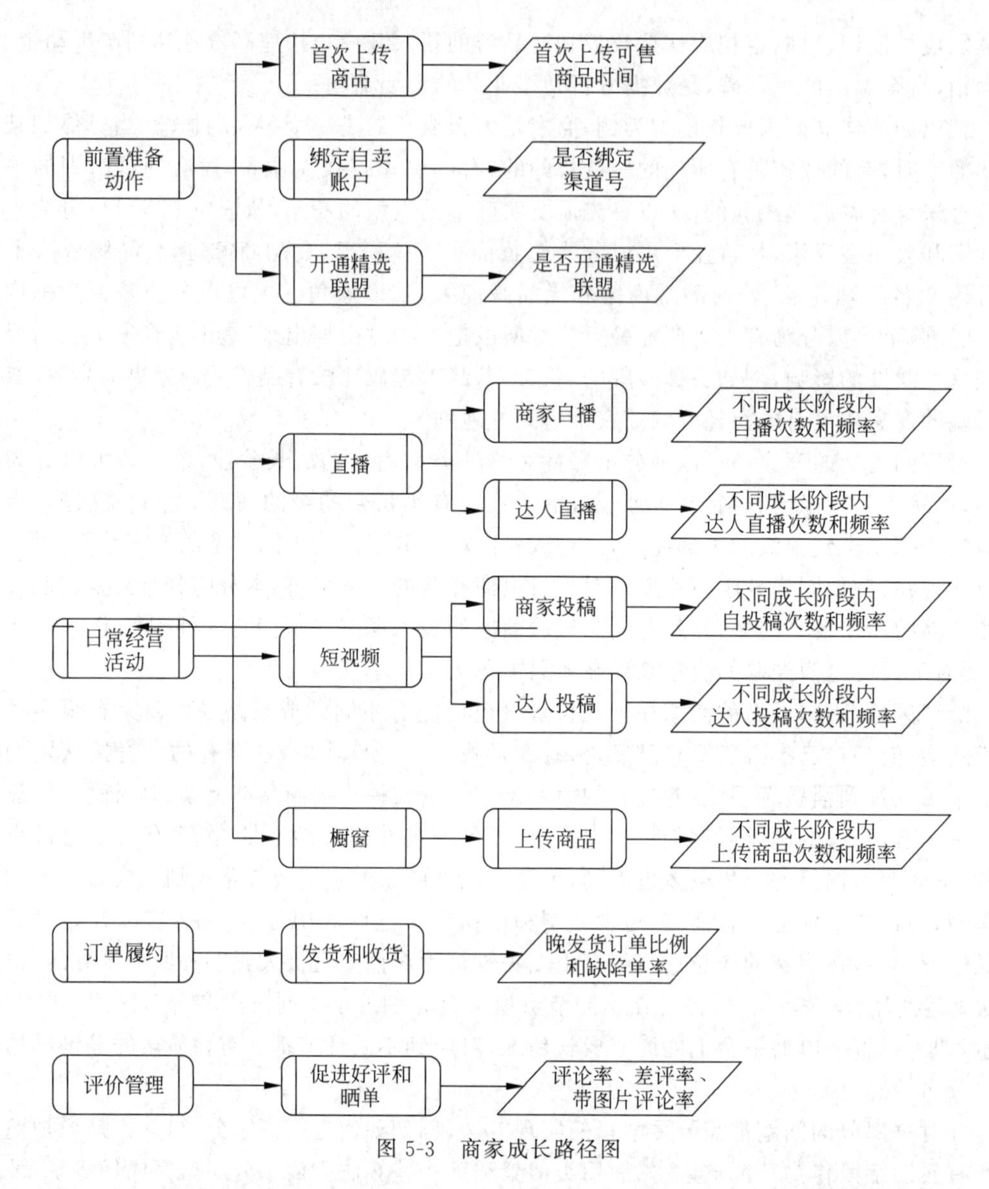

图 5-3　商家成长路径图

通联盟时间，也有通过统计方法去界定的，例如发货的及时率、退货订单的占比、订单评论率、好评率、差评率等，通过对这些数据的统计可以按照数值大小划分出类似高、中、低的分级，对于不同成长阶段内的商家，通过对自播次数、频率进行聚类划分，也可以对不同阶段内商家目前处于什么层级做出划分。这样做的核心优势在于可以清楚地知道划分的依据，以及对不同商家进行分层的不同理由，也就是具有可解释性。

当然有时业务上提出的一些关键因素确实从业务上明确地知道跟业务结果有关系，但是影响的方向和程度不是很明确，也没有得到量化，因此在构建可解释模型时会有几种需要经常用到的分析方法。

5.2　常用分析方法

1. 相关性分析

“万物皆有联”是数据分析最重要的核心思维。所谓联指的就是事物之间的相互影响、相互制约、相互印证的关系，而事物这种相互影响、相互关联的关系，在统计学上就叫作相关关系，简称相关性。世界上的所有事物都会受到其他事物的影响。HR经常会问：影响员工离职的关键原因是什么？是工资还是发展空间？销售人员会问：哪些要素会促使客户购买某产品？是价格还是质量？营销人员会问：影响客户流失的关键因素有哪些？是竞争还是服务等？产品设计人员会问：影响汽车产品受欢迎的关键功能有哪些？价格还是动力等？将所有这些商业问题转换为数据问题，不外乎就是评估一个因素与另一个因素之间的相互影响或相互关联的关系，而分析这种事物之间关联性的方法就是相关性分析方法。

当然，有相关关系，并不一定意味着是因果关系，但因果关系一定是相关关系。在过去，传统的统计模型主要用来寻找影响事物的因果关系，所以过去也叫影响因素分析，但是，从统计学方法来讲，因果关系一定会有统计显著，但统计显著并不一定就是因果关系，所以准确地说，影响因素分析应该改为相关性分析，所以在不引起混淆的情况下，也会用影响因素分析。

客观事物之间的相关性，大致可归纳为两大类：一类是函数关系，另一类是统计关系。统计关系指的是两事物之间的非一一对应关系，即当变量 x 取一定值时，另一个变量 y 虽然不唯一确定，但按某种规律在一定的可预测范围内发生变化。例如，子女身高与父母身高、广告费用与销售额的关系等是无法用一个函数关系唯一确定其取值的，但这些变量之间确实存在一定的关系。在大多数情况下，父母身高越高，子女的身高也就越高；广告费用花得越多，其销售额也相对越多。这种关系就叫作统计关系。

进一步，统计分析如果按照相关的形态来讲，则可分为线性相关和非线性相关（曲线相关）；如果按照相关的方向来分，则可分为正相关和负相关等。描述两个变量是否有相关性，常见的方式有可视化相关图（典型的如散点图和列联表等）、相关系数、统计显著性。如果用可视化的方式来呈现各种相关性，则常见的相关性如图5-4所示。

对于不同的因素类型，采用的相关性分析方法也不相同，如图5-5所示，简单总结一下所选用的相关性分析方法。

简单地说，相关分析用于衡量两个数值型变量的相关性，以及计算相关程度的大小。相关分析常用的方法有简单相关分析、偏相关分析、距离相关分析等，其中前两种方法比较常见。简单相关分析是直接计算两个变量的相关程度。偏相关分析是在排除某个因素后计算两个变量的相关程度。距离相关分析是通过两个变量之间的距离来评估其相似性（这个应尽量少用），如图5-6所示，在没有特别说明的情况下，下文所讲述的相关分析指的是简单相关分析。

完全正相关$r=1$　完全负相关$r=-1$　非线性相关$r=0$

正相关$0<r<1$　负相关$-1<r<0$　不相关$r=0$

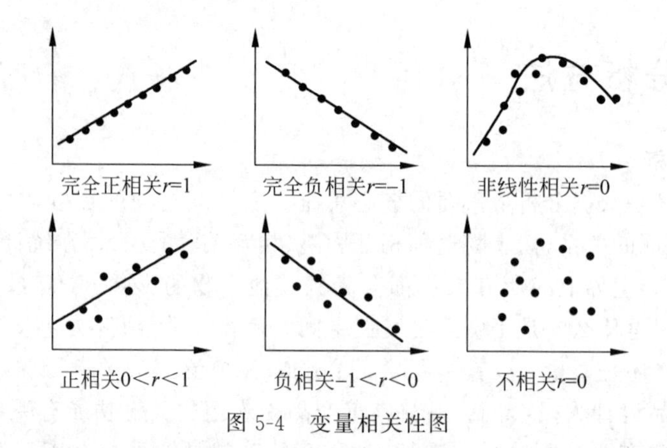

图 5-4　变量相关性图

解释变量类型	被解释变量类型	方法	作用
数值型变量	数值型变量	相关分析	衡量两个变量的相关程度
类别型变量	数值型变量	方差分析	评估因素对目标变量是否有显著影响
类别型变量	类别型变量	列联分析	评估两个因素是否相互独立

图 5-5　变量对应的相关性分析方法

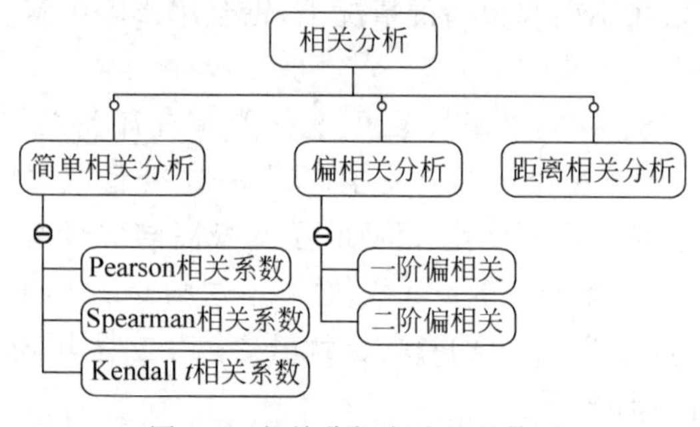

图 5-6　相关分析方法及系数图

第 1 种相关分析方法是对数据进行可视化处理，简单地说就是绘制图表。单纯从数据的角度很难发现其中的趋势和联系，而将数据点绘制成图表后趋势和联系就会变得清晰起来。对于有明显时间维度的数据，选择使用折线图，如图 5-7 所示。

为了更清晰地对比这两组数据的变化和趋势，使用双坐标轴折线图，其中主坐标轴用来绘制广告曝光量数据，次坐标轴用来绘制费用成本数据。通过折线图可以发现，费用成本和广告曝光量两组数据的变化和趋势大致相同，从整体的大趋势来看，费用成本和广告曝光量两组数据都呈现增长趋势。从规律性来看，费用成本和广告曝光量数据每次的最低点都出现在同一天。从细节来看，两组数据的短期趋势的变化也基本一致。

经过以上这些对比，可以说广告曝光量和费用成本之间有一些相关关系，但这种方法在整个分析过程和解释上过于复杂，如果换成复杂一点的数据或者相关度较低的数据就会出现很多问题。

比折线图更直观的是散点图，如图 5-8 所示。散点图去除了时间维度的影响，只关注广告曝光量和费用成本这两组数据间的关系。在绘制散点图之前，将费用成本标识为 x，也就是自变量，将广告曝光量标识为 y，也就是因变量。下面是一张根据每天广告曝光量和费用成本数据绘制的散点图，x 轴是自变量费用成本数据，y 轴是因变量广告曝光量数据。从数据点的分布情况可以发现，自变量 x 和因变量 y 有着相同的变化趋势，当费用成本增加后，广告曝光量也随之增加。

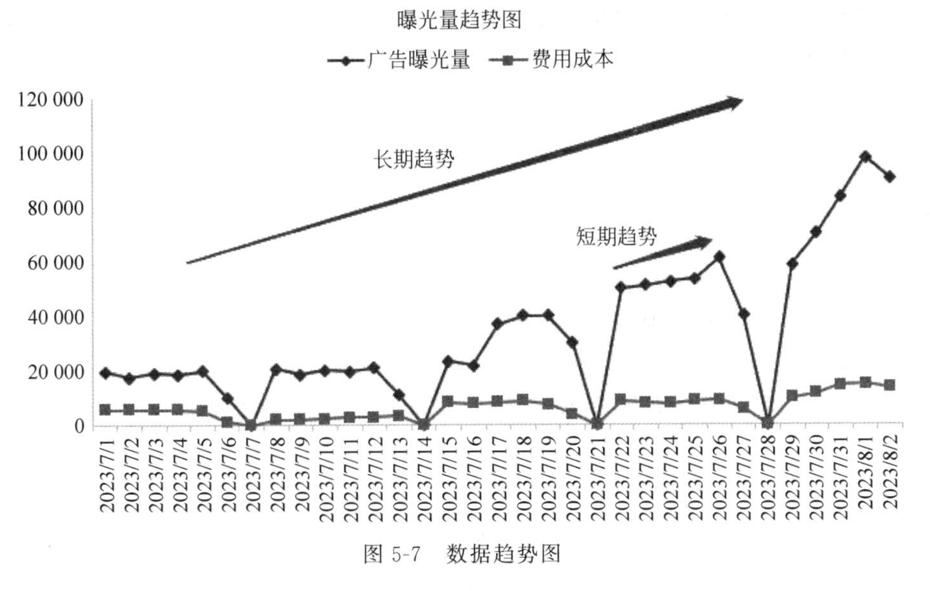

图 5-7 数据趋势图

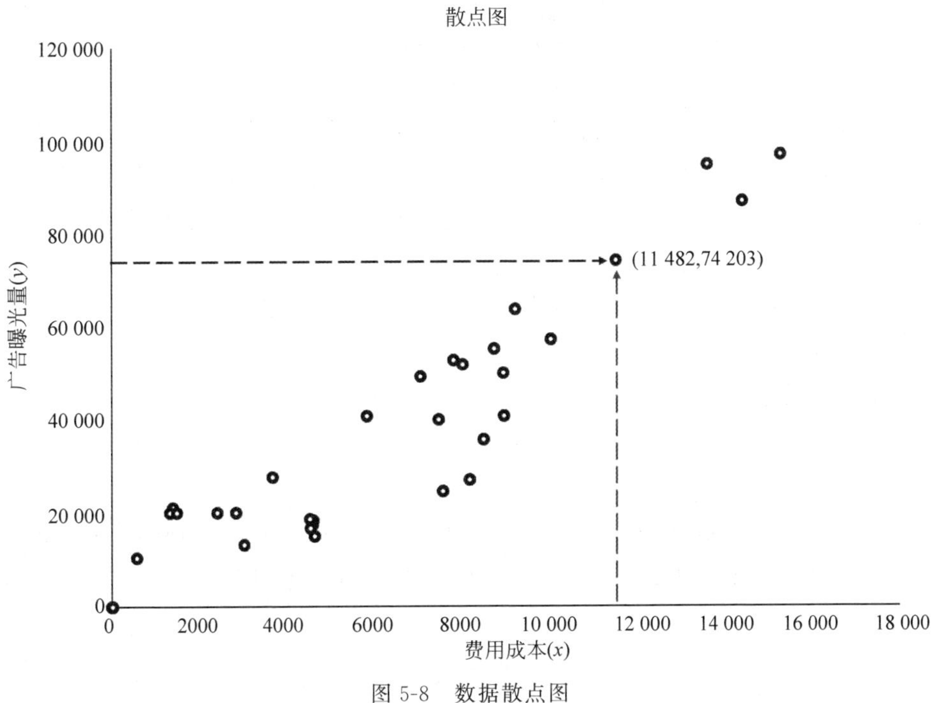

图 5-8 数据散点图

折线图和散点图都清晰地表示了广告曝光量和费用成本两组数据间的相关关系，优点是对相关关系的展现清晰，缺点是无法对相关关系准确地进行度量，缺乏说服力，并且当数据超过两组时也无法完成各组数据间的相关分析。若要通过具体数字来度量两组或两组以上数据间的相关关系，则需要使用第 2 种方法：协方差。

第 2 种相关分析方法是计算协方差。协方差用来衡量两个变量的总体误差，如果两个变量的变化趋势一致，则协方差就是正值，说明两个变量正相关。如果两个变量的变化趋势相反，则协方差就是负值，说明两个变量负相关。如果两个变量相互独立，则协方差就是 0，说明两个变量不相关。以下是协方差的计算公式：

$$\mathrm{Cov}(X,Y)=\frac{\sum_{i=1}^{n}(X_i-\overline{X})(Y_i-\overline{Y})}{n-1} \tag{5-1}$$

这是广告曝光量和费用成本间协方差的计算过程和结果，经过计算，我们得到了一个很大的正值，因此可以说明两组数据间是正相关的。广告曝光量随着费用成本的增长而增长。在实际工作中不需要按下面的方法来计算，可以通过 Excel 中的 COVAR()函数直接获得两组数据的协方差值。

协方差只能对两组数据进行相关性分析，当有两组以上数据时就需要使用协方差矩阵。下面是三组数据 x、y、z 的协方差矩阵计算公式：

$$\boldsymbol{C}=\begin{bmatrix}\mathrm{Cov}(x,x) & \mathrm{Cov}(x,y) & \mathrm{Cov}(x,z)\\ \mathrm{Cov}(y,x) & \mathrm{Cov}(y,y) & \mathrm{Cov}(y,z)\\ \mathrm{Cov}(z,x) & \mathrm{Cov}(z,y) & \mathrm{Cov}(z,z)\end{bmatrix} \tag{5-2}$$

协方差通过数字衡量变量间的相关性，正值表示正相关，负值表示负相关，但无法对相关的密切程度进行度量。当我们面对多个变量时，无法通过协方差来说明哪两组数据的相关性最高。要衡量和对比相关性的密切程度，就需要使用另一种方法：相关系数。

第 3 种相关分析方法是计算相关系数。相关系数(Correlation Coefficient)是反映变量之间关系密切程度的统计指标，相关系数的取值在−1 到 1 之间。1 表示两个变量完全线性相关，−1 表示两个变量完全负相关，0 表示两个变量不相关。数据越趋近 0 表示相关关系越弱。以下是相关系数的计算公式。

$$r_{xy}=\frac{S_{xy}}{S_x S_y} \tag{5-3}$$

其中，r_{xy} 表示样本相关系数，S_{xy} 表示样本协方差，S_x 表示 X 的样本标准差，S_y 表示 Y 的样本标准差。由于是样本协方差和样本标准差，因此分母使用的是 $n-1$。样本协方差 S_{xy} 的计算公式：

$$S_{xy}=\frac{\sum_{i=1}^{n}(X_i-\overline{X})(Y_i-\overline{Y})}{n-1} \tag{5-4}$$

样本标准差 S_x 的计算公式：

$$S_x = \sqrt{\frac{\sum (X_i - \overline{X})^2}{n-1}} \tag{5-5}$$

样本标准差 S_y 的计算公式：

$$S_y = \sqrt{\frac{\sum (Y_i - \overline{Y})^2}{n-1}} \tag{5-6}$$

下面是计算相关系数的过程，分别计算变量 X 和 Y 的协方差及各自的标准差，并求得相关系数值为0.93。0.93大于0，说明两个变量间正相关，同时0.93非常接近于1，说明两个变量间高度相关。

在实际工作中，不需要上面这么复杂的计算过程，在Excel的数据分析模块中选择相关系数功能，设置好变量 x 和 y 后可以自动求得相关系数的值。从表5-2的结果中可以看到，广告曝光量和费用成本的相关系数与我们手动求的结果一致。

表5-2 广告曝光量和费用成本的相关系数

	广告曝光量(Y)	费用成本(X)
广告曝光量(Y)	1	0.936 447 666
费用成本(X)	0.936 447 666	1

相关系数的优点是可以通过数字对变量的关系进行度量，并且带有方向性，1表示正相关，−1表示负相关，可以对变量关系的强弱进行度量，越靠近0相关性越弱。缺点是无法利用这种关系对数据进行预测，简单地说就是没有对变量间的关系进行提炼和固化而形成模型。要利用变量间的关系进行预测，需要用到另一种相关分析方法，即回归分析。

第4种相关分析方法是回归分析。回归分析(Regression Analysis)是确定两组或两组以上变量间关系的统计方法。回归分析按照变量的数量分为一元回归和多元回归。两个变量使用一元回归，两个以上变量使用多元回归。进行回归分析之前有两个准备工作，第1个工作是确定变量的数量，第2个工作是确定自变量和因变量。我们的数据中只包含广告曝光量和费用成本两个变量，因此使用一元回归。根据经验，广告曝光量是随着费用成本的变化而改变的，因此将费用成本设置为自变量 x，将广告曝光量设置为因变量 y。

以下是一元回归方程，其中 y 表示广告曝光量，x 表示费用成本。b_0 为方程的截距，b_1 为斜率，同时也表示两个变量间的关系。我们的目标就是 b_0 和 b_1 的值，知道了这两个值也就知道了变量间的关系，并且可以通过这个关系在已知成本费用的情况下预测广告曝光量：

$$y = b_0 + b_1 x \tag{5-7}$$

这是 b_1 的计算公式，我们通过已知的费用成本 x 和广告曝光量 y 来计算 b_1 的值。

$$b_1 = \frac{\sum (x_i - \overline{x})(y_i - \overline{y})}{\sum (x_i - \overline{x})^2} \tag{5-8}$$

通过最小二乘法计算 b_1 值的具体计算过程和结果见表 5-3。同时也可以获得自变量和因变量的均值。通过这 3 个值可以计算出 b_0 的值。

表 5-3 变量差值计算表

投放时间	广告曝光量(y)	费用成本(x)	$y_i-\bar{y}$	$x_i-\bar{x}$	$(x_i-\bar{x})(y_i-\bar{y})$	$(x_i-\bar{x})^2$
2016/7/1	18 481	4616	−16 344	−1283	20 966 307	1 645 712
2016/7/2	15 094	4649	−19 731	−1250	24 663 380	1 562 532
2016/7/3	17 619	4600	−17 206	−1299	22 350 167	1 687 435
2016/7/4	16 825	4557	−18 000	−1342	24 154 482	1 800 838
2016/7/5	18 811	4541	−16 014	−1358	21 741 416	1 843 330
2016/7/6	10 430	568	−24 395	−5331	130 058 373	28 424 497
2016/7/7	18	—	−34 807	−5899	205 327 475	34 799 533
2016/7/8	…	…	…	…	…	…
2016/7/9	…	…	…	…	…	…
	$\bar{y}=$ 34 825	$\bar{x}=$ 5899			$\sum(x_i-\bar{x})(y_i-\bar{y})=$ 3 508 979 770	$\sum(x_i-\bar{x})^2=$ 600 651 674
						$b_1=5.841\ 954\ 536$

以下是 b_0 的计算公式,在已知 b_1 和自变量与因变量均值的情况下,b_0 的值很容易计算。

$$b_0=\bar{y}-b_1\bar{x} \tag{5-9}$$

将自变量和因变量的均值及斜率 b_1 代入公式中,求出一元回归方程截距 b_0 的值为 374。这里 b_1 保留两位小数,取值 5.84。

$$b_0=\bar{y}-b_1\bar{x}=34\ 825-5.84\times 5899=374.84 \tag{5-10}$$

在实际工作中不需要进行如此烦琐的计算,Excel 可以帮我们自动完成并给出结果。在 Excel 中使用数据分析中的回归功能,输入自变量和因变量的范围后可以自动获得 b_0(Intercept)的值 362.15 和 b_1 的值 5.84。这里的 b_0 和之前手动计算获得的值有一些差异,因为前面用于计算的 b_1 值只保留了两位小数。

这里还要单独说明下 R Square 的值 0.87。这个值叫作判定系数,用来度量回归方程的拟合优度。这个值越大,说明回归方程越有意义,自变量对因变量的解释度越高。将截距 b_0 和斜率 b_1 代入到一元回归方程,得到结果见表 5-4。

表 5-4 回归统计表

Multiple R	0.936 447 666
R Square	0.876 934 23
Adjusted R Square	0.873 088 425
标准误差	9481.556 867
观测值	34

方差分析如图 5-9 所示。

方差分析

	df	SS	MS	F	Significance F
回归分析	1	20499300283	20499300283	228.0235638	4.12012E-16
残差	32	2876797460	89899920.62		
总计	33	23376097743			

	Coefficients	标准误差	t Stat	P-value	Lower 95%	Upper 95%	下限 95.0%	上限 95.0%
Intercept	362.1503948	2802.246201	0.129235752	0.897980008	-5345.838329	6070.139119	-5345.838329	6070.139119
费用成本(x)	5.841954536	0.386872899	15.10044913	4.12012E-16	5.053920227	6.629988845	5.053920227	6.629988845

图 5-9　方差分析图

这样在回归方程中就获得了自变量与因变量的关系。费用成本每增加 1 元，广告曝光量会增加 374.84 次。通过这个关系可以根据成本预测广告曝光量数据。也可以根据转化所需的广告曝光量来反推投入的费用成本。获得这个方程还有一个更简单的方法，就是在 Excel 中对自变量和因变量生成散点图，然后选择添加趋势线，在添加趋势线的菜单中选中显示公式和显示 R 平方值即可。

$$y = 374.84 + 5.84x \tag{5-11}$$

以上介绍的是两个变量的一元回归方法，如果有两个以上的变量使用 Excel 中的回归分析，则可选中相应的自变量和因变量范围。下面是多元回归方程。

$$y = b_0 + b_1 x_1 + b_2 x_2 + \cdots + b_n x_n \tag{5-12}$$

最后一种相关分析方法是信息熵与互信息。前面我们一直在围绕消费成本和广告曝光量两组数据展开分析。在实际工作中影响最终效果的因素可能有很多，并且不一定都是数值形式。例如站在更高的维度来看之前的数据。广告曝光量只是一个过程指标，最终要分析和关注的是用户是否购买，而影响这个结果的因素也不仅是消费成本或其他数值化指标。可能是一些特征值。例如用户所在的城市、用户的性别、年龄区间分布，以及是否是第 1 次到访网站等。这些都不能通过数字进行度量。

度量这些文本特征值之间相关关系的方法就是互信息。通过这种方法可以发现哪一类特征与最终的结果关系密切。表 5-5 中是我们模拟的一些用户特征和数据。在这些数据中忽略了之前的消费成本和广告曝光量数据，只关注特征与状态的关系。

表 5-5　用户特征和数据表

城市	消费成本/元	广告曝光量	性　别	新用户	年龄分布/岁	状　态
杭州	13 588	78 844	男	是	25～34	未购买
杭州	20 738	120 473	男	否	25～34	未购买
北京	18 949	111 982	女	否	25～34	购买
上海	30 908	167 093	男	是	35～45	未购买
北京	27 822	167 897	男	否	<25	购买
北京	30 100	185 418	男	否	35～45	未购买
南京	23 317	129 550	女	是	25～34	未购买

续表

城市	消费成本/元	广告曝光量	性　别	新用户	年龄分布/岁	状　态
广州	19 057	120 861	女	否	<25	未购买
北京	16 091	101 915	女	否	25～34	购买
⋮	⋮	⋮	⋮	⋮	⋮	⋮

这里直接给出每个特征的互信息值及排名结果。经过计算可知，城市与购买状态的相关性最高，所在城市为北京的用户购买率较高。

由于上述相关系数是根据样本数据计算出来的，所以上述相关系数又称为样本相关系数(用 r 来表示)。若相关系数是根据全部数据计算的，则称为总体相关系数，记为 ρ，但由于存在抽样的随机性和样本较少等原因，通常样本相关系数不能直接用来说明两总体(两变量)是否具有显著的线性相关关系，因此还必须进行显著性检验。相关分析的显著性检验，经常使用假设检验的方式对总体的显著性进行推断。显著性检验的步骤如下。

假设：两个变量无显著的线性关系，即两个变量存在零相关。

构建新的统计量 t，如下：

$$t=\frac{r\sqrt{n-2}}{\sqrt{1-r^2}} \tag{5-13}$$

在变量 X 和 Y 服从正态分布时，该 t 统计量服从自由度为 $n-2$ 的 t 分布。计算统计量 t，并查询 t 分布对应的概率 P 值。最后判断(α 表示显著性水平，一般取 0.05)：①如果 $P<\alpha$，则表示两变量存在显著的线性相关关系。②否则不存在显著的线性相关关系。

简单相关分析的基本步骤如下：对整体流程绘制散点图，然后选择系数类别，再计算相关系数，进行显著性检验，最后进行业务判断，如图 5-10 所示。

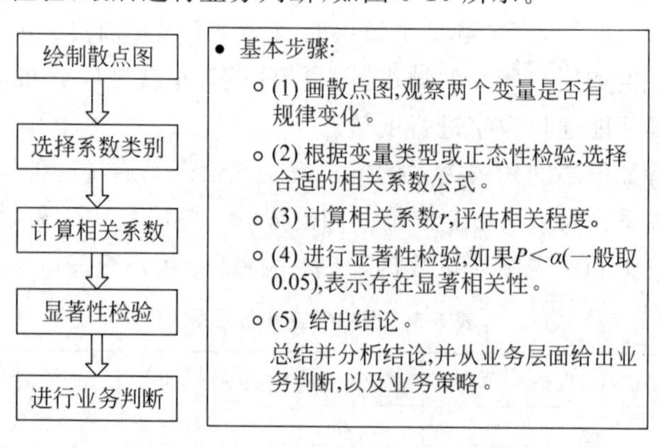

图 5-10　简单相关分析流程图

2. 决策树

在构造可解释模型的过程中，决策树也是一种常用方法，决策树的生成就像在回答是否问题，通过对具体特征值的判断来区分不同的个体，还是拿商家来讲，通过对商家的一些具体属性的区分可以形成一棵树状的结构，如图 5-11 所示，有些分支回答的是“是否”问题，有些分支对数值是否达到阈值进行判断。当然当用决策树来构造一个可解释的模型时，对每个分支也有概率和分布的问题，这里需要引用信息熵的概念。

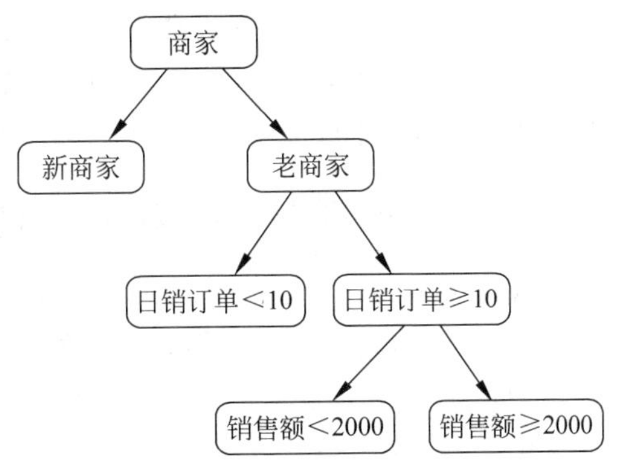

图 5-11　商家属性树状图

熵这个概念来源于信息论，用来度量事物的不确定性，越不确定的事物，它的熵就越大，随机变量 X 的熵的表达式如式(5-14)：

$$H(X) = -\sum_{i=1}^{n} p_i \log p_i \tag{5-14}$$

如抛一枚硬币为事件 T，P(正)$=1/2$，P(负)$=1/2$，则

$$H(T) = -\left(\frac{1}{2}\log\frac{1}{2} + \frac{1}{2}\log\frac{1}{2}\right) = \log 2 \tag{5-15}$$

抛一枚骰子为事件 G，$P(1)=P(2)=\cdots=P(6)=\frac{1}{6}$，则

$$H(G) = -\sum_{1}^{6} \frac{1}{6}\log\frac{1}{6} = \log 6 \tag{5-16}$$

$H(G)>H(T)$，显然掷骰子的不确定性比投硬币的不确定性要高，有了单一变量的熵，很容易推广到多个变量的联合熵，这里给出两个变量 X 和 Y 的联合熵表达式：

$$H(X,Y) = -\sum_{i=1}^{n} p(x_i,y_i)\log p(x_i,y_i) \tag{5-17}$$

有了联合熵，可以得到条件熵的表达式 $H(X|Y)$，条件熵类似于条件概率，它度量了在知道 Y 以后 X 剩下的不确定性，表达式为

$$H(X \mid Y) = -\sum_{i=1}^{n} p(x_i,y_i)\log p(x_i \mid y_i) = \sum_{j=1}^{n} p(y_j)H(X \mid y_i) \tag{5-18}$$

按照定义，$H(X)$度量了 X 的不确定性，条件熵 $H(X|Y)$度量了在知道 Y 以后 X 剩下的不确定性，那么 $H(X)-H(X|Y)$就度量了 X 在知道 Y 以后不确定性的减少程度，这个度量在信息论里称为互信息，记为 $I(X,Y)$。信息熵 $H(X)$、联合熵 $H(X,Y)$、条件熵 $H(X|Y)$和互信息 $I(X,Y)$之间的关系如图 5-12 所示。

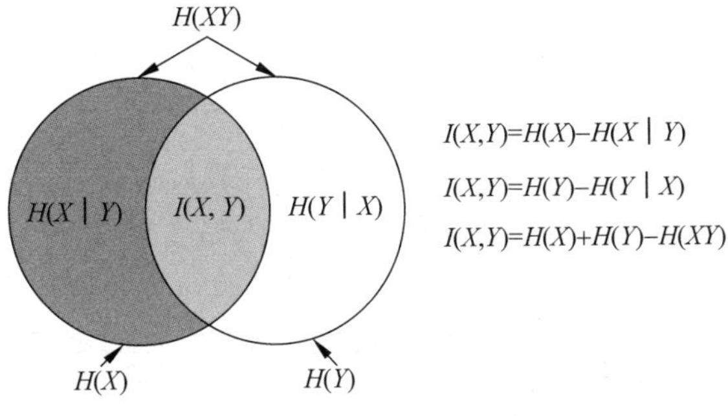

图 5-12　互信息关系图

下面就决策树的典型算法来展示一下决策树在构造可解释模型中的做法，实际上决策树算法有很多，但基本理念都是相同的，即都通过一个个分支去做结构，不同的只不过是数值处理上的方法不同，主要为了应对不同的数值类型，此处就不展开讲解了。

5.2.1 案例34：决策树的ID3算法

在决策树的ID3算法中，互信息 $I(X,Y)$ 被称为信息增益。ID3算法就是用信息增益来判断当前节点应该用什么特征来构建决策树，信息增益越大就越适合用来进行分类，社交网络当中经常会有机器人账号或者水军用来刷评论、恶意攻击，一般平台方会使用一些识别算法来屏蔽掉这些账号，当然在实际业务中可以有非常多的维度来鉴别是不是真实账号，如登录地、登录时长、发送消息间隔等，举个例子，假如主要参考发送内容的日志密度和好友密度及是否真实头像来判断，收集到的信息见表5-6。

表5-6 社交网络账号信息表

日志密度	好友密度	是否使用真实头像	账号是否真实
S	S	No	No
S	L	Yes	Yes
L	M	Yes	Yes
M	M	Yes	Yes
L	M	Yes	Yes
M	L	No	Yes
M	S	No	No
L	M	No	Yes
M	S	No	Yes
S	S	Yes	No

设L、F、H、D分别表示日志密度、好友密度、是否使用真实头像和账号是否真实，LA、M、S代表程度上的大、中、小，通过计算有

$$H(D)=-(0.7\log_2 0.7+0.3\log_2 0.3)=0.879$$

$$H(D\mid L)=-\left[0.3\left(\frac{1}{3}\log_2\frac{1}{3}+\frac{2}{3}\log_2\frac{2}{3}\right)+0.4\left(\frac{1}{4}\log_2\frac{1}{4}+\frac{3}{4}\log_2\frac{3}{4}\right)+0.3\left(\frac{0}{3}\log_2\frac{0}{3}+\frac{3}{3}\log_2\frac{3}{3}\right)\right]=0.603 \tag{5-19}$$

$$I(D,L)=H(D)-H(D\mid L)=0.879-0.603=0.276$$

因此日志密度的信息增益是0.276，用同样的方法得到是否使用真实头像和好友密度的信息增益分别为0.033和0.553，因此好友密度具有最大的信息增益，也就是说如果从好友密度去区分账号类型，由于大部分非真实账号的好友密度很低，所以决策树的第1次分裂就选择好友密度，假设对LA、M的好友密度的账号都被认为是真实账号，予以通过。对好友密度是S的账号可以对剩下的3个属性再进行一次树结构的延伸，见表5-7，用该表再次递归计算子节点的分裂属性，最终就可以得到整棵决策树。

表 5-7　真实账号信息表

日 志 密 度	是否使用真实头像	账号是否真实
S	No	No
M	No	No
M	No	Yes
S	Yes	No

当然这种算法也有不足之处，像一些连续的特征，例如长度、密度这样的连续值就无法在 ID3 算法中运营，并且由于 ID3 采用信息增益大的特征优先建立决策树的节点，那么在相同条件下取值比较多的特征比取值少的特征信息增益大，例如一个变量有两个值，各为 1/2，另一个变量为 6 个值，均为 1/6，其实都是完全不确定的变量，但是取 6 个值的比取两个值的信息增益大，例子就是此前提到的抛硬币和骰子的区别。从概念上来讲信息增益反映的是给定一个条件以后不确定性减少的程度，必然是分得越细的数据集确定性越高，也就是条件熵越小，信息增益越大，但是在算法上也需要矫正。应对连续和信息增益问题就有 C4.5 的决策树算法。

对于 ID3 中的不能处理连续特征的问题，C4.5 算法的思路是将连续的特征离散化。例如有 n 个样本的连续特征 A，从小到大的排列为 $a_1,a_2,\cdots,a_n$。则 C4.5 取相邻两样本值的平均数，一共可以取到 $n-1$ 个划分点，其中第 i 个划分点 T_i 表示为 $T_i=\frac{a_i+a_{i+1}}{2}$。对于这 $n-1$ 个点，分别计算以该点作为二元分类点时的信息增益。选择信息增益最大的点作为该连续特征的二元离散分类点。例如取到的增益最大的点为 a_t，取大于 a_t 为类别 1，小于 a_t 为类别 2。这样就做到了连续特征的离散化。对于第 2 个问题，信息增益作为标准容易偏向于取值较多的特征，C4.5 中使用了信息增益比 $I_R(D,A)$ 来消除相应的影响。

$$I_R(D,A)=\frac{I(A,D)}{H(A)} \tag{5-20}$$

特征 A 对数据集 D 的信息增益与特征 A 信息熵的比，信息增益越大的特征和划分点，分类效果越好，某特征中值的种类越多，特征对应的特征熵越大，它作为分母，可以校正信息增益导致的问题。回到上面的例子中：

$$\begin{aligned}&I(D,L)=0.276,I(D,F)=0.533,I(D,H)=0.033\\&H(L)=-(0.3\log_2 0.3+0.4\log_2 0.4+0.3\log_2 0.3)=1.571\\&I_R(D,L)=\frac{I(D,L)}{H(L)}=\frac{0.276}{1.571}=0.176\end{aligned} \tag{5-21}$$

同样可得 $I_R(D,F)=0.35$，$I_R(D,H)=1$。因为 F 具有最大的信息增益比，所以第 1 次分裂选择 F 作为分裂属性，再递归使用这种方法计算子节点的分裂属性，最终就可以得到整棵决策树。

在上述的两种方法中，ID3 算法使用信息增益来选择特征，信息增益大的优先选择，在 C4.5 算法中使用信息增益比来选择特征，以减少信息增益容易选择特征值种类多的特征的问题，但是无论是 ID3 还是 C4.5 都是基于信息论的熵模型的，并且都用到复杂的对数计算，因此也有不使用对数的简化模型，称为分类回归树模型，分类回归树中使用基尼系数来代替信息增益比，基尼系数代表模型的不纯度，基尼系数越小则不纯度越低，特征越好，和信息增益正好是相反的。在这类处理方法中，假设有 K 个类别，第 k 个类别的概率为 p_k，则基尼系数为

$$\text{Gini}(p)=\sum_{k=1}^{K}p_k(1-p_k)=\sum_{k=1}^{K}p_k^2 \tag{5-22}$$

对于给定的样本 D，假设有 K 个类别，第 k 个类别的数量为 C_k，则样本的基尼系数为

$$\text{Gini}(D)=1-\sum_{k=1}^{K}\left(\frac{|C_k|}{|D|}\right)^2 \tag{5-23}$$

特别地，对于样本 D，如果根据特征 A 的某个值 a 把 D 分成 D_1 和 D_2 两部分，则在特征 A 的条件下，D 的基尼系数为

$$\text{Gini}(D,A)=\frac{|D_1|}{|D|}\text{Gini}(D_1)+\frac{|D_2|}{|D|}\text{Gini}(D_2) \tag{5-24}$$

回到上面的例子：

$$\text{Gini}(D)=2\times0.3\times(1-0.3)=0.42$$

$$\begin{aligned}\text{Gini}(D,L)&=0.3\left(1-\frac{1^2}{3}-\frac{2^2}{3}\right)+0.4\left(1-\frac{1^2}{4}-\frac{3^2}{4}\right)+0.3\left(1-\frac{3^2}{3}-\frac{0^2}{3}\right)\\&=0.283\end{aligned} \tag{5-25}$$

同理得 $\text{Gini}(D,F)=0.55$，$\text{Gini}(D,H)=0.4$，因为 L 具有最小的基尼系数，所以第 1 次分裂选择 L 作为分裂属性。再递归使用这种方法计算子节点的分裂属性，最终就可以得到整棵决策树。

还有一些主流的可解释性的模型，例如 LIME，LIME 是 Local Interpretable Model-agnostic Explanations 的缩写，它的关键目标就是让模型以可解释的方式呈现出来，如图 5-13 所示。

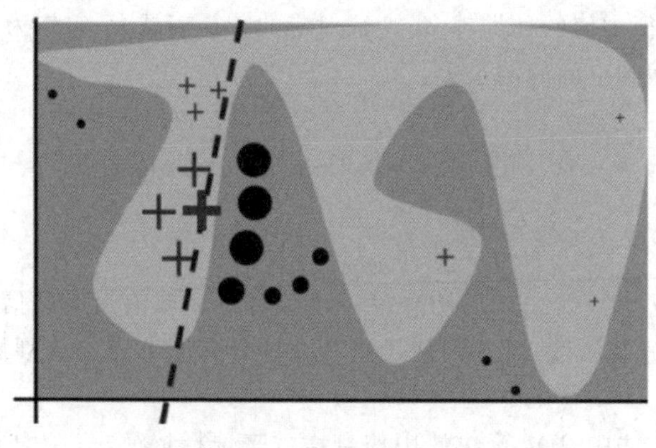

图 5-13　LIME 模型图

不同的颜色区域代表的是模型的 Decision Function(f)针对不同预测对象的输出结果，这一结果相对而言是黑盒的，很明显这是一个比较复杂的模型，并不能用一个 Linear Model 来轻易拟合它，但是可以做到局部可解释，假设图中大的十字叉表示的是被预测对象，那么通过一些扰动方法可以产生若干其他相邻的对象，并利用 f 获取模型对它们的预测结果，然后就可以基于这些数据集得到一个 Locally Faithful 的线性模型了。还有例如 PDP，部分依赖图简称 PDP 图，能够展现出一个或两个特征变量对模型预测结果影响的关系函数：近似线性关系、单调关系或者更复杂的关系。PDP 的分析步骤是训练一个机器学习模型，用代替列，利用训练的模型对这些数据进行预测，求所有样本的预测的平均值，遍历特征的所有不同值，PDP 的 x 轴为特征的各个值，而 y 轴是对应不同值的预测平均值。例如数据集包含 3 个样本，每个样本各有 3 个特征 A、B、C，想要知道特征 A 是如何影响预测结果的，假设特征 A 一共有 3 种类型，训练数据的其他特征保持不变，将特征 A 依次修改为各个特征值，然后对预测求平均值，最后 PDP 需要的是针对不同特征值的平均预测值。

5.2.2 案例 35：Shapley 值法

还有一种方法是 Shapley 值法，这种方法是指所得与自己的贡献相等，是一种分配方式，普遍用于经济活动中的利益合理分配等问题，最早由美国洛杉矶加州大学教授罗伊德·夏普利(Lloyd Shapley)提出，Shapley 值法的提出给合作博弈在理论上的重要突破及其以后的发展带来了重大影响。简单地来讲，Shapley 值法就是使分配问题更加合理，用于为分配问题提供一种合理的方式。例如 n 个人合作创造了 $v(N)$的价值，如何对所创造的价值进行分配，假设全集 $N=\{x_1,x_2,\cdots,x_n\}$有 n 个元素 x_i，任意多个人形成的子集 $S\subseteq N$，有 $v(S)$表示 S 子集中所包括的元素共同合作所产生的价值。最终分配的价值(Shapley Value)$\phi_i(N,v)$其实是求累加贡献的均值。

例如 A 单独工作产生价值 $v(\{A\})$，后加入 B 之后共同产生价值 $v(\{A,B\})$，那么 B 的累加贡献为 $v(\{A,B\})-v(\{A\})$。对于所有能够形成全集 N 的序列，求其中关于元素 x_i 的累加贡献，然后取均值即可得到 x_i 的 Shapley 值，但枚举所有序列可能性的方式的效率不高，注意到累加贡献的计算实际为集合相减，对于同样的集合当计算次数过多时效率低下。公式中 S 表示序列中位于 x_i 前面的元素集合，进而 $N\backslash S\backslash\{x_i\}$表示的是位于 x_i 后面的元素集合，而满足只有 S 集合中的元素位于 x_i 之前的序列总共有$|S|!(|N|-|S|-1)!$ 个，其内序列中产生的 x_i 累加贡献都是 $v(S\cup\{x_i\})-v(S)$；最后对所有序列求和之后再取均值。假设特征全集为 F，则有

$$\phi_i(v)=\sum_{S\subseteq N\{i\}}\frac{|S|!(|N|-|S|-1)!}{|N|!}(v(S\cup\{x_i\})-v(S)) \tag{5-26}$$

求得每维特征的 Shapley 值，值越大对目标函数的影响越正向，值越小对目标函数的影响越

负向。举个例子，若 $N=\{1,2,3\}$，$v(\{1\})=0$，$v(\{2\})=0$，$v(\{3\})=0$，$v(\{1,2\})=90$，则 $v(\{1,3\})=80$，$v(\{2,3\})=70$，$v(\{1,2,3\})=120$，如图 5-14 所示。

	1	2	3
1←2←3	0	90	30
1←3←2	0	40	80
2←1←3	90	0	30
2←3←1	50	0	70
3←1←2	80	40	0
3←2←1	50	70	0
总数	270	240	210
Shapley值	45	40	35

图 5-14 Shapley 值图

第6章 PSM理论：所有人都搞促销，我能不能不搞

现在由于互联网电商的普及，绝大部分商品的价格都比较透明，消费者只需在各大电商平台简单搜索，然后做个排序就基本可以知道一个大概的价格区间了，因此很多商家也经常打价格战，经常性地让利补贴做所谓的"引流"活动，他们寄希望于通过低价商品让用户买到之后，可以给自身带来流量，并且用户会因此关注到这个商家，并对其他商品进行购买或者复购，但是这种低价引流的策略真的有效吗，确实可能全平台的商家、直播卖货达人都在做福利引流，但是真的适合每个人吗？解答这个问题需要用到PSM理论。

6.1 倾向值匹配(PSM)理论

PSM理论在前面章节也短暂提到过，在这进行系统介绍，首先对于PSM理论要明确几个基本概念，概念一：干预效果(Treatment Effect)，干预下的潜在结果减去未干预时的潜在结果。

$$\tau_i = Y_i(1) - Y_i(0) \tag{6-1}$$

其中，Y_i 表示潜在结果，1和0分别代表是否干预。概念二：被干预的平均效果(Average Treatment Effect on the Treated, ATT)，相较于个人的干预效果，人群整体的干预效果往往是更具有意义的，因为通常情况下策略干预的作用对象是一个人群，应用PSM，通常希望计算得到被干预的用户的平均干预效果，即ATT。

$$\tau_{\mathrm{ATT}} = E(\tau \mid D=1) = E[Y(1) \mid D=1] - E[Y(0) \mid D=1] \tag{6-2}$$

其中，变量 D 代表是否受到干预。概念三：倾向值得分(Propensity Score)，即用户受到干预的概率。

$$P(X) = P(D=1 \mid X) \tag{6-3}$$

另外PSM理论给予两个先决假设，一个是条件独立假设CIA(Conditional Independence Assumption)：给定一系列可观测的协变量 X，潜在结果和干预分配相互独立。

$$(\text{Unconfoundedness})\, Y(0), Y(1) \perp D \mid X, \forall X \tag{6-4}$$

可以认为所有影响到干预分配与潜在结果的变量都同时被观测到，此时 X 可为高维，则干预分配与潜在结果基于 $P(X)$ 同样条件独立，即

$$(\text{Unconfoundedness given the PS})Y(0),Y(1) \perp D \mid P(X), \forall X \tag{6-5}$$

另一个是共同支持假定(Common Support)：即实验组和对照组存在重叠的部分，即

$$(\text{Overlap})0 < P(D=1 \mid X) < 1 \tag{6-6}$$

这个假设能够在给定 X 时确定 D 的情况，也恰恰因为如此，才可以有进行匹配的空间。在满足 CIA 和 Common Support 假设的前提下，ATT 为

$$\tau_{\text{ATT}}^{\text{PSM}} = E_{P(X)\mid D=1}\{E[Y(1) \mid D=1,P(X)] - E[Y(0) \mid D=0,P(X)]\} \tag{6-7}$$

有了这些前置的输入，就可以开始 PSM 匹配了，具体的匹配步骤如下。

(1) 确定特征，为了使 CIA 假设条件成立，特征应该具备两个原则：①同时影响干预分配和结果的变量应该被包括进来。②被干预变量影响的应该尽可能排除，其目的主要是减少 Bias 和 Variance，达到满足进行 PSM 假设的前提。

(2) 确定概率，这里对每个样本的概率进行预测，确定倾向值评分 $P(X)$，为后续进行匹配做准备。一般常用的模型为 LR 模型或者 GLM 模型，但是也可以用一些更为复杂的模型训练，例如 XGBoost、LGBoost 等。

(3) 确定距离，距离和匹配方法对于配套的不同的距离算法有不一样的阈值，常见的匹配方法有最近邻匹配(Nearest Neighbor Matching)、有边界限制的半径匹配(Caliper and Radius Matching)、分层区间匹配(Stratification and Interval Matching)、核匹配(Kernel Matching)。

(4) 测试模型衡量标准，在测试模型阶段也分成几个步骤，例如，标准化偏差，对样本均值的假设检验，一般使用 T 检验，看 KS 曲线，看联合显著性为 R2。

(5) 计算最终的 ATE 结果，得出最终 PSM 后的结论。

6.1.1 案例 36：吸烟用户的 PSM 应用

PSM 被比较多地应用在一些特定的场景，例如①用于去除隐藏的变量，让分析结果更接近于因果。这个隐藏的变量有很多，例如选择用户时两组用户的构成不同，否则就存在一些其他的干扰，DID 的平行检验没有通过，例如要去对比吸烟对人体造成的伤害，吸烟的人大部分不注意身体健康，可能还喜欢喝酒，因此假如分两组用户，一组用户吸烟，另一组用户不吸烟，去对比他们的身体健康状况时，不一定可以得到吸烟对身体不健康有影响的因果关系，需要控制观测变量，使两组用户结构相似；②在特殊场景下，通常的对比取不到显著的效果，例如 App 上线了，某功能使用率低下，此时直接对比 AB base 和 Exp 未必有显著差异，通过匹配在控制组和实验组中找到使用该功能的行为特征相似的用户进行比较，可以解决这个功能使用渗透率低的问题；③实验组和对照组的正负样本量不均匀，两组变量之间的差异性过大，可比性差，存在变量多样本少的情况。在这种情况下也比较适合进行倾向值匹配。

现在回到之前的案例话题(低价引流)上面，一般性的低价引流有两种，一种是直接对某部分商品进行低价销售，吸引用户下单或者吸引新用户下单，还有一种是设置价格低于正常水平，但显示已经被抢光，诱导用户互动停留，做到引流的效果，其实从平台视角来看很难短

期内去实现低价流量的合理分配，并且吸引进来的流量对直播间会造成什么样的影响也无法确定。现在以一个完整案例的形式展现 PSM 分析的应用。

6.1.2　案例 37：低价引流的 PSM 应用

首先对于低价引流需要有明确的定义，不同平台上的低价有不同的定义，拿抖音上的直播间来讲，低价引流的直播间可以定义成当直播间有上架低价商品且存在低价商品在该直播间的曝光 PV 占比大于一定值时把这个直播间定义为低价引流直播间，这里的一定值的确定逻辑：以不同低价区间商品在直播间的展现 PV 占比的分位数和平均数来看整体为右偏分布，所以可以采用 80 分位数作为阈值，实际的数据分布可能左偏分布，也可能右偏分布，也可能正态分布。

那低价引流可能带来的影响是什么呢？在平台上低价引流可能会影响推荐模型，通过低价引流快速吸引过来的用户和大盘正常进入直播间的用户对比来看，停留在直播间的时长会明显降低，因为他们都是通过低价商品吸引进来的，并且进来之后一般会搭配发送评论、单击关注等一系列操作来完成低价福利品的购买行为，因此相关的支付转化率、点击率、评论、关注、送礼物等指标都会有上升的作用，而对 GMV、客单价等一些结果指标有负向的降低作用，从日趋势变化来看，低价引流可能会带来支付率、点击率的错误高估，从用户人群支付能力的画像来看，高价值人群被低估、低价值人群被高估；另外，对进入直播间的用户，滞留直播间的用户当日 GMV 消费能力比较低，并且会集中在低价(如 0～10 元)区域，甚至只完成 1 单，以及大部分用户在最近 7 天内存在支付行为，有这类特征的用户都可以判断为比较活跃的低价值群体，而对于这部分滞留用户的价值里面可能会出现消费降级，也可能出现消费升级；同时低价引流也会对商家造成影响，对商家来讲消费能力在低区间的消费用户比例会上涨，但高区间的消费用户比例会下降，并且也会增长一些无消费能力的用户，因此可以看到，低价引流对直播间有聚集流量及吸引用户的正向作用，但也存在降低用户消费水准，引来无效用户的负向作用，所以可以使用 PSM 的分析方法来研究低价引流对一个直播间收入的影响。

研究低价引流对一个直播间收入的影响，需要在样本内进行随机分配，一部分进行低价引流，另一部分不进行低价引流。之后对两组的观察结果进行对比，从而可以得出低价引流对直播间收入的净影响。这是因为处理变量 D_1(是否接受低价引流)是随机的，存在可能性不会与干扰项相关，不存在内生性问题，如式(6-8)。

$$Y = \alpha + \beta_0 \times D_1 + \beta_1 \times \text{Controls} + \varepsilon \tag{6-8}$$

其中，Y 是观察到的因变量 GMV，GMV 的变化结果来自两方面的影响：①低价引流这个处理变量。②两组实验组的直播间、主播之间本身的特征差异，天然的属性差异，算是一种 AA 差距，这也是为什么没法直接和大盘进行对比的原因。D_1 是处理变量，也可以理解为是否做低价引流动作，对 A、B 两个实验组来讲，需要在 B 组当中寻找与 A 组相似的个体进行匹配，这样可以尽可能地剔除特征因素对因变量的影响，使 D_1 这个处理尽可能随机。事实上，即使取出了 A、B 两组进行低价引流实验，也无法保证 A、B 两个组中的卖家一定会做

“挂低价商品”这个动作。Controls 主要用于对某些特征进行控制，D_1 很可能会受样本本身特征的影响，例如某些特征的卖家更喜欢进行低价引流，需要控制变量。

首先验证倾向评分匹配估计的前提，处理组和对照组是否满足“条件独立性”假设：在这个情况下，当控制了主播达人和商品的一系列特征变量后，是否进行低价引流与其直播间收入相互独立，那样根据倾向性匹配得分将样本分成若干区间，保证每个区间里处理组和控制组的平均倾向性得分相同。另外也需要满足共同支持假定(CIA)：匹配前后进行核密度图的对比，若匹配结果较为理想，则匹配之后的两个分布很相近。同时需要注意这里面的风险点：低价引流这种实验没有严格地进行 A/B，可能会有倾向，只能尽量在有选择偏差的情况下进行匹配，通过 PSM 来模拟实验条件，尽管处理组和对照组的协变量平衡能做到类似于实验条件，但也缺少实验本身这个要素的重要特征，PSM 只是缓解了可观测变量的系统差异，不可观察变量的差异并未缓解。

整体步骤如图 6-1 所示，分步拆解来看，选择特征，选择特征需要选那些适合进行 PSM 的特征，只有合适的特征才能保证匹配组和实验组足够接近，也保证了式(6-8)中的 D_1 足够随机，选择合适特征的方法有很多种，比较直接的，可以对选定的一系列可能的特征对照地进行变量分析，例如对比低价引流直播间和正常直播间的直播累计时长分布可以发现低价直播间的直播时长要明显短于正常直播间的直播时长，类似的现象在讲解商品数量、直播场次等方面也有比较明显的体现，当然也会有一些特征只通过分布对比没有那么明显，或者

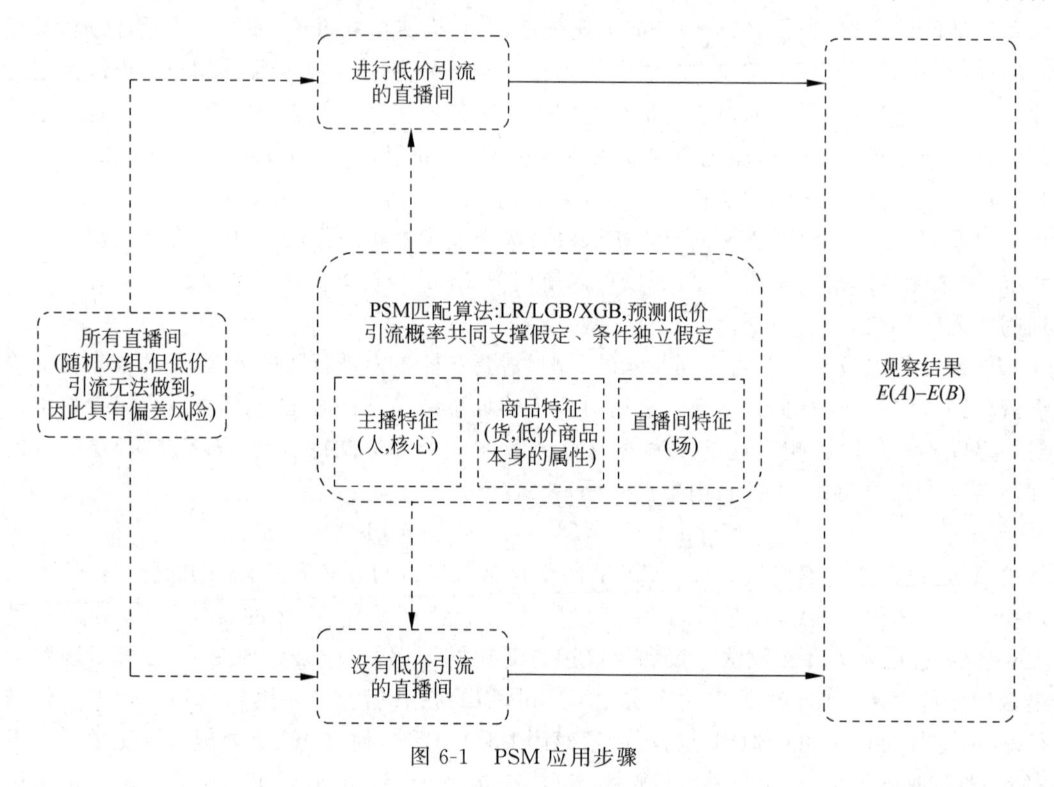

图 6-1　PSM 应用步骤

通过对比分布没有那么明确其是否与低价引流直接相关，那也可以通过 XGB 模型的特征重要性方法来找到适合进行 PSM 的特征，并且结合 Shapley 值可以判断每个特征对于“是否为低价引流直播间”这一变量的单调性。

如图 6-2 所示，每行代表某个特征，横坐标为 Shapley 值，一个点代表一个样本，颜色越红说明特征本身的数值越大，颜色越蓝说明特征本身的数值越小。例如对于非低价引流直播间而言，explain_product_cnt 数值越大(讲解商品的数量越多)，预测这个直播间为低价引流直播间的可能性也就越高。对于低价引流直播间，cumulative_live_duration 历史累计时长越短，越可能预测为一个低价引流直播间。

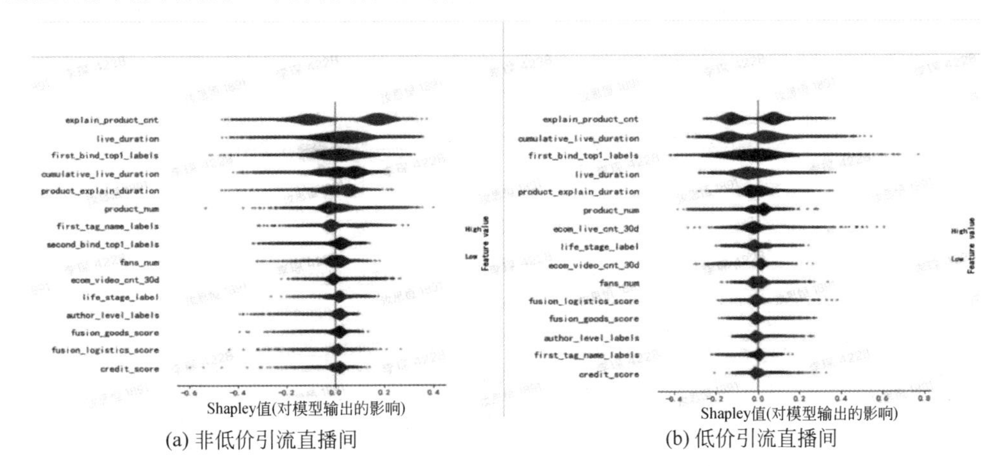

(a) 非低价引流直播间　　(b) 低价引流直播间

彩图 6-2

图 6-2　低价引流 Shapley 值对比

又或者如图 6-3 所示，根据样本分布预测的图像可以看到累计时长对低价引流直播间预测的单调性情况，更多的是判断单调，还是 U 型变化等其他趋势，并且可以看到案例中非低价引流直播间在累积时长 5000 水位、低价引流直播间在 7000 水位左右出现断层，整体趋势上表明历史累计时长越短，越可能预测为一个低价引流直播间。

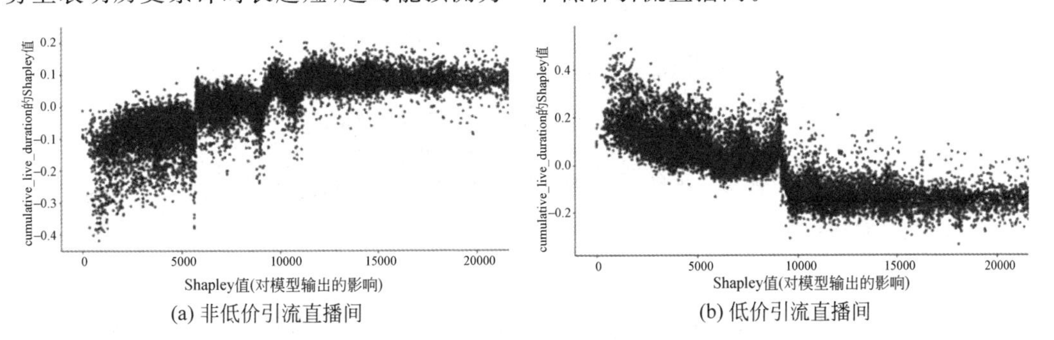

(a) 非低价引流直播间　　(b) 低价引流直播间

图 6-3　低价引流样本分布预测对比

通过分析对比，在低价引流直播间的项目中可以选出的是 live_duration(当日开播总时长)、cumulative_live_duration(直播端累计直播时长)、first_bind_top1(直播间绑定商品一级类目 top1)、explain_product_cnt(讲解商品的数量)、ecom_live_cnt_30d(近 30 天电商直播场次)、fans_num(当日用户数)、product_explain_duration(商品讲解总时长)、fusion_goods_score(商品分)、fusion_logistics_score(物流分)、product_num(本场直播带货商品个数),并且可以将这些特征作为最终进行 PSM 的特征。

对这些特征进行相关性分析之后,可以得出的是大部分特征之间的特征相关性在 0.4 以下,说明大部分特征不存在共线性的问题,并且对不同的特征做相关性聚类分析,也可以发现特征主要体现在两个方面,一方面是体现直播间的特征,例如讲解的产品个数、讲解的时长、绑定的一级类目等;另一方面是体现主播自身的特征,例如年龄、用户数量、直播累计时长、物流分、商品分等。

下一步是进行倾向值得分计算和匹配(Propensity Score & Matching),得分的计算公式通过经过检验的选取的特征组合计算,例如这个案例中就可以使用选择的 10 个特征来打倾向值的分数。

$$\begin{aligned}\text{if\_lowroom} \sim\ & \text{live\_duration} + \text{cumulative\_live\_duration} + \text{first\_bind\_top1} + \\ & \text{explain\_product\_cnt} + \text{ecom\_live\_cnt\_30d} + \text{fans\_num} + \\ & \text{product\_explain\_duration} + \text{fusion\_goods\_score} + \\ & \text{fusion\_logistics\_score} + \text{product\_num} + \text{first\_bind\_top1\_labels}\end{aligned} \tag{6-9}$$

其中,正常直播间的样本个数为 169 289 个,低价引流直播间的样本个数为 18 568 个,此外也可以对得分进行一些归一化或者比例缩小的处理。

一般来讲实验组更容易得到一个比较高的倾向值分数,如图 6-4 所示,在进行匹配后需要对结果进行检验,可以采用累计经验分布函数 KS 曲线来判断连续变量前后的分布是否一致,分类变量可以采用卡方检验。

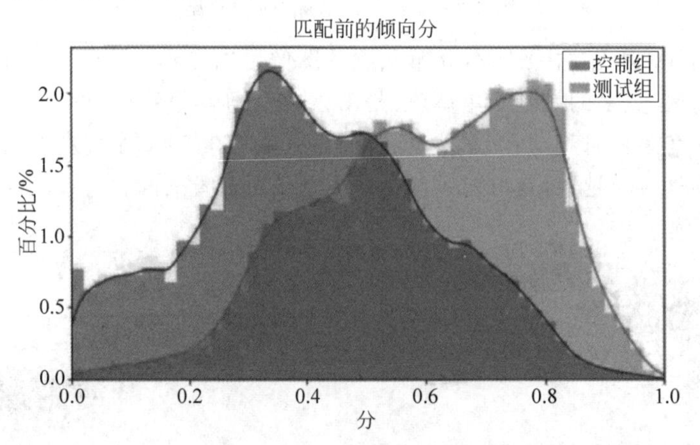

图 6-4 经验分布函数 KS 曲线

匹配过程的遍历方式通常来讲如果针对实验组(数量上一般相对较少的一个组)的每个样本试图从控制组(数量上一般相对较多的一个组)中找到合适的匹配,则可能会找到多个合适的对象,即一对多的情况,在允许样本进行重复匹配的情况下,需要对多次出现的实验组样本赋予权重,weight=1/f,其中 f 是出现的频次,如此得到最终的匹配结果。

匹配完成后计算 ATE,也就是平均处理效应,如果仅作为定性研究去判断实验是否有效，一般直接去对比 A、B 两组间的 Gap 即可，实际上因为两个组中的实验东西可能在某种属性上存在天然的差异，但是在分组过程中也并非严格地按 A、B 分组，因此无法考虑到所有因素的差异，而在这个低价引流项目中可以计算出来，低价引流对于直播间 GMV 有 6.33%的负面影响，对于直播间 GPM 有 26.39%的负面影响，尽管可能对支付商品数量和直播间的流量有一定的正向作用，但是那些引来的用户都是冲着低价商品来"薅羊毛"的，并不是真正的有效用户。

6.1.3 案例 38：PSM 的代码实现

在数据不太复杂的情况下，可以对数据进行分层匹配，分层匹配可以看作半径匹配的一种相似版本，即将倾向得分分成多个区间，在每个区间内进行匹配。需要注意的是，分层的依据除了倾向得分，也可以用一些业务上认为重要的特征（如性别、地区等），在相同特征的用户间进行匹配。通常情况下直接使用 SQL 就可以进行匹配算法的实现，代码如下：

```
//第 6 章/PSM 理论.分层匹配算法
With mathcing_details as (
Select t1.user_id as treatment_userid, t1.score as treatment_pscore, t2.user_id as control_
user_id, t2.score as control_pscore, row_number()over(partition by t1.user_id order by abs(t1.
score - t2.score)asc)as rn
From propensity_score_treatment t1
Left join propensity_score_control t2      #分层匹配
On t1.gender = t2.gender and round(t1.score,1) * 10 = round(t2.score,1) * 10
Where abs(t1.score - t2.score)< = 0.05 -- caliper matching)
Select * from matching_detail where rn = 1 # rn 大于 1 时为多邻居/半径匹配
```

另外，用 Python 实现倾向性匹配也不复杂，实现代码如下：

```
//第 6 章/PSM 理论.倾向性匹配
Import psmatching.match as psm
Import pytest

Path = "simmatch.csv"
Model = "CASE～AGE + TOTAL_YRS"
K = "3"

#m = psm.PSMatch(path, model, k)

#instantiate PSMatch object
M = PSMatch(path, model, k)

#Calculate propensity scores and prepare data for matching
m.prepare_data()

#Perform matching
m.match(caliper = None, replace = False)

#Evaluate matches via chi - square test
M.evaluate()
```

这里的 k=3，代表会找出 3 个候选集，数据集见表 6-1，此时 case 字段即为干预 Treatment；公式"case～age+total_YRS"在计算倾向性得分时会用到。

表 6-1 用户数据集

Optum_lab_number	Age	Gender	Copd	Total_YR	case
1	22	1	1	3	0
2	26	1	1	6	0
3	25	1	1	6	0
4	24	1	1	2	0
5	21	1	1	5	0
6	21	1	1	4	0
7	20	1	1	5	0
8	26	1	1	7	0
9	24	1	1	3	0
10	24	1	1	3	0
11	19	1	1	4	0
12	27	1	1	10	0
13	25	1	1	7	0
14	21	1	1	2	0
15	21	1	1	5	0
16	21	1	1	4	0
17	22	1	1	6	0
18	23	1	1	5	0
19	23	1	1	11	0
20	22	1	1	3	0
21	24	1	1	6	1
22	21	1	1	7	0
23	22	1	1	8	0
24	22	1	1	5	0
25	23	1	1	7	0
26	25	1	1	4	0
27	21	1	1	5	0
28	23	1	1	9	0

第 1 步，计算倾向性得分，使用广义线性估计+二项式 Binomial，最后得到 Propensity，代码如下：

```
Glm_binom = psm.formula.glm(formula = model,data = data,family = psm.families.Binom())
Data = m.df
```

输出结果见表 6-2。

表 6-2　加入 Propensity 的用户数据集

Age	Gender	Copd	Total_YR	case	Propensity
22	1	1	3	0	0.028 067 9
26	1	1	6	0	0.031 147 8
25	1	1	6	0	0.030 637
24	1	1	2	0	0.028 649 6
21	1	1	5	0	0.028 313 6
21	1	1	4	0	0.027 957 7
20	1	1	5	0	0.027 847 9
26	1	1	7	0	0.031 542 9
24	1	1	3	0	0.029 014
24	1	1	3	0	0.029 014
19	1	1	4	0	0.027 045 2
27	1	1	10	0	0.033 302 6
25	1	1	7	0	0.031 025 9
21	1	1	2	0	0.027 259

第 2 步匹配，这里仅作案例使用，直接以数值距离计算距离，代码如下：

```
M.Matches
Dist = abs(g1[m] - g2)
```

输出结果见表 6-3。

表 6-3　加入 Propensity 的用户数据集

Case_id	Control_match_1	Control_match_2	Control_match_3
10384	9504	11 978	595
1122	2969	1445	2955
140	10 246	4560	1865
6226	8967	13 148	12 725
4895	11 148	11 385	6305
870	1449	4510	14 631
9665	1527	9470	11 165
13245	2890	6706	2234
4117	3628	8256	541
1963	12 765	2535	10 416
3451	11 362	13 511	7501
5349	10 957	3759	915
3752	2926	12 615	3337
3505	8988	4937	1356
150	6188	1964	8076

所以,匹配的过程实际上就是筛选样本的过程,这里最终挑选出来的只有1700多个样本(总共有15 000个左右)。例如这里就是case_id=10384的样本匹配到的3个样本,编码分别为9504、11978、595。

6.1.4 案例39:PSM在Lalonde数据集的应用

Lalonde数据集是因果推断领域的经典数据集,数据集共包含445个观测对象,一个典型的因果推断案例是研究个人是否参加就业培训对1978年实际收入的影响,其中Treatment变量为就业培训与否,混淆变量为Age、Educ、Black、Hisp、Married、Nodegree等,见表6-4。

表6-4 变量表

变量名称	含 义	取值范围
Age	年龄	17～55
Educ	教育年限	3～16
Black	是否为黑人	0,1
Hisp	是否为西班牙裔	0,1
Married	是否已婚	0,1
Nodgree	是否有高中文凭	0,1
Re74	1974年实际收入	0～39 570.7
Re75	1975年实际收入	0～25 142.2
U74	1974年收入是否为0	0,1
U75	1975年收入是否为0	0,1
Re78	1978年实际收入	0,1
Treat	是否参加就业培训	0,1

研究个人是否参加就业培训对1978年实际收入的影响,也可以使用PSM来估计因果效应。第1步,使用倾向性评分法估计因果效应。根据数据可以得到各类倾向性评分法的因果效应估计值,见表6-5,由于不同方法的原理不同,估计的因果效应值也不同。

表6-5 因果效应估计值表

不同因果效应评分方法	因果效应估计值
PSM	2196.61
PSS	1630.92
PSW	1618.33
ATE	1794.34

其中,倾向性评分匹配法(PSM)因果效应估计值为2196.61,即参加职业培训可以使一个人的收入增加约2196.61美元。计算ATE(Average Treatment Effect),即在不考虑任何混淆变量的情况下,参加职业培训(Treat=1)和不参加职业培训(Treat=0)两个群体收入(Re78)的平均差异,在不考虑混淆变量下,参加职业培训可以使一个人的收入增加约1794.34美元。从ATE和几个估计方法的差异来看,ATE与PSS/PSW差异不大(说明混淆变量影

响不大)，PSM 差异较大，所以可能 PSM 不太稳定。

第 2 步，评估各倾向性评分方法的均衡性。表 6-6 展示了在各倾向性评分方法中每个混淆变量的标准化差值 Stddiff。

表 6-6　不同倾向性评分方法的 Stddiff

评分方法	Nodegree	Black	Hisp	Age	Educ	Married
PSM	0.0469	0.0455	0.0645	0.0974	0.0549	0.0671
PSS	0.0606	0.0490	0.0029	0.0542	0.1317	0.1200
PSW	0.0224	0.0085	0.0272	0.0113	0.0188	0.0054

总体来看，倾向性评分加权法(PSW)中各混淆变量的标准化差值最小(除了 Hisp)，说明 PSW 中混淆变量在处理组和对照组间较均衡，其因果效应估计值可能更可靠。第 3 步，反驳测试。对数据进行反驳测试，反驳测试其实是对 PSM 的敏感度分析与反驳，就是去分析混淆变量的选择等主观的一些分析是否会得到一致的分析结论。敏感性分析主要的目标是衡量当混淆变量(特征)不满足非混淆假设(Unconfoundedness)时，分析结论是不是稳健的。简单的做法是去掉一个或者多个混淆变量后重复上面的过程。反驳(Refute)使用不同的数据干预方式进行检验，以验证倾向性评分法得出的因果效应的有效性。反驳的基本原理是对原数据进行某种干预之后，对新的数据重新进行因果效应估计。理论上，如果处理变量(Treatment)和结果变量(Outcome)之间确实存在因果效应，则这种因果关系是不会随着环境或者数据的变化而变化的，即新的因果效应估计值与原估计值相差不大。反驳中进行数据干预的方式有①安慰剂数据法：用安慰剂数据(Placebo)代替真实的处理变量，其中 Placebo 为随机生成的变量或者对原处理变量进行不放回随机抽样产生的变量；②添加随机混淆变量法：增加一个随机生成的混淆变量；③子集数据法：随机删除一部分数据，新的数据为原数据的一个随机子集。对案例数据进行 100 次反驳测试，得到 3 种倾向性评分法的每类反驳测试结果的均值，见表 6-7。

表 6-7　不同倾向性评分法的反驳测试结果

评分方法	安慰剂数据法	添加随机混淆变量法	子集数据法	真实数据因果效应估计值
PSM	−101.49	1652.11	1585.19	2196.61
PSS	92.80	1627.53	1681.75	1630.92
PSW	−84.82	1617.47	1619.53	1618.33

在安慰剂数据法中，由于生成的安慰剂数据(Placebo)替代了真实的处理变量，每个个体接收培训的事实已不存在，因此反驳测试中的因果估计效应大幅下降，接近 0，这反过来说明了处理变量对结果变量具有一定的因果效应。在添加随机混淆变量法和子集数据法中，反驳测试结果的均值在 1585.19 和 1681.75 之间。对比真实数据的因果估计效应值，PSM 的反驳测试结果大幅下降，说明其估计的因果效应不太可靠；PSW 的反驳测试结果与真实数据的因果效应估计值最接近，说明其因果效应估计值可能更可靠。

6.1.5 案例40：NGO组织的PSM应用

一个NGO组织在一些村庄建立了健康诊所(实验组)，并且选取另外一些村庄不建立健康诊所，并将其设置为对照组，目的是想要研究健康诊所对新生儿的死亡率会不会有改善的影响。需要注意的是这些村庄的分组并非随机的，它们之间可能存在一些倾向。与此同时，这个NGO组织在启动建立健康诊所这个项目前，对所有村庄(包括实验组和对照组村庄)有过调查，手上有一些村庄的特征。通常情况下，可以分别对比对照组和实验组项目实施前和项目实施后的新生儿死亡率进行差分内差分的研究，而实际上一个连诊所都没有的地方，也没有历史的新生儿死亡率数据。

一段时间后，诊所项目组获得了这段时间的新生儿死亡率，见表6-8。

表6-8 新生儿死亡率表

是否建立健康诊所	新生儿死亡率	是否建立健康诊所	新生儿死亡率
1	10%	0	19%
1	15%	0	4%
1	22%	0	8%
1	19%	0	6%
0	25%		

如果按0、1分组看平均死亡率，则会得出，建立了健康诊所的实验组新生儿死亡率为16.5%，而没有建立健康诊所的对照组新生儿死亡率为12.4%，居然健康诊所对新生儿健康的影响是负向的？这个常规的逻辑理解偏差很大，因为理论上建造诊所即使无法改善新生儿死亡率也不应该有负向作用，那就可以怀疑数据的AA差异非常明显(也就是在项目启动前，实验组和对照组有明显的差异)。也就是说有一些没有观察到的混淆因素影响了数据本身，通过NGO组织在启动健康诊所项目之前对所有村庄进行过仔细调研得到的数据，有一些其他的特征被采集，得到的结果见表6-9。

表6-9 新生儿死亡率增加数据表

是否建立健康诊所	新生儿死亡率	贫穷率	人均医生数
1	10%	0.5	0.01
1	15%	0.6	0.02
1	22%	0.7	0.01
1	19%	0.6	0.02
0	25%	0.6	0.01
0	19%	0.5	0.02
0	4%	0.1	0.04
0	8%	0.3	0.05
0	6%	0.2	0.04

这里添加了两个新特征：贫穷率和人均医生数，大体来看，实验组比对照组有更高的贫穷率和更低的人均医生数。在这样的情况下，如何来衡量该项目的效果呢？①为每个实验组的村庄创建/找到新的对照组：针对每个实验组的村庄，找到其特征类似的对照组。换句话说，针对每个实验组的村庄 S，在对照组中找到其“映射”S′，在项目启动前，这个 S′与 S 有相似性(类似的贫穷率、类似的人均医生数等)。这个映射 S′的集合，姑且称为新对照组；②计算实验组效果，计算实验组和新对照组平均新生儿死亡率，以此进行对比。

接下来开始正式的 PSM 流程，第 1 步，计算 Propensity Score。可以使用 Logistic Regression 作为计算 Propensity Score(PS)的方法：

$$\mathrm{Prob}(T=1 \mid X_1, X_2, \cdots, X_k)$$

在 NGO 的健康诊所场景下，自变量 X_1 为贫穷率，X_2 为人均医生数，因变量为 T。这个操作可以解释为，通过背景数据(贫困率、人均医生数)来预测每个村庄与实验组村庄的相似程度，从而帮助我们找到新的对照组。可以参考如下 Python 代码搭建逻辑回归模型，并预测对照组和实验组中的每个村庄的 Prob 值，代码如下：

```
//第 6 章/PSM 理论.对照组和实验组的 Prob 值预测
Import statsmodels.api as sm
Formula = "T~poverty_rate + per_capita_doctors"
Model = sm.Logit.from_formula(formula,data = data)
Re = model.fit()
X = data[['poverty_rate,'per_capita_doctors']]
Data['ps'] = re.predict(X)
```

输出结果见表 6-10。

表 6-10 新生儿死亡率的 PS 表

是否建立健康诊所	新生儿死亡率	贫 困 率	人均医生数	PS
1	10	50%	0.01	0.416 571
1	15	60%	0.02	0.735 817
1	22	70%	0.01	0.928 452
1	19	60%	0.02	0.735 817
0	25	60%	0.01	0.752 714
0	19	50%	0.02	0.395 162
0	4	10%	0.04	0.001 653
0	8	30%	0.05	0.026 803
0	6	20%	0.04	0.007 011

第 2 步，匹配，计算出 PS 后，在对照组中需要找到与实验组行为(贫穷率、人均医生数)相似的村庄，此过程被称为匹配(Matching)。在这里采取最简单的临近匹配法，对每个实验组村庄进行遍历，找到 PS 值最接近的对照组村庄作为新对照组集合中的元素，即为 new_control_index，见表 6-11。

表 6-11 新生儿死亡率近邻匹配表

Index	是否建立健康诊所	新生儿死亡率	贫困率	人均医生数	PS	new_control_index
0	1	10	50%	0.01	0.416 571	5
1	1	15	60%	0.02	0.735 817	4
2	1	22	70%	0.01	0.928 452	4
3	1	19	60%	0.02	0.735 817	4
4	0	25	60%	0.01	0.752 714	
5	0	19	50%	0.02	0.395 162	
6	0	4	10%	0.04	0.001 653	
7	0	8	30%	0.05	0.026 803	
8	0	6	20%	0.04	0.007 011	

以 index=0 的实验组村庄为例(PS=0.416 571),在健康诊所项目启动前,与其贫穷率、人均医生数最为接近的对照组成员为 index=5 的村庄(PS=0.395 162)。到此为止,每个实验组村庄都找到了其新的对照组归宿。

第 3 步,对照实验组和新对照组,评估建立健康诊所对新生儿死亡率的影响。见表 6-12,新对照组村庄(未建立健康诊所)新生儿死亡率比实验组村庄(建立健康诊所)高出 7%,从而证明这个 NGO 组织的健康诊所项目对新生儿死亡率的降低有显著作用。

表 6-12 健康诊所对新生儿死亡率影响

是否建立健康诊所	新生儿死亡率
0	23.5%
1	16.5%

6.1.6 案例 41:阿里妈妈的 PSM 应用

实际上,像 PSM 的应用在电商中才是最广泛的,电商中每天都在进行大大小小的各种 AB 实验,但是也有些事件是 AB 实验解决不了的或者 AB 实验不方便进行解决的,例如进行实验可能带来收益受损及实验组和对照组无法取到等情况,这时会更多地使用 PSM 进行分析。

电商数据中匹配之后常见的趋势如图 6-5(图中具体数值为虚构)所示。在干预之前,匹配后的实验组和对照组呈现几乎相同或平行的趋势(匹配质量较好的情况下);在干预之后,两组用户在目标指标上会开始出现差异,可以认为是干预带来的影响。

随后进行增量计算,因为满足平行趋势假设,所以可以用双重差分法(DID)去计算干预带来的增量;需要注意的是,在计算实验组和对照组的差异时,通常需要取一段时间的均值,避免波动带来的影响。最终得到的结论类似于:用户在购买商品后,能够给来访率带来 1.5%(30 天日均)的提升。

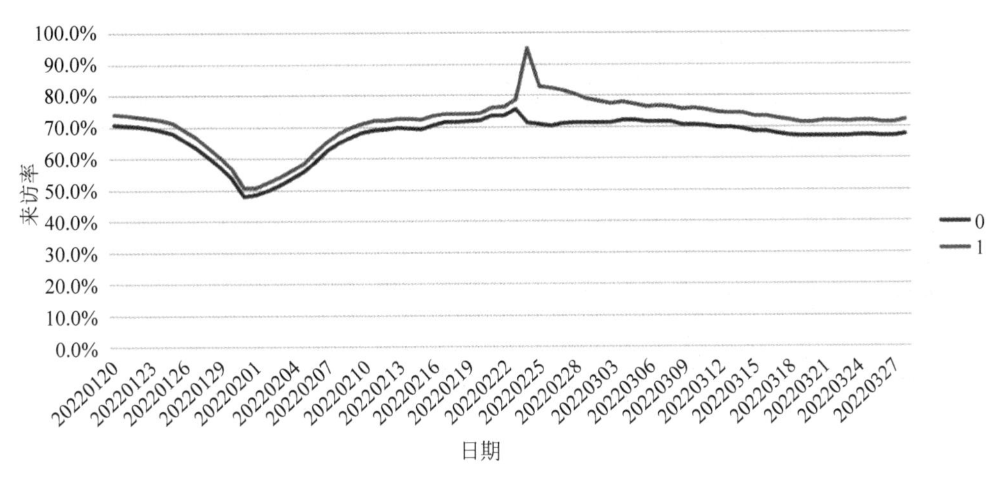

图 6-5　来访率图

如图 6-6 所示，增量后期数据又逐渐趋同，用户在干预之后来访率有一个短暂的提升，但随着时间的推移两组用户又趋于一致。

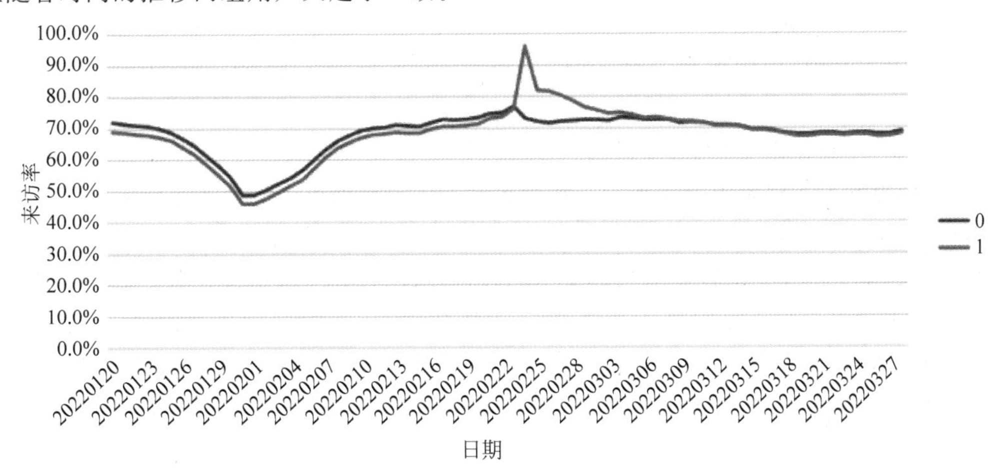

图 6-6　干预后的来访率图

在这种情况下通常认为干预并没有给用户来访带来显著的提升。为了识别出这种情况，也可以通过假设检验或计算差值中位数的方式进行验证。当然也有不满足平行趋势假设的情况，如图 6-7 所示。

左侧区域实验组与对照组的趋势不一致(不平行)，这代表前面完成的匹配质量较差，需要优化匹配模型。对于平行趋势的检验，除了图示法(肉眼可见是否平行)，也可以通过 t 检验的方式来验证。

PSM 在阿里妈妈的营销科学中也有充分的应用，阿里妈妈是阿里巴巴集团做品牌数智化经营的主要阵地，也是品牌首选的消费者投资平台。当品牌向目标消费者进行新品推广、内容种草、心智提升时，关注的并不是短期销量，而是期望通过大规模曝光与受众

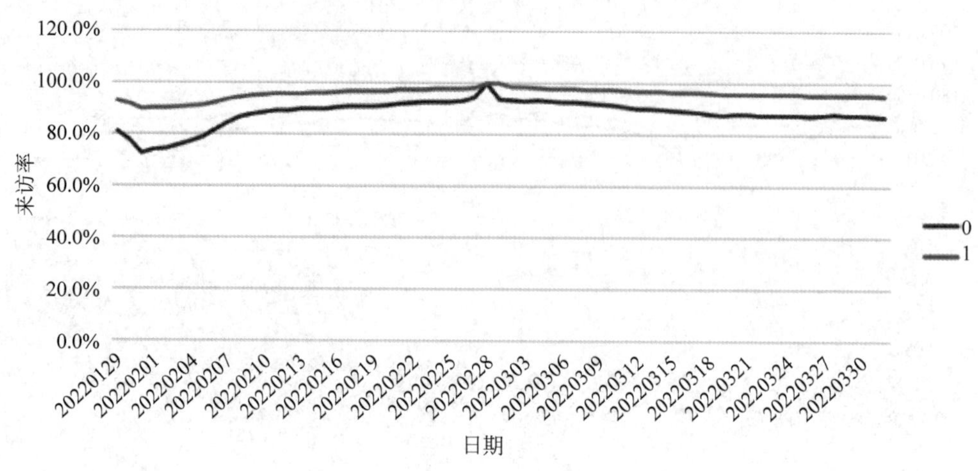

图 6-7　不满足平行假设的来访率图

沟通，传达品牌形象、产品功能，影响消费者的态度，提升品牌认知度，从而影响长期购买决策，增加销量以实现市场份额的提升。在品效合一的营销策略中，品牌效应也是重点衡量的部分。从受众沟通能力和品牌认知提升两方面来衡量营销媒介的品牌效果，而受众沟通能力评价也可适用于在投放前对目标人群的媒介覆盖能力评估，选择合适的媒介。

受众沟通能力是以品牌触达为目标，衡量渠道对目标人群的覆盖能力。可以从目标受众覆盖力模型和覆盖增量模型来评价本次营销活动中媒介渠道的受众沟通能力。

目标受众覆盖力是品牌在渠道上对目标受众曝光的规模、效率、程度的衡量。通过覆盖力模型，广告主了解到本次投放对目标受众的覆盖是否达到要求，是否有潜力媒体需要加大投放，以及是否有表现不足的媒体需要放弃，其中衡量规模的指标：目标受众到达人数、目标受众到达次数、目标受众到达率、毛评点 IGRP；衡量效率的指标：目标受众浓度、目标受众点击率；衡量深度的指标：目标受众人均曝光频次、目标受众人均停留时长等，如图 6-8 所示。

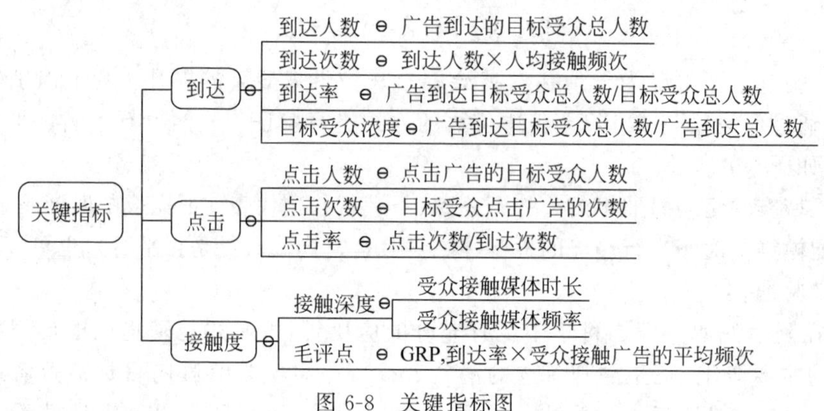

图 6-8　关键指标图

通过选择用户并指定目标受众后，我们通过绘制气泡图（如图 6-9 所示）来对投放渠道的覆盖力进行评价。横轴 x 是规模指标，例如目标受众到达人数，纵轴 y 是效率指标，例如目标受众浓度，气泡大小是深度指标，例如目标受众人均曝光频次，每个气泡代表一种渠道或渠道组合。气泡图可以直观地对渠道的多个覆盖力维度进行综合评价，通过参考线将渠道气泡划成 4 个象限，对优质、低质、问题、潜力渠道进行甄别。

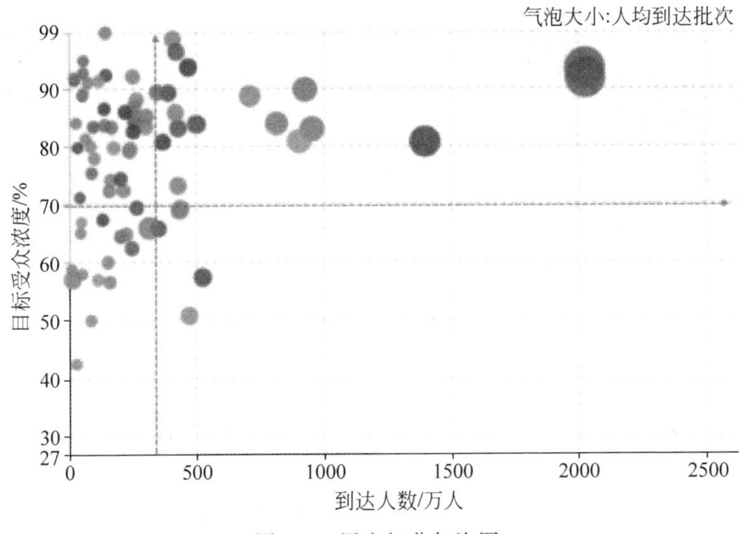

图 6-9　用户细分气泡图

举个例子，第一象限：高目标受众到达人数、高受众浓度，这里的渠道是优质渠道，流量覆盖量大而且利用效率高，可以继续保持投放；第二象限：低目标受众到达人数，高受众浓度，这里的渠道是潜力渠道，流量利用率高，但是覆盖率不足，可以优先筛选气泡大（人均频次高）的渠道去加大投放力度，获得更多覆盖；第三象限：低目标受众到达人数，低受众浓度，这里的渠道是低质渠道，在预算不足的情况下可以考虑放弃；第四象限：高目标受众到达人数，低受众浓度，这里的渠道是问题渠道，可以寻找原因，是本身渠道特征中目标受众比例少，还是投放竞价没有争取到目标受众，从而优化投放策略。

覆盖增量分析是评价品牌通过增加渠道投放，对目标受众到达量增量的衡量。广告主希望通过在合理成本内获得更多目标受众的覆盖到达，该模型可以帮助广告主了解哪些渠道组合能够最快达成覆盖目标，其中衡量指标为到达人数、到达率。具体的分析方法为分析者依次选择投放的媒体，第 1 个媒体作为基准媒体，通常具有最大的目标受众到达人数，之后的媒体以此为基准，每增加一个媒体，分析能覆盖多少额外的目标受众。分析结果以瀑布图的形式展示了增量过程，最右的柱子代表的是所选的渠道一共覆盖了多少目标受众。如图 6-10 所示，其中目标人群为己方品牌的目标人群，基准媒体为渠道 A，增量媒体为渠道 B、渠道 C、渠道 D、渠道 E。

举个例子，某品牌对本次营销活动中各渠道的目标受众到达情况进行了解，期望以尽量少的媒体达到期望的目标受众覆盖。以 A 渠道为基础渠道，它可以覆盖 1530 万目标受众，

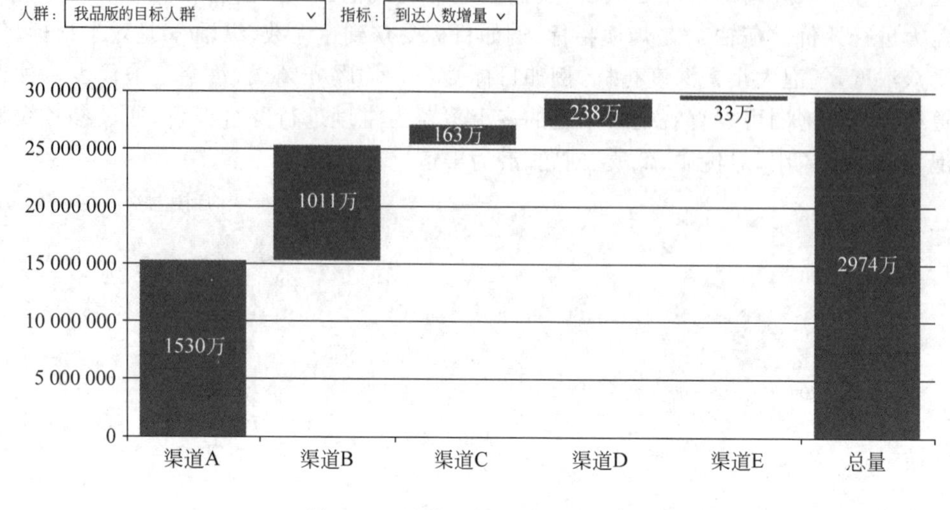

图 6-10　品牌目标人群渠道分布图

增加了 B 渠道以后，A 和 B 渠道的到达群去重后，相比 A 渠道仅增加了 1011 万目标受众。依次增加 C、D、E 渠道，最终获得 2974 万目标受众，其中 E 渠道相对于 A、B、C、D 渠道一起，能新增的目标受众量很少，可以考虑舍弃。

对于品牌认知度提升，品牌广告尤其是展示、视频类广告，投放目的是提升品牌知名度和兴趣程度，并不是为了促进直接转化，因此需要通过目标受众的知名度和购买意愿提升度来衡量渠道上品牌广告的效果。具体的分析方法，在线衡量品牌提升可以通过两种方式，用户线上行为衡量和发送线上调研问卷测量。衡量品牌知名度的线上行为的指标通常有品牌回搜率，即品牌触达的用户，在触达后一段时间内搜索带有指定回搜词的比例。衡量购买意愿的线上行为，通常是一系列品牌互动行为的综合打分指数或者综合互动率，例如品牌站点浏览、互动、商品收藏、商品加购等行为。以上行为在营销活动效果中都可以称为转化行为，通过对比目标受众曝光组较控制组的回搜率、购买意愿指数的比值差异 LIFT 值（如图 6-11 所示）来评价品牌广告是否提升了目标受众的知名度和兴趣程度。

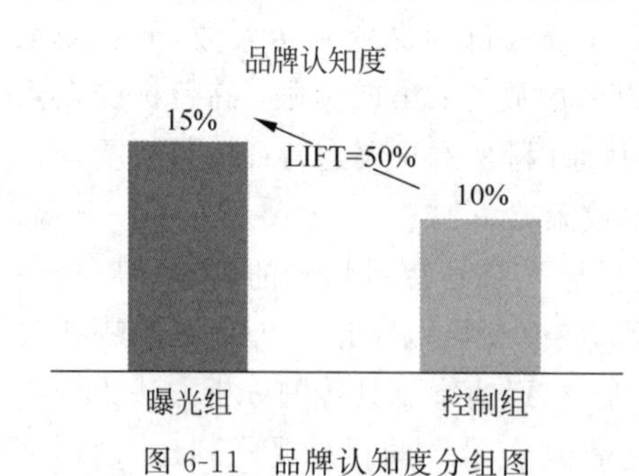

图 6-11　品牌认知度分组图

LIFT＝曝光组转化率/控制组转化率－1

通常未曝光组的选择需要是曝光组的同质人群。通过渠道、频次、目标受众、人群属性的对比，还可以了解：①什么渠道、创意对品牌提升促进最大；②触达频次对品牌提升的影响；③不同人群在品牌提升幅度上的差异。

在线调研是对品牌曝光的人群随机地发送问卷，获取受众对品牌及品牌广告的心理认知，包括品牌形象、产品信息、喜爱度、美誉度等，并与非曝光组进行对比，评估品牌广告对受众心理认知的提升。问卷由专业团队按品牌专门定制，这里不多做赘述。

在最简单的场景下，圈定目标人群，直接对比看过广告曝光组和没看过广告的控制组的品牌认知行为，以获得差异及提升率，但这样的对比其实有缺陷，主要因为看过广告和没看过广告的人群有差异，他们不是同质的。看到广告的人可能在广告平台更活跃或者本身更适合品牌才获得了更多曝光可能性，同时这些特征也会导致曝光的人最终更容易与品牌发生互动，从而导致计算出的认知度提升并不仅是由广告曝光引起的。要获得更合理科学的评价广告触达后的转化提升效应，需要使用因果推断模型，下面介绍两种常用的方式：事前随机化的A/B实验，事后随机化的倾向分匹配模型。在这里需要先进行定义，①处理组(Treatment)：看到指定广告的人群；②控制组(Control)：未看到指定广告的人群；③转化：任一衡量品牌认知的行为。

如果用AB实验来做，以衡量广告片的品牌词回搜效果为例，首先要计算样本量，将广告位用户流量随机地分割成A、B两组，如图6-12所示。

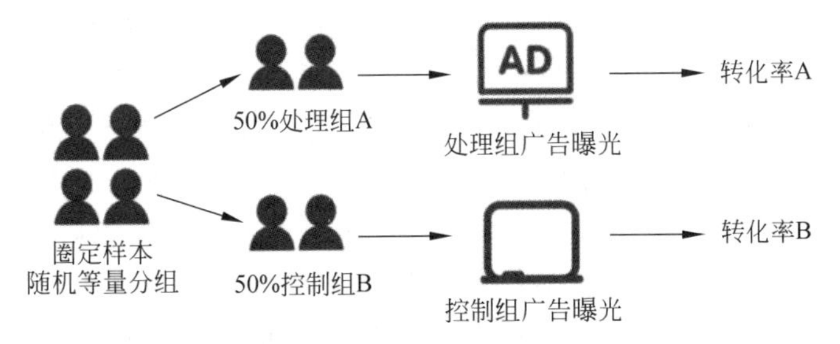

图6-12 广告用户流量分组图

一组为处理组，另一组为控制组，两组用户的特点一致。同时运行试验，处理组曝光指定广告，控制组曝光不含产品信息的白板广告，例如公益广告。试验运行一段时间后分别统计两组用户的表现，再对数据结果进行对比，可以得出广告对品牌认知的提升作用。

如果用PSM，并不是所有营销场景，则均可以使用事前随机化的方式对人群进行控制，例如想衡量某期节目中植入广告对品牌认知的影响，分析者无法事先指定一群人不准他们看节目，因此采用已有的观察数据进行事后随机化，进行因果推断分析。

举个例子，如图6-13所示，某护肤品牌在某期综艺节目中植入广告进行品牌推广，想衡量本期综艺中的广告创意对品牌认知度的提升作用。

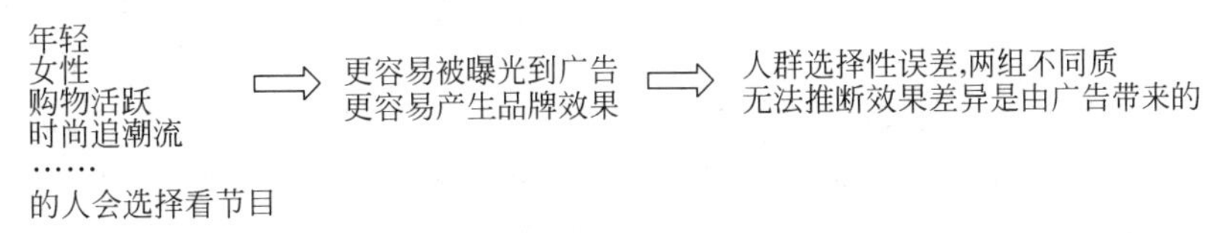

图6-13 综艺节目广告认知度提升人群图

对应的处理组为有效观看该节目的人(广告曝光)、控制组为没有观看该节目的人(未广告曝光)、Treatment为有效观看该节目。实际上，综艺节目有内容受众人群，观看该节目的人和不看的人会有特征上的差异，这些差异会导致广告曝光的品牌认知提升效果衡量出现偏差。例如年轻的购物活跃的追赶潮流的女性，她们更容易被曝光到广告、更容易产生品牌效应，因此人群存在选择性误差，如果两组不同质，则无法推断效果差异是由广告带来的。

问题的本质是在研究自变量（曝光）对因变量（成交）的关系时，由于存在混淆变量，影响个体被自变量影响的概率，使处理组和控制组不同质，影响自变量对因变量的“净效果”。混淆变量的影响成为选择性误差。被曝光到的群体，如果当时没有被曝光到，则会是怎样的结果？

实际的处理效应（因果）＝曝光者的效果－曝光者假如没有被曝光时候的效果

在一个个体上最终只有一个结果会出现并被观察到，也就是和个体所接受的处理相对应的那个结果。“假如没有曝光”是可能结果，是想象出来的，所以我们称为反事实。一个应该被曝光到的人，被曝光到和没被曝光到都是潜在结果，但最终的观察事实只有一种，另一个潜在结果是观察不到的。我们能观察到的是被曝光的处理组和不被曝光的控制组，因此倾向分匹配模型就是要从控制组中找出一批和曝光组同质的人群进行对比。

在这个案例中，将节目上线一周内有效观看者作为处理组，同期在该视频网站上访问但没有看该节目的人作为原始控制组，通过倾向分匹配模型找出处理组的同质控制组，并评价他们在节目有效观看后品牌回搜率的差异。人群同质化前：处理组 vs 原始控制组，品牌回搜率处理效应为 0.129％，提升率为 153％。控制了人群选择效应以后：处理组 vs 同质人群品牌回搜率的处理效应为 0.063％，提升率为 42％。当然，事后随机化只是在无法做事前随机化时的一种弥补措施，由于无法穷举所有的混杂因素，所以分析者仅能在已选的混杂因素上控制两组并使其平衡，见表 6-13。

表 6-13 匹配前后控制组与处理组数据表

样本	处理组	控制组	ATT 平均处理效应	95％置信区间	p 值	LIFT 值
匹配前	0.21％	0.09％	0.13％			153％
匹配后	0.21％	0.15％	0.06％	[0.055％，0.071％]	<0.001	42％

6.1.7 案例 42：淘宝商城 3D 化的 PSM 应用

在不使用 PSM 的因果推断中，经常会出现一些“有趣”的研究。太阳黑子与男性自杀率间存在关系，而一个国家的人均巧克力消费量越高，出现诺贝尔奖获得者的比例越大；甚至还有这样的报道：深圳交警研究表示，天秤、处女、天蝎座的人更喜欢违章。他们通过从 8 月 3 日至 8 月 9 日行人、非机动车违法人的星座分类对比，发现天秤座、处女座、天蝎座位列违法量前三名（三个星座刚好也相连，从 8 月 23 日至 11 月 22 日），分别占违法总数的 10.5％、9.63％和 9.0％。金牛座、白羊座最“乖”，分别以 673、661 排在最后两位。

这些现象揭示了传统统计学的局限性：由于我们不可能对人群是否吃巧克力，以及属于哪个星座做随机化实验，因此我们得到的数据都是观察性数据，它只能告诉我们数据的相关性，而非因果性。我们观察到了巧克力消费和诺贝尔奖数量，以及星座和违章人数的线性关系，但它没有告诉我们的是，巧克力消费和诺贝尔奖数量背后的共同原因可能是经济发达程度，而违章率高的星座在当地人口占比最高。

从对社会和业务更有意义的角度来讲，我们想知道的是“怎么做才能提升获诺贝尔奖的数量”或者“用户单击某功能能否带来加购/留存的提升”，而这样的问题就需要我们探究现象背后的原因，以及量化原因对于结果造成的影响，因果推断应运而生。基于反事实的思想和拟合随机实验的一系列方法，我们能够控制混杂变量，从观察性的数据中得出因果性结论，从而论证业务价值，给出落地建议。

淘宝的3D化价值分析的离线因果推断中也使用了PSM，淘宝3D化为消费者提供多元化的场景导购内容，如图6-14所示，包括2D场景图文、3D样板间、DIY样板间等沉浸式体验。

图6-14　淘宝的商城3D图

通过应用3D技术实现沉浸式商品导购体验，影响用户购买决策以提升确定性，从而提升整体家装类目的导购转化率及用户留存。甚至在一些大型购物节气上面，还有3D虚拟购物城来丰富购物体验。

图 6-15　淘宝3D房间图

但自项目启动以来，业务一直受困于一个问题：3D模型的IPV覆盖率未达预期，增速不佳。3D模型是所有3D化产品的基石，没有模型意味着无法3D化。深入分析原因后发现，商家无法通过"上模型"获得差异化权益及看不到产品的长期效果，共同导致了他们的配合意愿低，因此，验证3D化价值成为当务之急。通过对价值指标体系的受益方进行拆分，结合业务理解确立了如下的分析框架，并选择了用因果推断来验证不同3D化产品的价值，因为它可以真正回答"××产品导致了加购率/成交率提升Y%"这类问题：

就拿3D样板间来讲，用户可以从商品详情页、首猜、主搜云卡片等渠道进入样板间，并在样板间内实现多点漫游、换风格、搭配家具、放我家等功能，带给用户更场景化和私人化的体验，如图6-15所示。

选取进入3D样板间的用户，利用倾向性得分匹配法(PSM)获取对照组的同质用户，分析用户在各个价值指标的差异。

由于在观察研究中混杂变量较多，无法一一匹配，因此将多个混淆变量用一个综合分数作为表征。通过分数对用户进行匹配，最终得到两组"同质"人群，如图6-16所示。

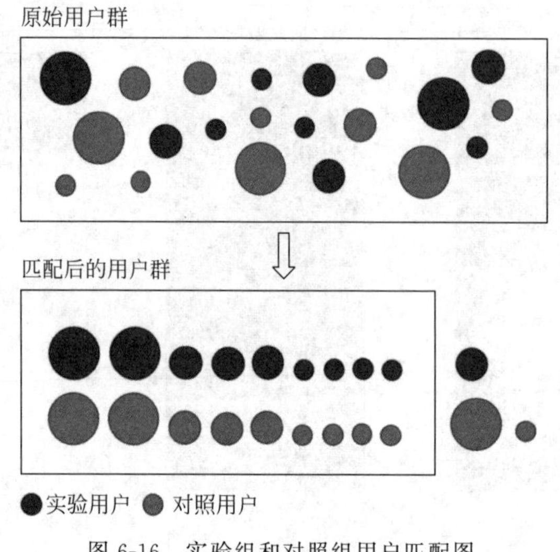

图 6-16　实验组和对照组用户匹配图

对用户的特征可以从用户本身的属性特征、行为特征、家居偏好特征上进行拆解，如图 6-17 所示。

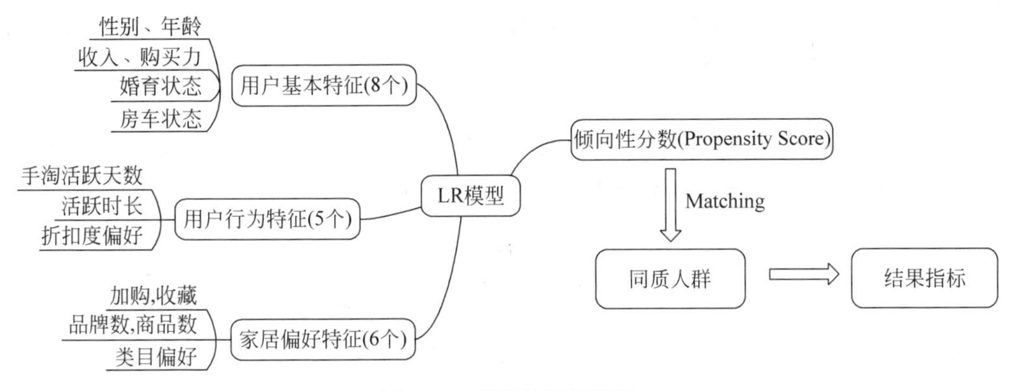

图 6-17 用户特征拆解图

例如基本特征可以分为性别、年龄、收入、购买力、婚育状态、房车状态等 8 个特征；行为特征分为手淘活跃天数、活跃时长、折扣度偏好等 5 个特征；家居偏好特征分为加购、收藏、品牌数、商品数、类目偏好等 6 个特征。基于这些特征构建 LR 模型，计算倾向性得分，以此来匹配同质人群。

匹配后的数据表明，实验组用户的加购率增长 24.85%，手淘停留时长增加 27.68%，客单价增加 29.53%，带货带宽增加 5.98%，用户决策周期缩短 5.75%。通过 PSM 的分析结论，定量地验证了 3D 样板间对手淘各项指标的正向价值，进一步地想要挖掘背后是什么因素使 3D 样板间产生了这些价值，可以使用贝叶斯因果图。

贝叶斯因果图其实是计算变量之间的熵增，结合问题结构推理成对变量之间的因果关系；若两个节点间以一个单箭头连接在一起，则表示其中一个节点是因，另一个节点是果，如图 6-18 所示为例。

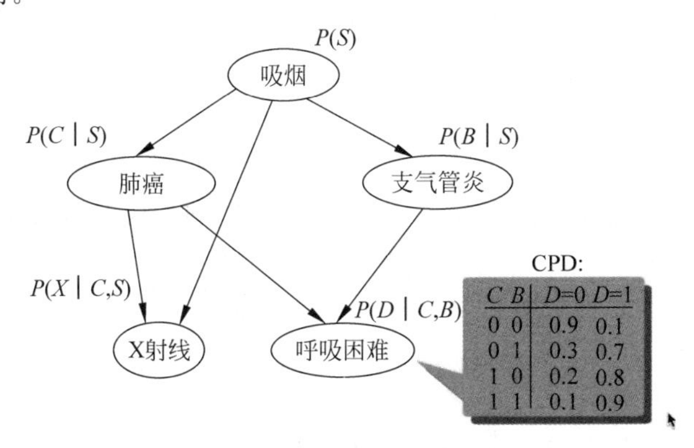

C B	D=0	D=1
0 0	0.9	0.1
0 1	0.3	0.7
1 0	0.2	0.8
1 1	0.1	0.9

图 6-18 贝叶斯因果图

吸烟的概率用 $P(S)$ 表示；一个人在吸烟的情况下得肺癌的概率用 $P(C|S)$ 表示，X 射线表示需要照医学上的 X 光，肺癌可能会导致需要照 X 光，吸烟也有可能会导致需要

照 X 光，所以，因吸烟且得肺癌而需要照 X 光的概率用 $P(X|C,S)$ 表示。

对应地，用户在 3D 样板间里会产生大量复杂行为，包括单击商品锚点、切换场景、切换风格等，而只有“单击了商品并完成加购/购买”是完成样板间的价值实现，因此可以通过计算用户行为事件间的贝叶斯概率矩阵，推导出贝叶斯因果图，找到用户关键事件节点的根因行为。

考虑到特征覆盖度和用户使用频次，最终选取了十几个样板间内行为特征和二十几个用户特征 & 偏好，并据此画出了因果图，如图 6-19 所示。

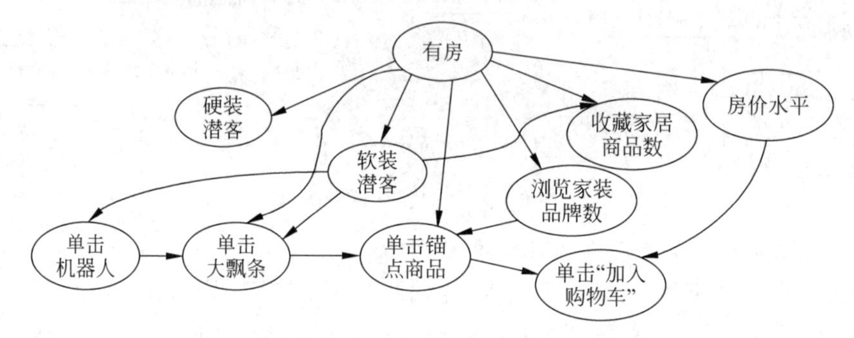

图 6-19 用户有房的因果图

大部分因果链都是符合逻辑的，例如年龄指向结婚，结婚指向生育，收入指向有无房产等。它也揭示了一些有意义的箭头，据此可以给出了一定的建议，例如“有房”标签非常重要，是很多样板间内行为特征的“因”。建议围绕“有房”特征做好人群圈选，精准投放；另外用户对于新手引导的完成度高：新手引导的每一环都被保留在因果图上，但是当前的行为链路止步于“切换房间”，没有将用户引导至单击商品这一重度行为，建议完善。在新手引导链路改造完成后，在引导完成率不降低的情况下，用户的加购率提升了 28.93%。

离线因果推断验证了 3D 样板间的价值。在分析了对照组人群的运营可落地性后，我们转向了实时线上因果策略输出，从类目、商家、用户等多个维度提供运营策略。PSM 输出的对照组人群，由于和实验组“同质”，也可以被认为是样板间的潜力人群。对这一波潜客进行了随机分组，在淘宝搜索页上进行在线实验，如图 6-20 所示。

在进行实验的分析中，双重差分法是一种比较常见的可以用来计算业务增量价值的方法，在满足基线期平行趋势假设的基础上，估计策略影响的平均处理效应，如图 6-21 所示。

两家开在不同地区的店铺 A、B，假设店铺 A 和 B 满足平行趋势假设，并且 A 家参与了大促（打广告），B 家没有。考虑到时间变量对于两个店铺带来的共同影响，需要求两次差值才能正确地估计广告对 A 带来的效益提升，即所谓双重差分。DID $=(A_2-A_1)-(B_2-B_1)$，也可以用模型来拟合 DID。

在 3D 样板的情形中，因为潜客是用 PSM 挖掘后再随机分组的，所以认为满足平行趋势假设，DID 可行。PSM＋DID 也是常见的搭配，一起使用可以避开各自的局限性，达到 1＋1＞2 的效果。通过 DID 计算线上 3 周的实验数据表明，加购率提升了 6.73%，加购件数提升了 1.26 件，淘宝时长增长了 17.26min。

图 6-20 淘宝搜索页实验图

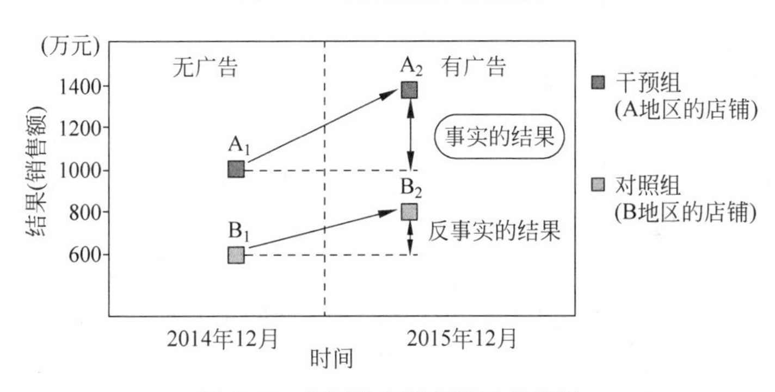

图 6-21 不同地区店铺实验趋势图

第7章 AB实验：试一试才知道谁是对的

数据分析的本质是对大量的数据进行拆分或者分组，然后逐个去进行解析，以便找到其中有价值的部分，这当中对比不同分组的数据，找出不同条件下的不同数据并以此进行分析是最常见的一种形式，并且即使从历史数据分析中得出了一些分析结论，由于把这种结果推行上线意味着很大风险投入，因此一般先会进行小流量的AB实验A/B Test来看线上效果，然后根据效果决定是否上线，在市面上的各大互联网企业中，字节跳动是应用AB实验最频繁的，抖音上面每天都进行成百上千的AB实验，这也是它的推荐系统做得比较好的一个原因，本章就来系统性地讲一下AB实验。

7.1 AB实验原理

AB实验是什么，宏观上来讲就是把研究对象按照某种规则分成A、B两组，并且使用相同或不同的动作去影响它们，观察它们对于动作做出的反应来得出想要得到结论的一种方法，落在实际场景中，AB实验是从线上流量中取出一小部分（较低风险），完全随机地分给原策略A和新策略B（排除干扰），再结合一定的统计方法，得到对于两种策略相对效果的准确估计（量化结果），如图7-1所示。

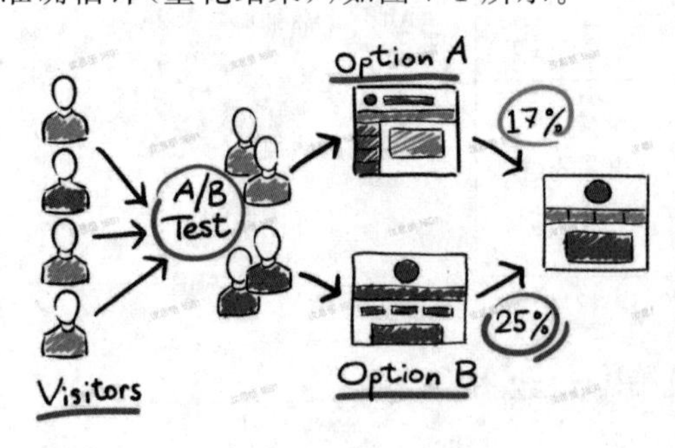

图7-1 AB实验分组效果图

AB实验根据业务属性和实际情况的不同，不同业务或场景下AB实验的底层逻辑也不尽相同，核心还是根据AB实验所使用的分流服务（对目标群体（如用户id）进行随机分桶，用以抽取小流量）对其进行分类，例如常见的推荐侧实验（用于迭代抖音内容、电商内容的推荐策略）通常是按照user_id进行分流的（用户的兴趣和偏好聚合体现在uid粒度更加合理），产品侧实验（迭代抖音，直播间的样式/短视频的样式等）通常是按照device_id（也就是设备id，设备是C端样式的载体，因此分流更合理）进行分流，还有很多实验根据目的的不同，实验对象一般也会不同。

AB实验最核心的统计学理论基础就是(双或多样本)假设检验：它是一种用来判断样本与样本、样本与总体之间差异是由抽样误差引起的还是由本质差异造成的统计推断方法：不严谨地讲，假设检验是一门研究如何科学且合理地“拒绝假设”的学问，即要么拒绝原假设，要么就接受原假设，在实验应用中，常常会把“不愿意接受的结论”设为原假设。将“愿意接受的结论”设为备择假设，例如如果将“策略不会提升GMV”作为原假设，然后通过一系列理论推演来拒绝这一原假设，进而证明备择假设的结论是正确的，即“策略会提升GMV”。同时AB实验只是根据一小部分流量的数据完成上述的假设检验，所以得到的结论因随机抽样误差的存在而无法保证百分之百正确，但可以知道可能会犯什么错及犯错的概率，假设检验中有两类错误：第一类错误弃真和第二类错误存伪，可以简单地将假设检验理解为验证策略获得收益是否为小概率事件，如果是，则可以认为策略确实有效，如果不是，则可认为策略无效。

AB实验的简要流程见表7-1，为了方便说明，以内容平台的种草来举例。

表7-1　AB实验的简要流程表

<table>
<tr><th colspan="2">AB实验简要流程</th><th>案例：种草重定向召回</th></tr>
<tr><td rowspan="4">步骤1：
实验设计</td><td>明确业务问题&目标。
把业务问题定义清楚，明确最终目标和过程目标</td><td rowspan="4">业务问题：部分品牌商家ROI偏低，广告侧发现用户单击广告电商视频后存在低估情况。
预期目标：通过提升同商家种草协同规模和效率以撬动大盘GMV规模和转化效率GPM的提升。
前置分析：电商视频侧种草再触达的转化效率明显更高且精排模型对种草再触达内容存在低估情况。
解决方案：对于种草内容新增量定向召回通路。
实验变量：用户与某个电商视频对应的商家、作者、商品在过去7日是否有种草行为(浏览商品或加购)
预期损益：①核心指标为大盘成交规模和转化效率提升。②过程指标为商家种草再触达规模提升，转化效率略降但仍高于大盘。
目标指标：①核心指标为大盘GMV/电商视频GMV&GPM。②种草再触达VV&转化效率</td></tr>
<tr><td>前置数据分析。
基于发现的业务问题及可能的解决方案进行前置数据分析，确保业务问题的普遍性和解决方案的可行性</td></tr>
<tr><td>确定解决方案&明确预期损益。
基于前述对业务问题的定义和目标确定，以及前置数据分析结论，制定可行的解决方案</td></tr>
<tr><td>设计实验变量/目标指标/上线标准。
基于上述AB实验生效逻辑设计实验变量(实验组具体策略)和重点需要关注的指标及实验组是否可以全量生效的标准</td></tr>
<tr><td rowspan="3">步骤2：
实验配置</td><td>明确实验流量大小。
根据MDE计算实验所需流量的大小(空间)和实验天数(时间)</td><td rowspan="3">实验流量计算：此部分主要是为了避免因流量过小而导致无法观测到指标置信变化的问题，核心方法是依赖MDE对指标置信所需的流量进行计算，但由于此实验未涉及稀疏指标，所以实际无此部分计算。
配置实验组：依据前述实验变量的逻辑，对实验组用户进行如下操作：筛选出用户种草过的商家、作者、商品对应的电商视频进行召回。
配置目标指标：①核心指标和核心指标衍生的分场景指标。②过程指标</td></tr>
<tr><td>配置实验组。
根据实验设计中确定的AB实验生效逻辑，对实验组进行配置(通常涉及代码开发)</td></tr>
<tr><td>配置目标指标。
根据前述确定的评估指标和上线标准，明确指标组</td></tr>
</table>

续表

<table>
<tr><th colspan="2">AB实验简要流程</th><th>案例：种草重定向召回</th></tr>
<tr><td rowspan="4">步骤3：
实验分析</td><td>目标指标变化是否符合预期。
目标指标可以分为结果指标和过程指标，均可分析造成的影响是否符合预期</td><td rowspan="4">目标指标变化是否符合预期。①核心指标：电商直播和视频的全量GMV、订单量、购买渗透率、GPM均出现一定程度上涨，符合预期。②过程指标：推荐页的电商视频种草再触达VV占比、支付GMV出现一定程度上涨，符合预期。
对其他业务线是否有显著影响：例如对主播或者直播侧的核心指标是否有影响。
内容分析：上升组和下降组无显著差异产出实验分析报告</td></tr>
<tr><td>对其他业务线是否有显著影响。
实验可能也会对其他业务的核心指标造成影响，如DAU、直播业务关注的时长等</td></tr>
<tr><td>内容分析。
明确实验策略利好的电商内容是否符合预期，要确保有电商收益的同时不能因多曝光劣质电商内容而降低用户体验</td></tr>
<tr><td>产出实验分析报告。
聚合上述核心数据和结论，产出实验分析报告，用于判断实验是否可以全量上线</td></tr>
<tr><td rowspan="2">步骤4：
实验上线</td><td>实验上线前需要以实验分析报告的形式在较大范围内同步实验结果，多方确认无问题后方可全量上线</td><td rowspan="2"></td></tr>
<tr><td>实验关闭/开启反转实验。
通过上线验证后实验可关闭并全量上线，针对可能存在长期影响但短期无法观测的实验需要开启反转实验进行长期观测</td></tr>
</table>

上述步骤的最后提到了反转实验，当一个AB实验的某个实验组指标胜出并上线后，为了观测该组策略/功能更长期的收益和影响会在对照组（未体验过该策略/功能）中抽一小部分流量再开一个AB实验，也称为反转实验，这个实验的对照组跟线上一样是开启该策略/功能，实验组是关闭该策略/功能，即保留一小部分未体验过该策略/功能的流量，用来做对比，长期跟踪观测其核心指标的变化。随着业务的快速迭代，AB实验的观测时间有限，往往经短期实验验证得到正向结论后就会全量发布，然而短期内的正向结果不足以评估长期收益，因此反转实验日渐成为AB实验评估的必要环节，能用来长期观测重要功能/策略上线后其关键指标的提升是否仍然符合预期、是否会带来其他负面影响，所有全量上线的实验都应该上线一个小流量反转。

不难看出，AB实验的优点有很多，例如①切出线上的部分流量进行实验，可以最大限度地避免策略的负向影响，减少损失。②指标全面、直观，评估方法科学、准确，大幅节省分析人力，可以准确地量化每个策略对大盘指标变化的贡献情况，便于指导业务决策。③可以避免 AA 对比中无法排除季节/周期性因素，以及多个策略耦合等干扰因素。

之所以说 AB 实验的评估方法科学是由于此实验是基于统计学原理的，由中心极限定理知道，对抽样分布均匀的指标而言，对总体流量中无数次抽取样本做小流量实验，这些实验中的样本均值呈正态分布，如图 7-2 所示

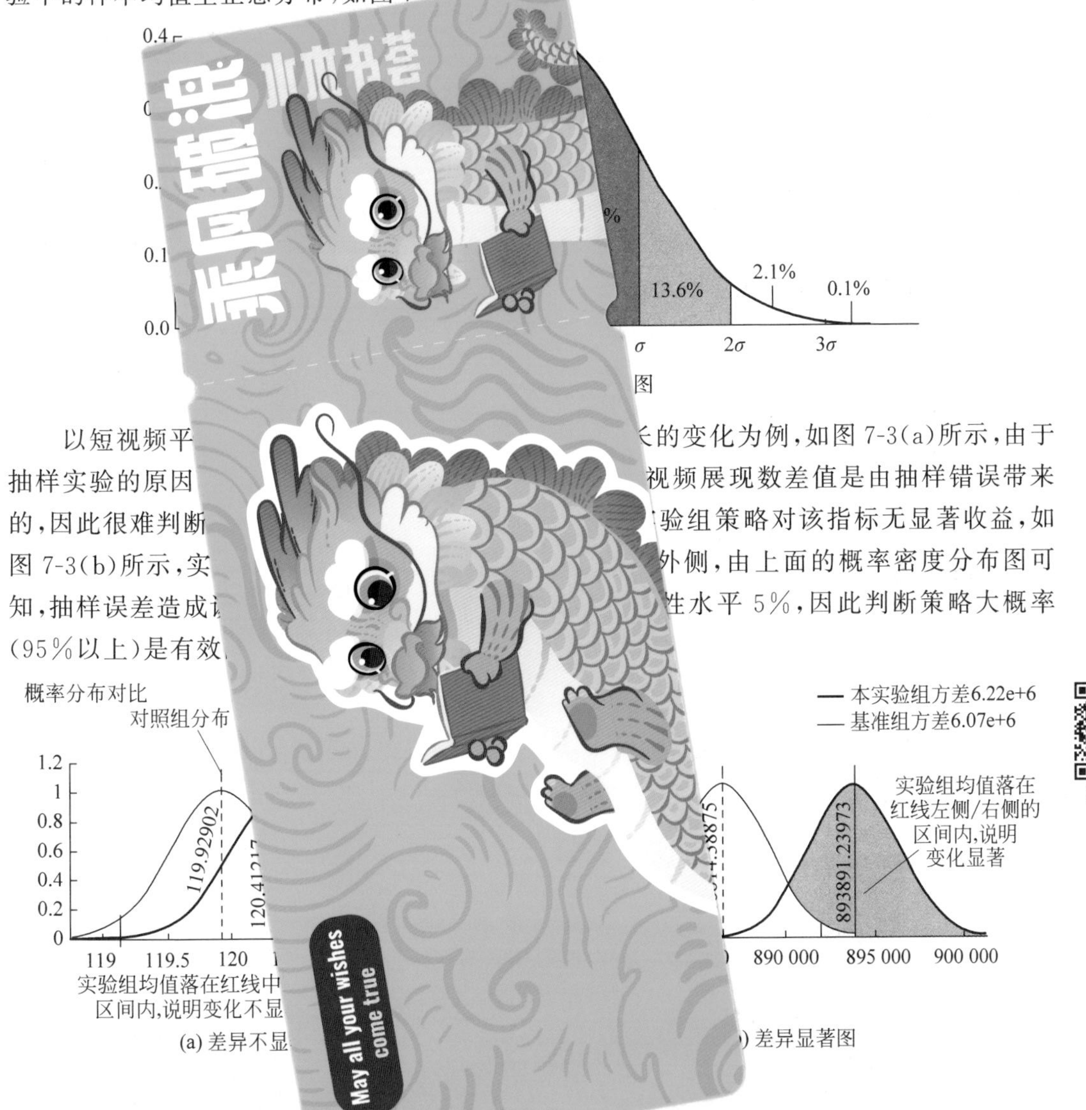

图

以短视频平……长的变化为例，如图 7-3(a)所示，由于抽样实验的原因……视频展现数差值是由抽样错误带来的，因此很难判断……实验组策略对该指标无显著收益，如图 7-3(b)所示，实……外侧，由上面的概率密度分布图可知，抽样误差造成……性水平 5%，因此判断策略大概率(95%以上)是有效……

(a) 差异不显……　　(b) 差异显著图

彩图 7-3

指标显著性同样需要……进行判断，如前所述，AB 实验的抽样、过大的样本量都可能导致指标伪阳性，因此对与实验策略不相关的指标，显著性需要结合数据趋势、业务判断等综合来看，例如在他人页视频定位 AB 实验中，直播同城指标关注率显著正向，但实际上该指标与功能改动点无直接关系，并且趋势上处于波动状态。对稳定正向不但不显著，同时当检测灵敏度又大于预期提升值时，可以加大样本量或拉长实验周期进行观察，例

如当某指标稳定正向 0.16%，此时的检测灵敏度为 0.45%，如果我们预期该功能只能提升 0.16%，此时预期提升值小于检测灵敏度(说明检测灵敏度不够)，则可以延长实验周期或扩大流量进行观察。

AB 测试实验需要满足以下两个特性：①同时性，两个策略是同时投入使用的，而不是 AB 两种策略分先后上线，这样会有其他因素影响。随着时间的变化，访客的组成和属性可能发生很大的变化，这一小时的客户属性和组成成分与上一小时会有很大差别，今天的客户行为与昨天的客户行为可能有很大区别，本周的客户特征与上周相比可能有显著不同，因此，时间是一个非常重要的因素，如果一段时间用 A 版本，另一段时间用 B 版本，然后通过数据衡量 A 版本和 B 版本的优劣，则可能会产生很大的误差，甚至可以说基本上不可行。②同质性，两个策略所对应的群体需要保证尽量一致。AB 实验避免了由于时间不同而引起的访客样本属性变化的问题，它能让两个版本面对属性相同或近似的访客群体，基于这种情况对所获得的数据才有可比性，分析结果更加准确、可靠。

有时做 AB 实验实际上不仅是 AB 实验，还可以是 ABCDE 实验等多套方案的实验，也可以是 AB×CD 实验，也就是通过 A 方案之后又会进入 CD 的 AB 实验中，这时在流量分配上需要保证正交与互斥的分配规则。什么叫正交？每个独立实验为一层，一份流量穿越每层实验时都会随机地打散再重组，保证每层流量数量相同，如图 7-4 所示。

例如，有 100 个乒乓球，随机拿出 50 个染成蓝色，将剩下的 50 个染成白色，那么就有蓝色乒乓球、白色乒乓球各 50 个，现在把这 100 个乒乓球重新放在袋子中摇匀，随机拿出 50 个乒乓球进行数字打标，那么理论上这 50 个乒乓球的颜色为蓝色和白色各 25 个。此处主要用于说明正交的意义，实际上这种规律需要当样本足够大时才能体现出来，因此这个正交 AB 实验就是每个独立的实验为一层，层与层之间的流量是正交的，一份流量穿越每层实验时都会再次随机地打散，并且随机效果离散，并且实验在同一层拆分流量，不论如何拆分不同组的流量是不重叠的，如图 7-5 所示。

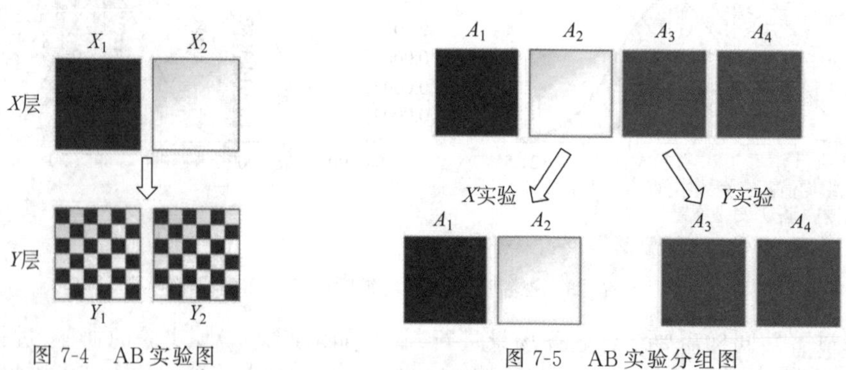

图 7-4 AB 实验图

图 7-5 AB 实验分组图

例如，有 100 个乒乓球，每 25 个一组，分别染成蓝、白、橘、绿。如果 X 实验拿的是蓝色、白色，则 Y 实验只能拿橘色和绿色，这样 X、Y 两个实验是互斥的。也就是实验在同一层级拆分流量，并且不论如何拆分，不同组的流量是不重叠的。

在 AB 测试实验中，当出现两个或多个实验同时进行时，为了避免实验之间相互影响需要选择互斥方法分配流量，让耦合的实验完美地剥离开来而不互相影响。如果这几个实验内容不会互相影响，则选择正交方法分配流量，这样可以最大程度地节省流量。举个例子，在 App 上想要新加一个按钮，希望能够通过 AB 实验来科学地进行按钮文案和颜色上的选择，相应地就需要在按钮上做两个实验：①转化按钮颜色的 AB 实验，决定选择绿色还是黄色。②转化按钮文案的 AB 实验，决定选择“你好”还是 Hello，为此在进行实验时需要选择分层实验。

分层实验一般在想要同时进行多个实验并且让同一份流量不同实验之间不受干扰，同时又能让每个实验获得 100％流量的情况下进行。在分层实验中，每个独立实验为一层，层与层之间的流量都是正交的。简单来讲，在分层实验中，每一份流量穿越每层实验时都会再次进行随机打散，并且随机效果离散，如图 7-6 所示。

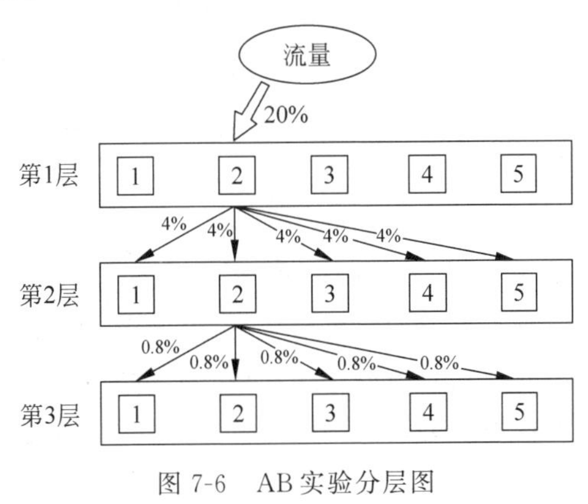

图 7-6　AB 实验分层图

从图 7-6 可以看出，即使第 1 层的 2 号桶的实验结果比其他几个桶的效果好很多，但由于流量被离散化，这些效果被均匀地分配到第 2 层，并且类似地也被均匀分配到了第 3 层及以后，这样虽然实验效果被带到了下一层，但是每个桶都得到了相同的影响，对于层内的桶与桶的对比来讲，是没有影响的，而当分析实验数据时，恰恰只会针对同一实验内部的基准桶和实验桶进行对比。传统方式采用将 100％的流量分成不同桶，假设用 A、B 两个对象做实验，为了让它们互不影响，只能约定 0～3 号桶给 A 做实验，4～10 号桶给 B 做实验，这样每个对象获得的只是总流量的一部分，而分层实验则可以实现实验与实验之间互不影响，这样就可以把 100％的流量给 A 做实验，同时可以把 100％流量也给 B 做实验。

7.1.1 案例 43：淘宝商城中的 AB 实验

举个例子，也是实际上每天都在发生的事情，大家在打开淘宝时经常会发现自己的页面和别人的不一样，那很有可能目前淘宝对于这个页面正在进行 AB 实验，而这样的实验一般来讲可能涉及两方面，一方面页面的设计者对页面进行了改版，对页面样式进行了 AB 实验；另一方面因为页面展现的处理逻辑中会调用算法，例如千人千面之类，所以算法上也经常会做调整以进行 AB 实验，也就是说，常规情况下一份流量在看到这个页面时既会穿过算法的 AB 实验，又会穿过页面的 AB 实验。假如不采用分层方式，强行将 100％流量穿过 A、B，那么最终实验报告上无法区分是由于改版导致转化率提高，还是由于算法调整得好而导致转化率提高，又或者只能对流量进行分流，一部分做算法的 AB 实验，另一部分做页面的 AB 实验会损失一部分实验流量。

分层实验建立在流量从上往下流过的分流模型上，如图 7-7 所示，其中域 1 和域 2 拆分流量，此时域 1 和域 2 是互斥的。

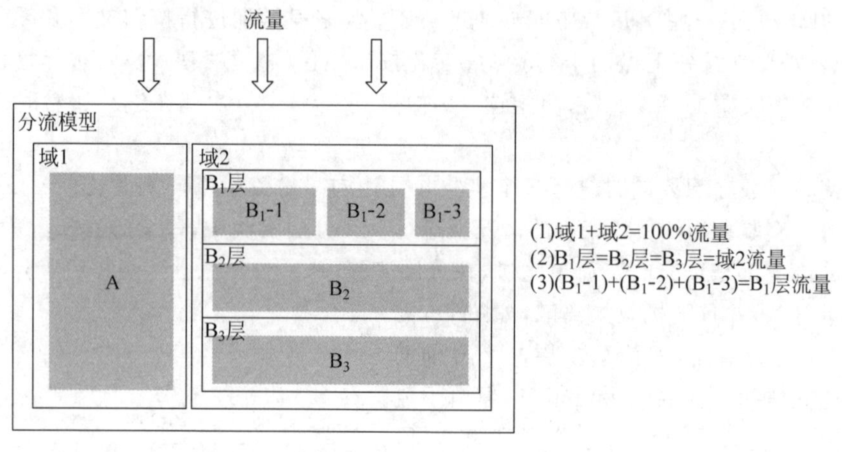

图 7-7 流量分流模型图

当流量流过域 2 中的 B_1 层、B_2 层、B_3 层时，B_1 层、B_2 层、B_3 层的流量都是与域 2 的流量相等的。此时 B_1 层、B_2 层、B_3 层的流量是正交的，而流量流过域 2 中的 B_1 层时，又把 B_1 层分为 B_1-1、B_1-2 和 B_1-3，此时 B_1-1、B_1-2 和 B_1-3 之间又是互斥的，按照这样的规则可以不断地在此模型中增加域、层，并且可以互相嵌套。这要与实际的业务相匹配，拆分过多的结构可能会把简单的业务复杂化，拆分过少的结构又可能不满足实际业务。在具体业务中 B_1 层、B_2 层、B_3 层可能分别为页面样式层、搜索结果层、广告结果层，这几层基本上是没有任何业务关联度的，即使共用相同的流量也不会对实际的业务造成影响，但是如果不同层之间所进行的实验互相关联，如 B_1 层是修改的一个页面的按钮的文字颜色，B_2 层是修改的按钮的颜色，当按钮的文字颜色和按钮的颜色一样时，该按钮已经是不可用的了，因此同一类型的实验应在同一层内进行，并且需要考虑到不同实验的互相依赖。

AB 实验一般基于两种目的：①判断哪个更好，例如有两个不同的页面设计方案，究竟是 A 更好一些，还是 B 更好一些，需要通过实验判断。②计算收益，例如一些直播平台上新(上线像 PK、打赏等一些直播功能)，那么直播功能究竟给平台带来多少额外的 DAU，多少额外的使用时长，以及多少直播以外的视频观看时长等。在计算收益时也需要注意不能损害别的指标，顾此失彼，例如实验关注的核心指标是提高投放广告的效果，有一种选择是在页面本来放置广告的地方多放置广告，或者使广告占满屏，短时间内确实可以提高广告的停留时长，但长期来看可能会造成用户反感，从而导致用户流失，反而降低了投放广告的效果。

7.1.2 案例 44：EA 游戏公司的 AB 实验

对于互联网公司来讲，无论你是否希望增加收入、注册量、社交分享或者访问者与网站的交互程度，AB 实验都可以帮助你实现这些目标，但是对于很多市场人员而言，AB 实验最艰难的部分就是要去寻找能够带来很大影响的有效实验，尤其是在刚刚开始时。

著名的游戏公司 EA 有一款十分受欢迎的游戏，其名为《模拟城市 5》，在上线以后的前两周就卖出了 110 万份。游戏 50％的销售来自网上下载，这得归功于一个非常了不起的 AB 实验策略。当 EA 准备发行模拟城市的新版本时，开发人员提供了一个促销信息来吸引更多的玩家预订游戏。这个促销的信息显示在预订的页面上，让购买者一目了然，如图 7-8 所示，但是根据这个团队的说法，促销并没有带来他们期望的预订数量的增加。于是他们决定尝试更多的实验来检验哪种设计和布局可以获得更多收入。

图 7-8 《模拟城市 5》开屏促销广告信息图

一个变化是把页面上的促销信息都删除了，如图 7-9 所示。这个实验造成了非常令人吃惊的结果：没有促销信息的版本比最初版本提升了 43.4％的预订量。

结果显示人们真的很想买这款游戏，不需要额外的刺激。大多数人认为直接的促销可以带来购买行为，但是对于 EA 而言，这个观点是完全错误的。AB 实验让他们找到了可以让收入最大化的方式，否则这件事情不会成为可能。

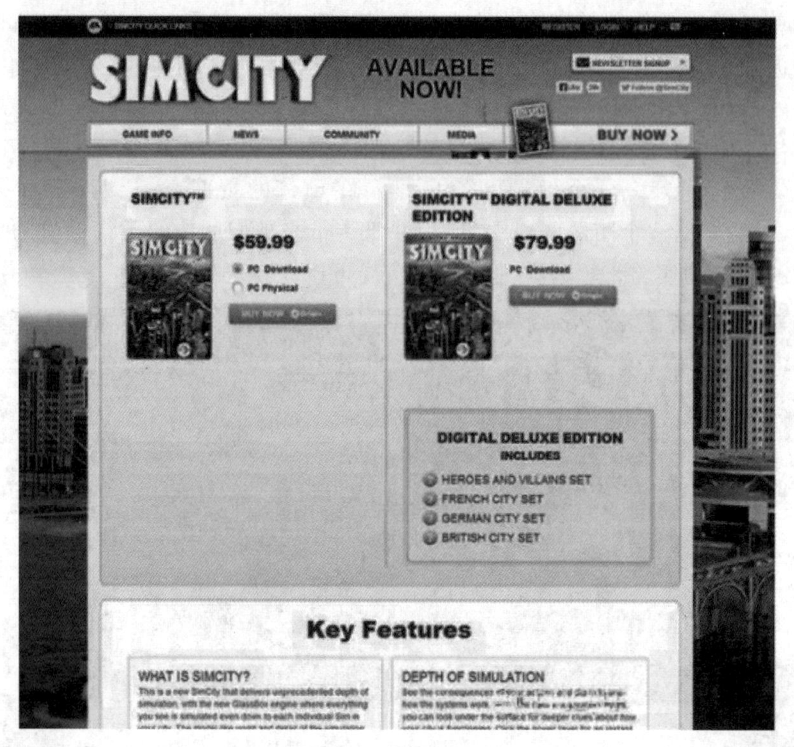

图 7-9 《模拟城市 5》开屏删除促销广告信息图

7.1.3 案例 45：Upworthy 的 AB 实验

病毒式媒体网站 Upworthy 通过 AB 实验打造了蒸蒸日上的媒体业务。从一开始，这家媒体公司就试验了每件事情(从标题到内容再到网站的功能)，确保这个网站可以满足观众的独特并且日趋变化的需求。

当 Upworthy 的观众开始变多时，这个团队意识到网站上过分强调分享的设计并不能满足老用户的需求，他们无法得到更多的相关内容。通常，有推荐内容模块的网站会让用户有更多的交互操作。Upworthy 团队知道这一点，可是他们担心推荐的内容模块会抢了网站最初对于分享的目标的注意力，但是因为他们都是有数据驱动思维的人，所以决定在做出最终决定前进行 AB 实验。

他们试验了几种不同布局和设计的推荐内容模块的版本，以此来衡量对 Upworthy 网站交互程度和社交分享的影响。在几天之内进行了几次实验之后，Upworthy 团队发现了令人吃惊的结论。表现最好的推荐内容模块实际上让社交分享比最初版本提高了 28%，并且让整个网站的交互程度也显著地提高了。决定变得很容易了：Upworthy 迅速地在他们的网站上的每个内容页都创建了新的推荐内容模块。通过 AB 实验，这个团队既拓宽了 Upworthy 的功能又增加了转化率。

7.1.4　案例 46：ComScore 的 AB 实验

ComScore 公司是一家全球性互联网信息服务提供商，是美国知名的互联网统计公司、互联网流量跟踪分析公司和市场调研公司。公司内市场人员普遍同意当你在卖一个产品时，社会认同(Social Proof)将会对业务带来更多积极的影响。事实上，我们中的大多数人已经这样做了，所以怎样才能将一个普遍使用的策略变成一个具有竞争力的优势呢？通过 AB 实验，当然可以做到。

ComScore 在他们的产品页面做了一个实验。最开始的产品页面展示了社会认同程度最小的一种方式：用户引语，然而，用户引语与其他内容混杂在一起，并且显示在一个目光相对不容易捕捉到的灰色的背景里。这个团队实验了不同的设计版本，并加上了用户的 Logo，以此检验是否不同的视觉设计可以使更多的访问者变成商机。他们测试了实验中的 2500 个访问者，很快发现版本 1 在其他的版本中脱颖而出，并且击败了留有很大空白的最初版本。用垂直的布局，并将客户的 Logo 显示在最上面，与最初相比将会带来 69%的转化率提升。

7.1.5　案例 47：微营销新电商平台的 AB 实验

微营销新电商平台是中国移动在线服务有限公司设计开发以用户的高参与、高互动的新体验为基础的新型电商平台。通过将中国移动 4G 业务办理电商化并融合多种营销模式，为用户提供新型购买体验，持续提升业务的销售转化。通过轻量级的部署和场景化的流量在公司内外部的各个渠道，打造了微信/App/短信/热线查询办理、视频直播电商、小程序社交电商、智能语音导购等多个销售场景，助力 4G 业务的销售与发展。

考虑到商品的风格样式对用户流量可能有影响，中国移动也对页面样式进行了 AB 实验，共计对 4 个不同版本进行点击率对比，如图 7-10 所示。

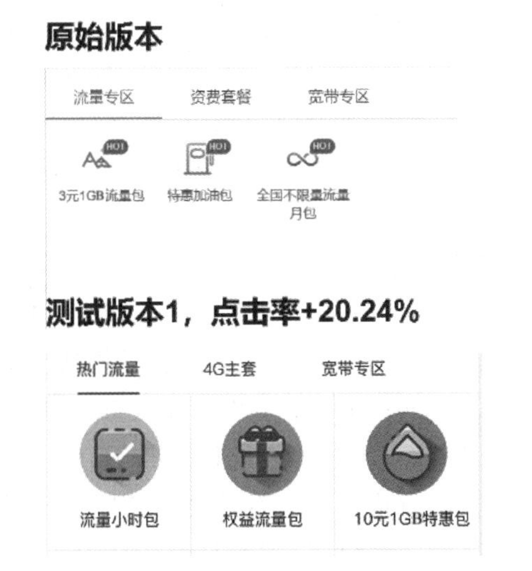

图 7-10　页面 4 种不同版本图

原始版本为线条式商品图片、实验版本1为手绘风格商品图片、实验版本2为有一定立体效果的向量图风格商品图片、实验版本3为有一定立体效果的向量图风格商品的较大图片，而实际上测试结果显示与商品信息贴切度高、风格简单清爽的图标设计更能吸引用户，商品点击率提升25.32%。

7.1.6 案例48：泰康在线的AB实验

作为泰康人寿互联网业务的主要平台，泰康在线的核心业务需求就是让更多的线上流量转换为实际的投保用户。通过此前对AB实验的了解，产品部门非常赞赏这种科学快速的优化增长方式，并且希望通过合理应用，推动互联网端业务指标的快速大幅增长。这一次，他们把目标指向了目前正在推广的住院保险业务，希望通过改变该产品在PC端的页面展现方式来提升投保转化率。

该业务测试时使用App Adhoc AB手机网页，采用科学的实验流量分割，使每一组实验对象具备一致的用户特征，并在实验过程中也可以随时调整用户流量，使企业可以在新版本上线之前，以最低成本观察客户对多个优化方案的数据反馈。同时，根据实验的数据发现用户反馈效果最好的版本，作为最终的新版本迭代方案。

新版本主要做了3件事情：①优化产品报价版块：新版本更加直观地展现了不同款的对比情况，同时取消了"快速投保"和"会员投保"容易引起用户疑惑的情形，改为"立即投保"，更加直观。②调整产品介绍版块：产品特色介绍在新版中变为更加专业化、条理化的叙述，同时运用层次化描述，视觉逻辑更加清晰。③添加侧边栏：方便用户找到"理赔示例""理赔指南"等版块。同时，将不同广告位的图片单击量和最终转化数量设置为此次实验的优化指标。

此次实验在泰康在线的PC端进行，累计运行了2周时间(一般来讲，为了获得更加可信的数据结果，实验运行周期应至少保证1～2个完整的自然周)。在对实验数据进一步分析后，产品部门验证了此前的想法：实验版本胜出，其中业务部门最关注的核心优化指标"立即投保"的转化率提升了2倍之多；实验数据验证了团队设计新版本的想法，因此他们将全量上线被优化后的版本。同时，也为之后的实验优化明确了方向。

在经过PC端和手机网页端的优化后，泰康在线团队根据业务重点，将PC端和手机网页端的实验经验转移到移动端，准备新增App实验，进而提高移动端流量的转化率。本次实验分别在iOS和Android客户端进行，每个版本各占20%的流量，经过2周实验，流量分别从2%和5%，到每个版本20%，车险相关板块的详情页单击PV和人数转化提高了600%(统计功效接近1，功效足够)，而其他保险产品的详情页转化略微降低了10%左右(但是功效不足够)，根据分析，车险的版本吸引了本来可能由于位置不明显而带来的流量误触，略微降低了其他产品的点击率，但这完全在产品和运营部门的预期范围内而且iOS和Android两端表现几乎一致，所以决定将新版的底部Tab方案发布到全部流量。

7.1.7　案例49：AB实验的框架升级问题

标准的AB实验主要涉及3个核心要素，分别是实验分流、数据上报、统计链路，但在实际的实验过程中也很有可能其中有一项出现不一致的情况，那是不是实验就完全白做了呢？也不尽然，如果实验组和对照组的实验分流、数据上报、统计链路这三者有任何一项不一致，则可以理解为非标准AB实验。非标准AB实验在实验分析上，通常表现为实验指标缺口大，业务不可归因，同时做多轮实验频繁验证。不同业务的非标准AB实验场景很多，下面来介绍搜索业务下常见的两类非标准AB实验。

在搜索实验场景下，非标准AB实验通常是由数据上报改动或者统计链路不可复用导致的。数据上报改动通常是上报时机的变化，数据分析上极难感知，但是对技术口径影响很大，导致数据波动很大。统计链路不可复用通常是两个不同的页面，两套不同的统计方案，实验前数据没有合并到一起，导致SRM问题及指标差异大，并且不可观测。

框架升级是每个产品都很难避免的问题，例如从H5框架升级到Hippy框架，升级使新框架性能更好，兼容更多形态产品交互。理论上来讲，框架升级对业务指标的影响至少持平甚至正向，但实际上，框架升级出现负向的实验很多，实验归因难，频繁验证对业务和分析人员来讲是一个很大的挑战和消耗。实验策略是升级框架，伴随着实验组新增1个模块，预计页面单击不降低，其中对照组是H5框架，实验组是Hippy框架，实验的指标是页面曝光PV/UV，页面单击PV/UV等。

在框架升级做了多轮验证实验的情况下，出现了几个代表性问题：

(1) 框架替换，为何会影响到页面曝光？页面内部有改动，预计不会影响页面曝光。同时分流时机在用户进入页面之前，难道是影响用户留存了？

(2) 新增卡片，为何天气单击次数变多？天气样式没有做改动，但是实验组天气模块单击大很多，曝光没有变，难道是框架及样式改动吸引了更多用户单击天气样式？其中有些概念需要明确：①指标：指标是描述用户在什么场景下及什么动作下的行为表现方式。例如页面曝光PV，指在页面这个粒度下，用户出现曝光的次数。②指标统计：通常是基于SQL语法的，对上报字段module、action进行组合及判断，统计指标。③数据上报：通常是对页面内模块或者元素、发生的时机进行描述，这些描述通过字段进行表征。例如module＝“天气”，代表天气模块。action＝“单击”，代表单击行为。在框架升级实验中，指标的字段描述和上报时机都未要求改动，数据链路看起来是可以复用的，但实际还是有问题的。

发生这种问题的原因其实就在于交互和上报上面。①曝光时机的选择：“曝光”的字面意思是代表用户看见页面，但是看见页面是什么时候看见？页面露出顶部、40％、还是全部露出算看见？从统计上来看都是action＝expose。曝光的时机点选择是造成页面曝光缺口的原因之一，即页面从请求、加载、渲染、半屏可见、全屏可见，是有漏斗和折损的，选择什么时机点表征曝光则是H5和Hippy可比的前提。这类实验建议选择最靠前的时机点作为曝光进行统计，例如后台请求。②页面交互的不同：页面的交互通常指页面内单击离开、从下一页面扣边返回、压后台再回到页面、异常恢复、下拉刷新等。在不同的页面交互下，H5和

Hippy 框架的页面曝光时机未必一致，例如在异常恢复的情况下，Hippy 重新曝光，H5 不重新曝光，因此建议在对齐不同交互的情况下，H5 与 Hippy 的页面去重逻辑。③模块大小的不同：天气模块的统计是 module=“天气”，action=“click”，实验组和对照组都是这种技术口径，但是天气模块的单击差异很大。在天气模块曝光一致的情况下，单击为何差异大？天气模块名称没有改动，用户构成没有变化，难道是需求发生了变化？其实 H5 版本的天气模块是头图全部区域，Hippy 版本的天气模块是太阳图标所在区域，前者区域大，后者区域小。前者存在更多无效单击，后者是天气的真实单击。这里是模块的位置大小导致了单击范围的变化，因此建议对齐有效模块的位置和大小。

对于类似框架升级类型这种产品升级型的实验，如图 7-11 所示，本身无太多业务策略耦合，理论上不会对业务指标产生较大变化，但是如果实验出现很大缺口，则建议从不同交互形式下的页面去重逻辑、页面的曝光时机、模块的上报位置与大小这些因素出发，逐个验证假设，对齐框架差异。

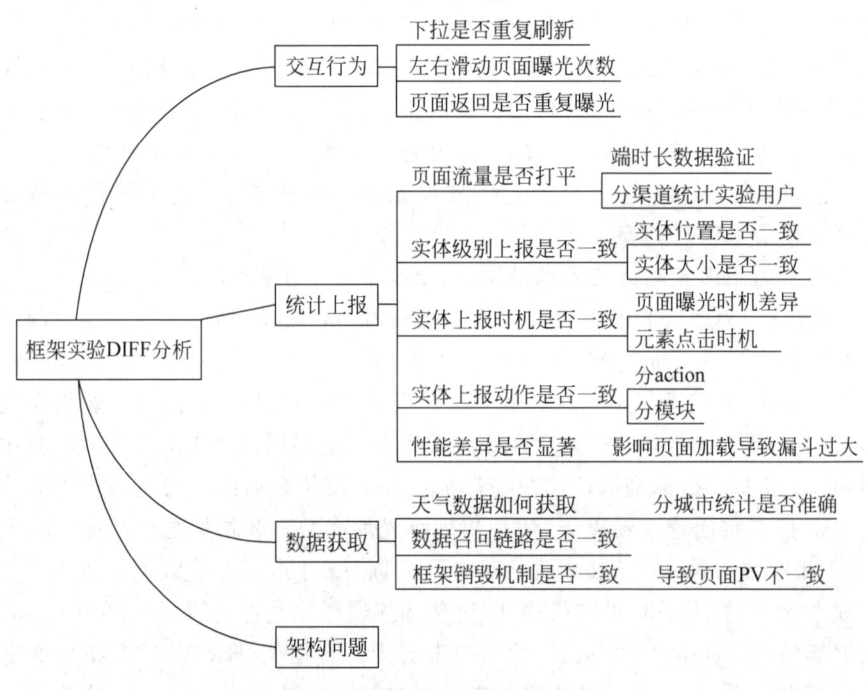

图 7-11 框架实验 DIFF 分析图

还有一类涉及非标准 AB 实验的是产品换链实验，相比于框架升级实验，产品换链实验没有那么复杂。简单来讲，从前序页面单击进入下一个页面，实验组和对照组的页面不一样，不是同一个页面类型和结构。这可能会导致两个问题：①引发 SRM 问题，实验无法观测。如果分流时机点在进入 AB 页面时，则很可能因为实际生效用户比例不一致，引发 SRM 问题。②页面 A 与页面 B 指标缺口相差大，指标无法对比。如果 AB 页面数据底表没有联合到一起，则很可能线上统计代码只统计到了对照组，而实验组没有数据。

以图 7-12 为例，视频底部有一个推词。用户单击视频页底部推词，可以跳转到一个搜索结果页。

➤ **承接页换链类实验**

结果页A　　结果页B

- 结果页A、结果页B页面布局，交互形态不相同。
- 结果页A、结果页B的数据上报方式不同，分别是前端和服务端。
- 承接页数据流完全不同。

图 7-12　承接页换链类实验图

实验组与对照组的搜索结果页分别是基于两个不同的业务框架开发的，页面类型与页面结构皆不相同。实验可能碰到的问题：①进入对照组和实验组的搜索 PV，是以前端日志还是以服务器端日志进行统计。②进入对照组和实验组的结果页单击 PV，是以交互行为为主，还是仅指点击行为。③对照组与实验组在交互上的巨大差异对有点击行为的定义造成很大影响，例如实验组 A“雪中行”页面要退出，需要单击右上角的“×”。实验组 B“中国最新大学排名”要退出，只需滑动。④为了优化页面性能，实验组有预加载，而对照组没有。预加载最直观的影响是视频页相同词条重复单击结果页，不会再重新请求，这会导致实验组搜索 PV 变低很多。

因此面对换链实验，在实验设计阶段，把换链对数据链路影响考虑进去就很有必要了。①前置分流：分流时机不要在进入两个不同页面时，建议在更靠前的页面或者 App 启动环节，以降低 SRM 发生的风险。②聚合底表：如果判断两个承接页面的数据链路不一致，在实验开始前，就应该对两个页面的底表进行联合，以保证实验指标的统计是基于同一条链路的，平台能顺利看到数据。

7.2 进阶的 AB 实验方法

AB 实验是互联网公司进行产品迭代增加用户黏性的大杀器，经过这些年长期使用和迭代，也延伸出了更加强大的实验分析方法。在真实做 AB 实验的场景中，经常出现一施加策略结果就十分显著，多数情况下数据十分复杂，也许数据本身的波动会远远大于实验的结果。对于大量级数据的情况下，十分微小的指标增长都会带来不少收益。对于日活亿级的

App,在现有情况下,每个用户带来的平均收入可能为 10 元,0.1%的策略效果提升也会带来百万量级的收益,但是用户收入的波动范围可能在 1%左右,这样最终策略带来的收益是完全不能经过统计检验的。在现有的条件下,可能没有办法左右策略对用户的结果,但是可以想办法把用户收入的波动范围降低,也就是提升统计功效。总之需要解决数据波动情况远大于策略真实收益的状况。

Cuped 是一种可以提升 AB 实验的估计方法,通过实验前数据对实验核心指标进行修正,在保证无偏的情况下,得到方差更低且更敏感的新指标,再对新指标进行统计检验(p 值)。这种方法的合理性在于,实验前核心指标的方差是已知的,并且和实验本身无关,因此合理地移除指标本身的方差不会影响估计效果。

在实验前通常有两种方法对变量进行处理,一种是分层(Stratification),这种方式针对离散变量,一句话概括就是分组算指标。如果已知实验核心指标的方差很大,则可以把样本分成 K 组,然后分组估计指标。这样分组估计的指标只保留了组内方差,从而剔除了组间方差:

$$
\begin{aligned}
& k=1,2,3,\cdots,K \\
& \hat{Y}_{\text{strat}}=\sum_{k=1}^{K} w_k \times \left(\frac{1}{n_k} \times \sum_{x_i \in k} Y_i\right) \\
& \operatorname{Var}(\hat{Y})=\operatorname{Var}_{\text{within\_strat}}+\operatorname{Var}_{\text{between\_strat}} \\
& \quad =\sum_{k=1}^{K} \frac{w_k}{n} \sigma_k^2+\sum_{k=1}^{K} \frac{w_k}{n}(\mu_k-\mu)^2 \geqslant \sum_{k=1}^{K} \frac{w_k}{n} \sigma_k^2=\operatorname{Var}(\hat{Y}_{\text{strat}})
\end{aligned} \tag{7-1}
$$

还有一种是通过协变量(Covariate),协变量适用于连续变量,需要寻找和实验核心指标(Y)存在高相关性的另一连续特征(X),然后用该特征调整实验后的核心指标。X 和 Y 相关性越高,方差下降幅度越大,因此往往可以直接选择实验前的核心指标作为特征。只要保证特征未受到实验影响,在随机 AB 分组的条件下用该指标调整后的核心指标依旧是无偏的。

$$
\begin{aligned}
& Y_i^{\text{cov}}=Y_i-\theta(X_i-E(x)) \\
& \hat{Y}_{\text{cov}}=\hat{Y}-\theta(\bar{x}-E(x)) \\
& \theta=\operatorname{cov}(X,Y)/\operatorname{cov}(X) \\
& \operatorname{Var}(\hat{Y}_{\text{cov}})=\operatorname{Var}(\hat{Y}) \times (1-\theta^2)
\end{aligned} \tag{7-2}
$$

Stratification 和 Covariate 其实采用的是相同的原理,从两个角度来看:①从回归预测的角度,实验核心指标是 Y,降低 Y 的方差就是寻找和 Y 相关的自变量 X 来解释 Y 中信息的过程(提升 R^2),X 可以是连续的,也可以是离散的。②从投资组合的角度,Y 是组合中的一项资产,想要降低交易 Y 的风险(方差),就要做空和 Y 相关的 X 资产来对冲风险,相关性越高对冲效果越好,如图 7-13 所示,摘自 Booking 的案例,他们的核心指标是每周的房间预订量，Covariate 是实验前的每周房间预订量。

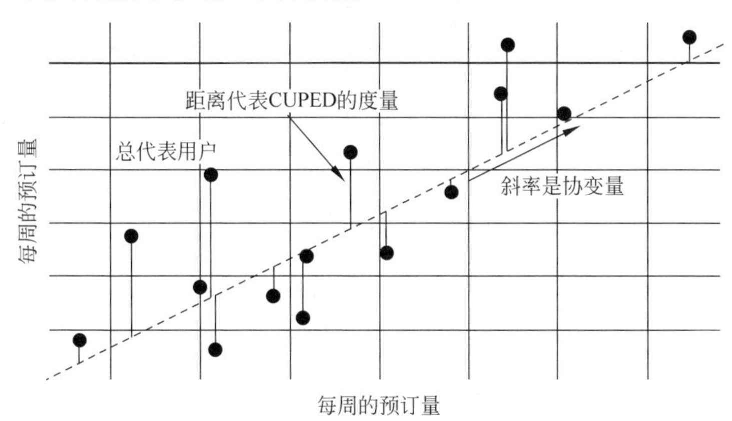

图 7-13 Booking 实验图

在实际的应用场景中，Covariate 的选择主要包括两方面，特征的选择和计算特征的 Pre-experiment 时间长度的选择：①Covariate 通常会选择相同指标在 Pre-experiment 的估计，目标自然是为了让 X 和 Y 的相关性越高越好，毕竟方差缩减的幅度是 Correlation 的函数。②估计 Covariate 选择的时间段相对越长效果越好，时间越长 Covariate 覆盖的用户群体越大，并且受到短期波动的影响越小，估计更稳定。当然也不能无限延长，超过一定时间后，Covariate 和指标的相关性会下降。

在互联网业务中有时会没有预实验数据，这个现象在互联网中很常见，新用户或者很久不活跃的用户都会面临没有近期行为特征的问题。可以结合 Stratification 方法对有/无 Covariate 的用户进一步打上标签。或者其实不仅局限于 Pre-experiment 特征，只要保证特征不受到实验影响 Post-experiment 特征也是可以的。

对于会影响用户结构的实验，并不推荐使用 CUPED。例如会促活低活用户，影响用户启动的实验不适用 CUPED，因为用户结构改变后，他们的 Pre-experiment 指标不再是无偏的。因为上述 Covariate 使用的核心是 $E(X^{\text{treatment}})=E(X^{\text{control}})$，一旦用户结构发生变化这个假设自然不再成立。当然对于这类实验本身对指标的分析也是和其他实验不同的。在实际应用中不可避免地会出现调整前后指标一个正一个反的情况，大多是由实验分流的不均匀导致的。不过只要都不显著，并不需要特别关注。当然更简单的解决方案也可以对部分低敏感指标只保留 CUPED，对本身高敏感的指标不做 CUPED 调整。

7.2.1 案例 50：Bing 的 AB 实验应用

CUPED 方法在国外的一些大型互联网公司有很多案例，必应(Bing)是微软公司于 2009 年 5 月 28 日推出，用以取代 Live Search 的全新搜索引擎服务，他们曾经做过实验检测加载时间对用户点击率的影响，如图 7-14 所示。一个原本运行两周只有个别天显著的实验在用 CUPED 调整后在第一天就显著，当把 CUPED 估计用的样本减少一半后显著性依旧超过直接使用 t 检验。

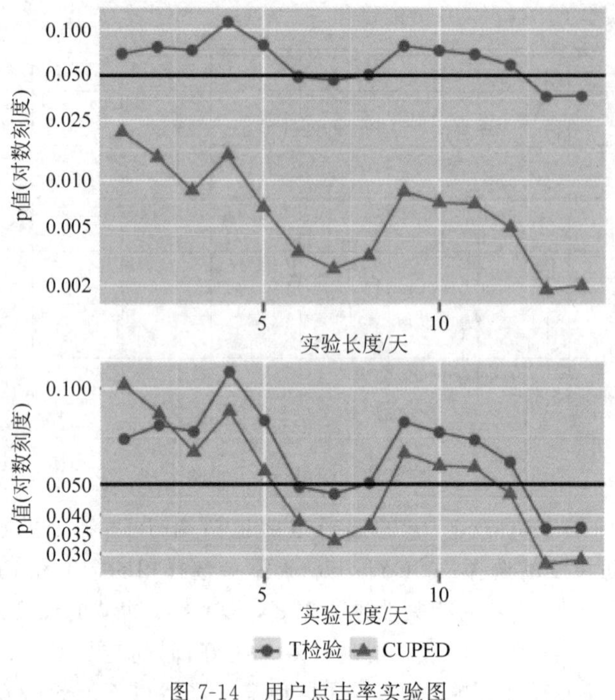

图 7-14 用户点击率实验图

7.2.2 案例 51：Netflix 的 AB 实验应用

网飞(Netflix)是著名的影视剧出品商，他们曾经尝试了一种新的 Stratification，上文中的 Stratification 被称作 Post-stratification，因为它只在估计实验效果时用到分组，这时用 Pre-experiment 估计的分组概率会和随机 AB 分组得到的实验中的分组概率存在一定差异，所以 Netflix 尝试在实验前就进行分层分组。通过多个实验结果，Netflix 得到以下结论：①大样本下，Post-strat 在实际中更灵活，和 Pre-strat 表现相当。②能否成功找到和实验核心指标相关的 Covariate 是成功的关键。

7.2.3 案例 52：Booking 的 AB 实验应用

Booking.com 是世界范围内的大型旅游电商公司，公寓、旅馆、民宿、豪华五星级酒店、树屋甚至冰屋在这个平台上应有尽有，为出行者提供丰富的选择。针对日历模块他们曾做过不同交互形式对用户的影响，如图 7-15 所示，实验效果如下，CUPED 用更少的样本及更短的时间得到了显著的结果。

都说随机是 AB 实验的核心，为什么随机这么重要呢？有人说因为随机，所以 AB 组整体不存在差异，这样才能准确估计实验效果(ATE)。那究竟随机是如何定义的呢？根据 Rubin Causal Model，想要让上述估计无偏，随机实验需要满足以下两个条件：①SUTVA，实验个体间不相互影响，实验个体间的 Treatment 可比。② Ignorability

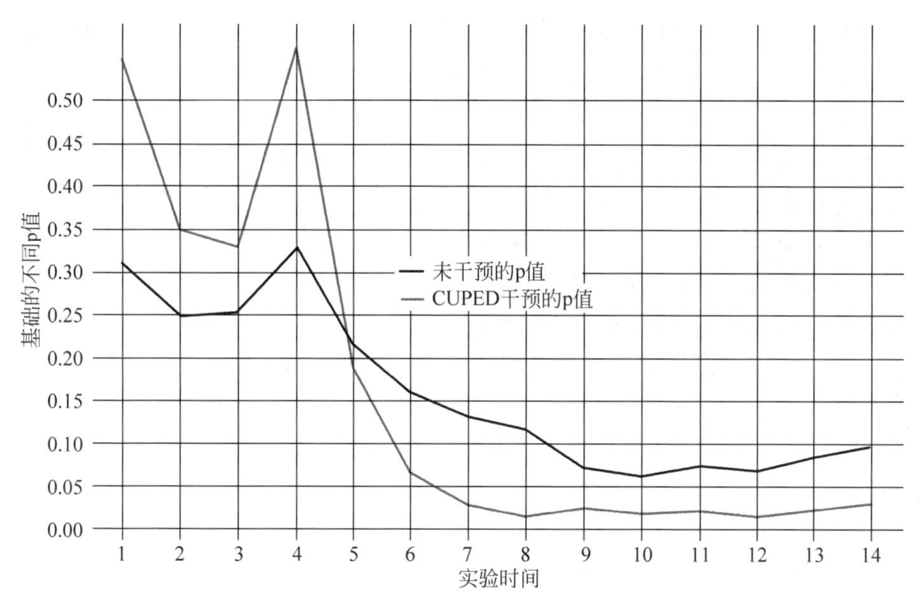

图 7-15　不同交互形式影响图

(Unconfoundedness 是更强的假设)，是否受到实验干预和实验结果无关，从因果图的角度就是不存在同时影响 Treatment 和 Outcome 的其他变量

$$Y(1), Y(0) \perp Z \tag{7-3}$$

SUTVA 在一般实验中是假定成立的，线上实验还好，很多线下实验很难保证这一点，像滴滴在部分地区投放更多车辆就会导致其他地区出现运力不足，所以个体间是隐含存在相互影响的，但这个不在本节讨论范围以内。Ignorability 在随机实验中，通过对样本随机采样得以保证，但是在观测性实验或者并未进行完全随机的实验中 Ignorability 是不成立的。解决办法就是把同时影响是否实验和实验结果的那些变量(Confounding Covariate)考虑进来以得到 Conditional Ignorability，即

$$Y(1), Y(0) \perp Z \mid X \tag{7-4}$$

理论是如此，但 X 往往是未知且高维的。寻找 X 完全一样的样本来估计 ATE 并不现实，其中一个解决办法就是下面的 Propensity Score Matching。名字很高端，但计算较简单，使用时需谨慎。下面介绍核心方法，并用 Kaggle 的一个与医学相关的数据集简单比较一下各种方法。

Propensity Score 的核心方法分成两步，即 Score 的计算和 Score 的使用。Score 计算如下：

$$\text{Propensity Score} = P(Z = \text{treatment assignment} \mid X \in R^n) \tag{7-5}$$

一种理解是它通过对影响 Z 的 $X \in R^n$ 进行建模，提炼所有 Confounding Covariate 的信息。另一种理解是把 $P(Z|X)$ 作为一种相似度(样本距离)的度量。也可以把它当作一种有目标的降维($N \to 1$)，或是聚类(相似样本)来理解，然后基于 Score 对样本进行聚合、匹配或加权，使样本满足上述的 Conditional Ignorability。

估计本身就是一个经典的二分类问题，基于特征预测每个样本进入实验组的概率。几篇经典的论文(2011 年之前)是用 Logistic Regression 来解决问题的，但放在今天 XGBoost 和 LGB 等集合树算法在特征兼容和准确率上应该会表现更好，而且树对于样本划分的方式天然保证了叶节点的样本有相同的打分和相似的特征。当然，如果你的数据太小，则 LR 还是首选。这里说两个建模时需要注意的点：①特征选择，这里的特征可以大体被分为三类影响 Treatment、影响 Outcome、同时影响 Treatment 和 Outcome 的 Confounder。加入只对 Treatment 有影响的特征，可能会导致实验组和对照组样本的 Propensity Score 最终分布重合度变低，导致部分实验样本找不到匹配的对照样本，需要谨慎考虑。②模型检验，只用 AUC 和 Cross-entropy 来评价模型的拟合在这里是不够的。这涉及 Propensity Score 的 Balancing 性质：

$$Z \perp X \mid \text{Propensity Score} \tag{7-6}$$

简单来讲就是 Score 相近的样本，X 也要相似。这里可以直接用可视化 Boxplot/Violinplot 来检验，也可以更精确地用 t 检验等统计手段来检验 X 是否存在差异。

Propensity Score 通常有 3 种用法：

(1) Matching，按 Score 对每个实验组样本进行“1/N 个”“有/无放回”的样本匹配。这里的参数选择除了现实数据量的限制，一样是 Bias-Variance 的权衡，因此可以考虑根据样本量，在 Score 相差小于阈值的前提下，分别计算 1～N 个匹配样本下的 ATE，如果结果差异过大(Sensitivity)，则方法本身需要调整。也有相应的 Trim 方法旨在剔除 Score 取值极端无法找到匹配的样本(如 score→0)，但在一些场景下 Trim 方法会被质疑。在数据量允许的情况下，更倾向于 N 到 1 有放回的匹配，因为在大多数场景下是无法完全考虑所有 Covariate 的，意味着 Propensity Score 的估计一定在一些特征上是有偏差的，这时取多个样本匹配是可能降低偏差的。

(2) Stratification，按相似 Propensity 对实验组和对照组进行分组在组内计算 ATE 再求和。具体怎么分组没有确定规则，只要保证每组内有足够的实验组和对照组样本来计算 ATE 即可。这里一样是 Bias-Variace 的权衡，分组越多 Bias 越少，方差越大。通常有两种分位数分桶方法：①对全样本 Propensity Score 按人数等比例分组。②对人数较少(通常是实验组)按人数确定分组边界，这里一样可以使用 Trim，但是需要结合具体业务场景仔细考虑。

(3) Inverse Probability of Treatment Weighting(IPTW)，按 Propensity Score 的倒数对样本进行加权。一个完全随机的 AB 实验，Propensity Score 应该都在 0.5 附近，而不完全随机的实验在用 Propensity Score 调整后在计算 ATE 时 Z 也会被调整为等权，式子如下：

$$\begin{aligned} e &= P(Z=1 \mid X) \\ w &= \frac{Z}{e} + \frac{1-Z}{1-e} \\ \text{ATE} &= \frac{1}{n}\sum_{i=1}^{n}\frac{Z_i Y_i}{e_i} - \sum_{i=1}^{n}\frac{(1-Z_i)Y_i}{1-e_i} \end{aligned} \tag{7-7}$$

7.2.4　案例 53：罹患心脏病概率的 AB 实验应用

举个例子，数据来源是 Kaggle 的开源数据集 Heart Disease UCI，数据本身是根据人们的性别、年龄，以及是否有过心口痛等医学指标预测人们患心脏病的概率。这里由于数据量和特征都很少，以下仅用作方法探索，不对结果置信度进行讨论。这里把数据当作一个观测性实验的样本，实验目的变成是女性（sex＝0）还是男性（sex＝1）更易患上心脏病。数据见表 7-2。

表 7-2　不同人得心脏病概率表

Age	Sex	Cp	Trestbps	Chol	Fbs	Restecg	Thalach	Exang	Oldpeak	Slope	Ca	Thal	Target
63	1	3	145	233	1	0	150	0	2.3	0	0	1	1
37	1	2	130	250	0	1	187	0	3.5	0	0	2	1
41	0	1	130	204	0	0	172	0	1.4	2	0	2	1
56	1	1	120	236	0	1	178	0	0.8	2	0	2	1
57	0	0	120	354	0	1	163	1	0.6	2	0	2	1

根据这份数据可以得出，男性 207 名得心脏病的概率为 44.93％，女性 96 名得心脏病的概率为 75.00％，直接从数据计算男性比女性患心脏病的概率低 30％。考虑到数据非常小，用 LR 估计 Propensity Score，男女的 Score 分布如图 7-16 所示。

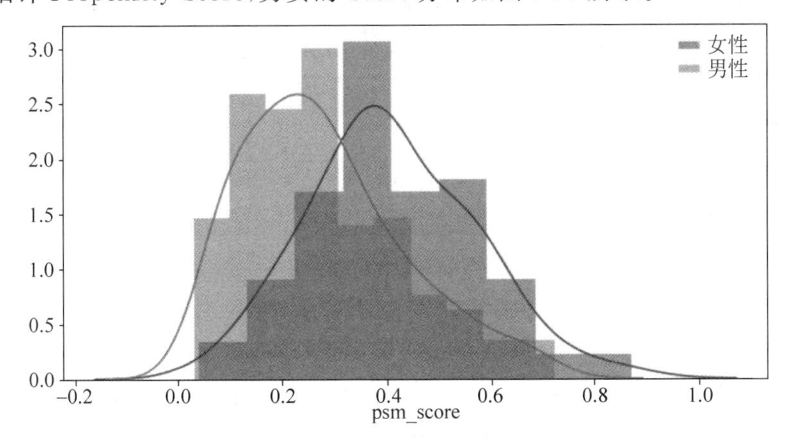

彩图 7-16

图 7-16　男女的 score 分布图

下面分别使用了 Stratification、Matching 和 IPTW 来估计 ATE。Stratification，分别尝试用实验组和用全样本找分位点的方式来计算 ATE，用实验组估计分位点时分 3 组会有一组对照组样本太少，于是改成 2 组，见表 7-3。

表 7-3　不同方法的 ATE 计算表

Sex	0	1	Diff
Psm_bin			
(0.031,0.0247]	0.428 571	0.310 00	−0.118 571

续表

Sex	0	1	Diff
(0.247,0.655]	0.789 474	0.603 96	−0.185 513
ATE=−0.15			

Sex	0	1	diff
Psm_bin			
(0.03,0.228]	0.333 333	0.325 843	−0.007 491
(0.228,0.381]	0.709 677	0.500 000	−0.209 677
(0.381,0.869]	0.867 925	0.604 167	−0.263 758
ATE=−0.16			

结果比较相似 ATE 在−0.16～−0.15。比直接用全样本估计降低了一半。这里 Stratification 分组数的确定，需要在保证每组有足够的 Treatment 和 Control 样本的基础上，保证每组的 Covariate 分布相似，Matching 以下结果分别是：有 Trim&Match 1～4＋无 Trim&Match1～4。最终估计的 ATE 和上述 Stratification 的结果相似 ATE 在−0.16～−0.15 之间，而且相对稳健，匹配数量并没有对 ATE 计算产生过大影响。

可以发现随着匹配的样本上升 ATE 会越来越显著，所以 Match 的 N 越大越好？其实并不是，因为 P 值是样本量的函数，随着样本量上升，“微小”的变动也会变显著，所以选择最佳的 N 这里并不十分重要，比较 ATE 对不同的 N 是否稳定可能更有意义，见表 7-4。

表 7-4　不同 *N* 情况下的 ATE 表

Matching	Est.	S.e.	z	P>|z|	[95% Conf. int.]	
ATE	−0.143	0.082	−1.744	0.081	−0.305	0.018
ATC	−0.225	0.097	−2.329	0.020	−0.415	−0.036
ATT	−0.105	0.090	−1.170	0.242	−0.282	0.071
ATE	−0.141	0.071	−1.984	0.047	−0.281	−0.002
ATC	−0.257	0.082	−3.146	0.002	−0.418	−0.097
ATT	−0.088	0.076	−1.150	0.250	−0.237	0.062
ATE	−0.145	0.062	−2.325	0.020	−0.267	−0.023
ATC	−0.261	0.072	−3.631	0.000	−0.401	−0.120
ATT	−0.091	0.066	−1.390	0.164	−0.220	0.037
ATE	−0.146	0.060	−2.455	0.014	−0.263	−0.029
ATC	−0.254	0.068	−3.745	0.000	−0.387	−0.121
ATT	−0.096	0.062	−1.545	0.122	−0.218	0.026
ATE	−0.172	0.081	−2.123	0.034	−0.331	−0.013
ATC	−0.221	0.101	−2.196	0.028	−0.418	−0.024
ATT	−0.144	0.086	−1.665	0.096	−0.313	0.025
ATE	−0.167	0.069	−2.427	0.015	−0.301	−0.032
ATC	−0.246	0.079	−3.100	0.002	−0.402	−0.091
ATT	−0.121	0.072	−1.684	0.092	−0.261	0.020

续表

Matching	Est.	S. e.	z	P>|z|	[95% Conf. int.]	
ATE	−0.169	0.062	−2.715	0.007	−0.292	−0.047
ATC	−0.253	0.072	−3.508	0.000	−0.394	−0.111
ATT	−0.121	0.064	−1.882	0.060	−0.248	0.005
ATE	−0.160	0.061	−2.620	0.009	−0.280	−0.040
ATC	−0.218	0.069	−3.141	0.002	−0.353	−0.082
ATT	−0.127	0.063	−2.018	0.044	−0.250	−0.004

第8章 时序分析：我们从历史的数据当中可以获得什么

作为数据分析师经常会面对老板的一类问题，例如“帮我算算下个月公司业绩目标应该定多少”“做这个业务到底能挣多少钱”“后面这个业务中的用户会不会流失”“按现在的方法能做到多少用户量”，这些问题都是对现在来讲未知的，但又会实际影响到业务决策。这一类问题统称为预测性问题，也是数据分析经常研究的课题，像平稳发展的业务，以当前状态去预估今后的状态即可，但是有的业务不平稳又要怎么去预估呢，本章内容就要介绍随着时间变化的数据的分析--时序分析。

8.1 时序预测分析原理

时序预测分析根据分析对象的不同，可以把分析问题类型分为两种，一种是去回答一个策略做了一段时间之后继续做下去会怎样或者不做了会怎样。例如某视频网站由于盈利渠道单一，在过去的某个时间点上上线了会员功能，对大部分热播的影视剧和综艺节目都限制了只有会员可以观看，现在进行了一段时间可以看到短期的ROI是团队可以接受的，但是这个策略确实也会有很多负面的影响，因此业务上想要知道，继续实施视频会员策略会怎样，如果取消会员策略又会怎样，这就涉及对视频会员效果的未来一段时间的效果预测；另一种是去回答按照现在的情况发展下去，正常情况下会是什么样的，这种需求很多出现在业务内部想要去进行目标制定或者货品策略时。

先来讲述第1种情况，做预测性分析，本质上是想要分析一个干预或一个事件对一个结果有怎样的影响，想要探究其中的因果效应，第7章讲到的A、B实验就是一种探究方法，但是A、B实验也有一定的局限性，例如某些实验可能损害用户体验，有些干预难以模拟、有些实验可能损害用户体验、实验成本高，鉴于A、B测试的种种局限性，研究如何让利用手边已有的历史数据进行“因果分析”就很重要。

首先说几个时序预测中的基本概念。Treatment Effect(处理效应)是指对目标进行一个处理(Treatment)之后究竟是否可以对结果产生影响，实际上这里面隐含了一个逻辑上的基本问题，对一个人来讲，如果他在平行时空里面(所有条件都完全相同)的两个时间线，一个吃了药(treated)，另一个没吃药(untreated)，导致了一个时间线中他的血压(outcome)

是 120，另一个是 180，就可以说，这个药在他身上的 TE 就是 120－180＝－60，但是实际上的情况是在实际业务中永远无法同时观察到同一个个体经过处理和未经过处理的情况。就好像一辆汽车面前有两条分岔的路，如图 8-1 所示，当选择了其中一条路之后就不会看到另一条路上的风景了。

图 8-1 时序预测示意图

为了解决这个问题会在潜在的结果方面展开很多讨论，它们之所以被称为"潜在的结果"是因为它们实际上并未发生。相反，他们表示在某些发生的处理条件下本可以发生什么。有时将发生了的潜在结果称为事实，而将未发生的潜在结果称为反事实。有了潜在结果，就可以来定义个体处理效应：

$$\text{个体处理效应} = \text{结果} \mid \text{如果做这件事} - \text{结果} \mid \text{如果不做这件事}$$
$$\text{TE} = Y_{1i} - Y_{0i} \tag{8-1}$$

8.1.1 案例 54：学校发放计算机以提高学生成绩

举个例子，部分学校为了提高学生成绩会给学生发放计算机。对于学生图图而言，她所处的学校并没有发放计算机的条件，所以可以观测到的是，在无计算机的条件下学生的成绩为 500。假设有预知能力，知道学生被发放了计算机的情况下，成绩为 450，那么此时就可以统计出来"发放计算机"这个 Treatment 对于学生图图的处理效应见表 8-1。

表 8-1 学生图图的处理效应表

学生	无计算机下的成绩	有计算机下的成绩	有无计算机	观测结果	处理效应
图图	500	450	0	500	－50

$$\text{TE} = 450 - 500 = -50 \tag{8-2}$$

然而实际上，收集到一个个体的效应量是非常有难度的，同时个体的效应量也不具备代表性的统计意义，例如在上面的例子中很难知道个体的学生是否真的使用了计算机，因此，站在宏观的角度，一个干预的效果不会去下钻到个体维度的处理效应，而是聚焦到整体人群里的平均处理效应（Average Treatment Effect），也就是期望值。

$$\text{平均处理效应} = \text{平均结果} \mid \text{策略作用于人群} - \text{平均结果} \mid \text{策略不作用于人群}$$
$$\text{ATE} = E[Y_1 - Y_0] \tag{8-3}$$

除了平均处理效应之外，另一个更容易估计的量是处理组的平均处理效应（Average Treatment Effect on Treated）。

$$\text{ATT} = E[Y_1 - Y_0 \mid T = 1] \tag{8-4}$$

另外，对于发放计算机这件事与成绩的相关性，最朴素的衡量方法是做了这件事的人群和没做这件事的人群的结果差异。在上述的例子里就是发放计算机的学校的平均成绩与不发放计算机的学校的平均成绩值差。

平均结果|观测到做了这件事－平均结果|观测到没做这件事，即

$$E[Y_1 \mid T=1]-E[Y_0 \mid T=0] \tag{8-5}$$

举个例子，假如能分别看到实际情况下的学生成绩及潜在情况下的学生成绩，如表 8-2，上边是预估的情况，下边是实际观察到的情况。

表 8-2　不同情况下的学生成绩表

	学生	无计算机下的成绩	有计算机下的成绩	有无计算机	观测结果	处理效应
预估情况	1	500	450	0	500	－50
	2	600	600	0	600	0
	3	800	600	1	600	－200
	4	700	750	1	750	50
实际观察到的情况	1	500	未知	0	500	未知
	2	600	未知	0	600	未知
	3	未知	600	1	600	未知
	4	未知	750	1	750	未知

那么就有

$$\text{ATE}=\frac{-50+0-200+50}{4}=-50$$

$$\text{ATT}=\frac{-200+50}{2}=-75 \tag{8-6}$$

$$\text{相关性衡量}=\text{平均成绩}_1-\text{平均成绩}_0=\frac{600+750}{2}-\frac{500+600}{2}=125$$

相关性和因果性实际上还是存在一些区别的，就像如果有人说那些为学生提供计算机的学校比不提供计算机的学校学业表现更好，则其实很快能发现其中的漏洞，有可能是那些配备计算机的学校资金更为雄厚，相应地他们能争取到更好的学生、教师资源，所以即便没有计算机，他们的表现也会高于平均水平，因此在上课时为学生提供计算机会提高他们的学习成绩在这个案例中是有偏的，只能说学校的计算机与更好的学业表现相关，但相关性可大可小，甚至也可以为 0，相关性与因果性只有前面公式成立才相等，即

$$\begin{aligned}&E[Y_1 \mid T=1]-E[Y_0 \mid T=0]\\&=E[Y_1 \mid T=1]-E[Y_0 \mid T=0]+E[Y_0 \mid T=1]-E[Y_0 \mid T=1]\\&=E[Y_1-Y_0 \mid T=1]+\{E[Y_0 \mid T=1]-E[Y_0 \mid T=0]\}\end{aligned} \tag{8-7}$$

其中，$E[Y_1 \mid T=1]-E[Y_0 \mid T=0]$是对相关性的衡量，$E[Y_1-Y_0 \mid T=1]$是 ATT，$\{E[Y_0 \mid T=1]-E[Y_0 \mid T=0]\}$是偏差 BIAS。这里的偏差的含义是，在经过处理前，也就是

当处理组和对照组都在未经处理的条件下，两者之间的差异。当有人说上课时发放计算机可以提高学习成绩时，之所以会产生怀疑，就是因为在这个例子中 $E[Y_0|T=0]<E[Y_0|T=1]$，即能为孩子提供计算机的学校的学术表现相较于那些不能提供的学校更好，不论他们最终是否为学生提供计算机。

在了解问题之后，来看解决方案，也就是使相关性和因果关系相等的必要条件是什么，如果 $E[Y_0|T=0]=E[Y_0|T=1]$，则相关性就是因果性，也就是处理组和对照组在处理前便具有可比性。或者说，在处理组不经过处理的情况下，如果可以观察到它的结果 Y_0，则它的结果将和对照组的相同，这样在数学上，偏差项就会消失

$$E[Y_1 \mid T=1]-E[Y_0 \mid T=0]=E[Y_1-Y_0 \mid T=1] \tag{8-8}$$

通过这种做法其实相当于对将来即将发生的事件有了 AB 实验外的另一种预测方法，假设计算机是教育局统一随机分配给各个学校的，在这种情况下，贫富学校接受的机会是一样的，那么本来在 AB 实验中是通过分流的随机性消除了 BIAS，使处理组和未处理组之间的差异就是平均因果效应，那在不使用 AB 实验的情况下(大部分情况是因为 AB 实验的局限性或是 AB 实验成本太高)，研究如何利用手边已有的历史数据进行因果分析就变得无比重要，回到 ATT 的公式里，核心要做的就是找到处理组在不受处理的情况下的反事实结果

$$\mathrm{ATT}=E[Y_1(1) \mid D=1]-E[Y_0(1) \mid D=1] \tag{8-9}$$

研究预估效果的一个最基本的方法是双重差分(Difference in Difference，DID)，它的核心思想是，假设现在是秋天，路边的树木都逐渐开始凋零，有这么两棵树，一棵树 A 上面有 20 根枝丫，另一棵树 B 上有 15 根枝丫，也就是说，在没有其他外界影响的情况下，两棵树的初始 diff 是 5。假设两棵树以同样的速度衰老(平行假设)，现在对 B 树进行了防冻防蛀的药剂注入(冬天经常能见到一棵树在吊盐水或者在根部位置缠满麻绳)，半年过后，B 树掉了一根枝丫，而 A 树掉了 3 根枝丫。在对 B 树进过干预以后，两棵树的 diff 变成了 3。那么用双重差分的思路，药剂对 B 树的实验效应量估计为 $3-5=-2$，虽然 B 树仍然在掉枝丫，但是药剂的注入确实起到了效果。

所谓的 DID Estimator 双重差分估计量，就是在有能力观察反事实的理想世界中，可以通过以下方法估计干预的效果，因果效应是

(在干预组被干预后) 干预的结果－如果没有干预的结果

当然，这是无法被衡量的，因为对于干预组来讲，如果没有干预的结果，则是反事实的。

$$\mathrm{ATT}=E[Y_1(1) \mid D=1]-E[Y_0(1) \mid D=1]$$

$$\mathrm{ATT}=E[Y_1(1) \mid D=1]-(E[Y(0) \mid D=1]+ \tag{8-10}$$

$$E[Y(1) \mid D=0]-E[Y(0) \mid D=0])$$

换句话说，这表示如果没有干预发生，则干预组在干预后会看起来就像“干预前的干预组”加上一个“与对照组增长量相同的增长因子”。需要注意的很重要的一点是，这是假设了干预组和对照组在时间上的趋势是相同的(也就是 DID 平行假设)。假设两组的差异随时

间是一致的，构成一个平行四边形，DID的合理之处在于，它只是假设两个组之间的增长模式是相同的，如图8-2所示，并不要求它们具有相同的基本水平，也不要求趋势为0。

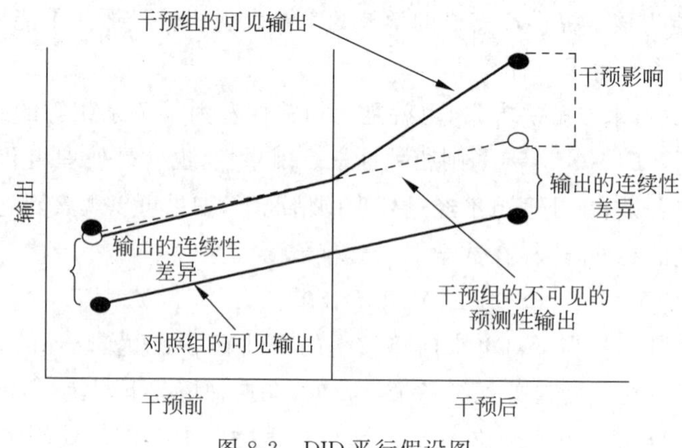

图8-2 DID平行假设图

8.1.2 案例55：疫情前后流入人口变化

举个例子，近几年疫情不断，对大家的日常生活造成了极大不便，很多人开始怀念过去没有疫情时的日子，那假如现在对疫情城市及非疫情城市进行净流入人口平行趋势的检查，例如上海和北京，可以发现在疫情前两者的diff是基本平行的，即两个城市的净流入人口之间的差值比较稳定，每年都这么多，然后在某个时间点，上海大面积暴发疫情，之后的每个月明显进入上海的人口减少了非常多，而北京仍然是正常运作的，那就会发现疫情后两者的diff是在慢慢扩大的，因此疫情这个干预项对人口净流入确实有影响。

那这个影响的效果显不显著，或者说一项干预做了只有结果发生显著性的变化，才能说这个干预对结果有比较明确的影响作用，因此对于干预结果一般要进行显著性计算，可以将DID的计算转换为线性回归的方式，以此来获得系数的显著性水平，当然前提是可以获得更细粒度的数据，例如一个电商业务也收到疫情影响，因为全国各地物流时不时都可能停发，因此很多用户开始尝试更多地在线下购买商品，导致电商业务的用户使用情况变差了许多，假如在后置的情况下想要去分析流量情况下降是否完全是由疫情导致的，在探究疫情影响显著性时就需要对应到用户粒度的数据。从疫情影响情况上可以区分被疫情影响的用户和没被疫情影响的用户，因此对于结果有

$$Y_i = \beta_0 + \beta_1 \times \text{是否干预组} + \beta_2 \times \text{干预前后} + \beta_3 \times \text{是否干预组} \times \text{干预前后} + e_i \tag{8-11}$$

其中，β_0是对照组的基线，在例子中就是疫情前非疫情城市的流量情况，如果将受疫情影响的城市对应的虚拟变量设为1，就会得到β_1，所以$\beta_0+\beta_1$是疫情城市在受疫情影响前的基线，而β_1是疫情城市相对非疫情城市在疫情前的diff。如果关闭是否为疫情城市虚拟变量并打开疫情前后变量，就会得到$\beta_0+\beta_2$，即疫情后非疫情城市的水平，β_2是对照组的趋势。最后如果打开两个虚拟变量，就会得到β_3。$\beta_0+\beta_1+\beta_2+\beta_3$是疫情后疫情城市的水平，所

以 β_3 就是双重差分的估计量，例如计算出了表 8-3 的数据。

表 8-3 疫情前后流量水平表

城市序号	疫情前(0)/疫情后(1)	流量水平(展现率)	是否为疫情城市	是否有疫情
0	0	0.034 279	非疫情城市	0
1	1	0.036 743	疫情城市	1
2	0	0.037 191	疫情城市	1
3	1	0.035 791	非疫情城市	0

可以得出干预的系数是 0.0343，疫情前后的影响系数是 0.0015，是否有疫情的影响系数是 0.0029，是否受疫情影响并且在疫情前后的变化系数为－0.0020。

当使用双重差分法时，利用到来自两个不同城市的多个用户的数据，并且要求有接受干预前后两个不同时间段内的数据，所以这种方法也存在局限性：①处理宏观数据时无法估计显著性，如果只有聚合数据，就无法得到 DID 的置信区间（因为只有前后各两个，共计 4 个样本点）。例如，在实际业务中没有上海、北京两个城市每个用户的数据，而只有两个城市干预前后的平均展现率，在这种情况下，虽然仍然可以通过 DID 的方法来估计因果效应，但无法计算它的方差及显著性，因为数据的所有差异性都因为聚合而被压扁了。②如果平行假设无法满足，则偏差会很严重，无法使用 DID，这也是一个比较难解决的问题，如果平行假设不满足，则意味着即便没有对对照组进行干预，让对照组和实验组正常按时间持续发展下去，两者的 diff 也不会保持之前的规律。③无法衡量 Treatment Effect 如何跟随时间变化，有可能所做的干预对目标指标的影响过于间接，也有可能同一时间除了施加的干预以外还有很多不可控的因素同时在变，从而导致难以量化干预的效果。

8.1.3 案例 56：疫情前后流入人口变化的合成控制法

还有一种研究预估效果的方法是合成控制法（Synthetic Control），它的核心思想是利用对照组的多个时间点上的信息去合成一个假的[干预组]。假设还是上面那个例子，想要衡量疫情对于上海的电商 App 使用情况的影响，按照传统的匹配方法，需要选择一个和上海疫情前的搜索 DAU（每日活跃人数）、搜索 GMV（销售额）、搜索 PV（次数）等维度上最像的非疫情城市作为对比，例如北京，但使用合成控制法，需要从全国所有的非疫情城市中进行筛选，同样从疫情前一段时间，例如疫情前 30 日的搜索 DAU、搜索 GMV、搜索 PV 等维度和上海进行匹配，使合成后的[假上海]在各种维度上其尽可能地接近[真上海]。最终选取

$$上海 = 0.1 城市 A + 0.2 城市 B + 0.3 城市 C + 0.4 城市 D \tag{8-12}$$

相当于从各个城市身上抽取一部分数据，但是合成的各指标数据跟上海相当，并且把合成的虚拟城市对象作为对照组。

正式点来讲，不管是城市还是其他的对象都称为一个单元，假设单元 1 是受干预影响的单元。单元 $j=2,\cdots,J+1$ 是未经过处理的单位的集合（也就是找的对照），同时假设这些拥有的数据跨越 T 个时间段，在干预之前有 T_0 个时间段，对于每个单元 j 和每个时间 t，观

察结果 Y_{jt}，将 Y_{jt}^{N} 定义为没有干预的潜在结果，将 Y_{jt}^{I} 定义为有干预的潜在结果，然后对于处理单元 $j=1$ 在时间 t 的影响，对于 $t>T_0$ 定义为

$$\tau_{1t}=Y_{jt}^{I}-Y_{jt}^{N} \tag{8-13}$$

其中，Y_{jt}^{I} 为事实，Y_{jt}^{N} 为反事实。由于单元 $j=1$ 是经过干预的单位，因此 Y_{jt}^{I} 是事实，但 Y_{jt}^{N} 不是，那么问题就转变成了如何估计 Y_{jt}^{N}，由于 Treatment Effect 会跟随时间变化，它不需要是瞬时的，它可以累积或消散，也就是说，将问题归结到如何找到干预单元在不被干预的情况下的反事实时间序列曲线，如图 8-3 所示。

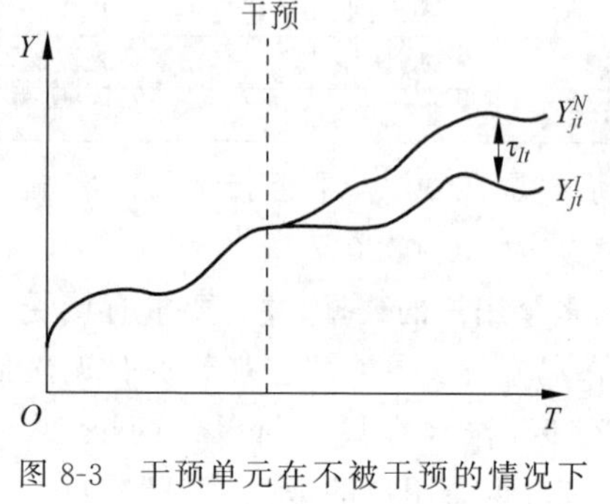

图 8-3　干预单元在不被干预的情况下的反事实时间序列曲线图

在 DID 的计算中，只有干预前后两个时间点的信息，在合成控制案例中，则没有很多样本，但有很多时间点上的信息，所以相当于需要翻转输入矩阵，然后把样本变成变量，将结果表示为样本的加权平均值，就像上海的合成公式一样。

$$\text{上海}=0.1\,\text{城市 A}+0.2\,\text{城市 B}+0.3\,\text{城市 C}+0.4\,\text{城市 D} \tag{8-14}$$

8.1.4　案例 57：疫情前后城市展现率变化

举个例子，假如想要去度量对于城市上海的展现率的影响，对应地找到了 50 个非疫情城市，并且从时间上得到表 8-4 中的展现率数据，然后把因变量定义为上海的展现率，将自变量定义为其他城市的展现率，对表里的数据进行回归，合成出关于上海的由其他城市合成的展现率。

表 8-4　各非疫情城市展现率数据变化

时　间	城　市							
	杭　州	丽　水	福　州	金　华	龙　岩	兰　州	长　沙	武　汉
2 月 1 日	0.0446	0.0458	…	…	…	…	…	…
2 月 2 日	0.0414	0.0444	…	…	…	…	…	…
2 月 3 日	0.0408	0.0432	…	…	…	…	…	…
2 月 4 日	0.0403	0.0427	…	…	…	…	…	…
2 月 5 日	0.0408	…	…	…	…	…	…	…
2 月 6 日	0.0415	…	…	…	…	…	…	…
2 月 7 日	0.0419	…	…	…	…	…	…	…

需要注意的是，首先，干预后合成控制的假上海的展现率数据理应超过了真实的上海的展现率，这才能表明疫情降低了上海的展现率，其次疫情前的时期是拟合的，合成控制通过对疫情前数据的拟合会尽可能地跟上海疫情前的数据相当，当然也可能出现疫情前的时期与上海的数据完美拟合，存在过度拟合的现象，这是由选择的城市的个数决定的，假如确实选择了 50 个城市去做[假上海]的拟合，由于线性回归时选择的参数太多，因此模型过于灵

活也会出现过度拟合。

有了合成控制的[假上海]之后，可以将干预效果估计为干预结果与合成控制结果之间的差距，即

$$真上海-假上海 \tag{8-15}$$

接下来进行显著性计算，由于涉及的样本量仅有50个，不是很大，因此在确定结果是否具有统计学意义时，可以使用类似于cross_validation交叉检验的方法，即每次置换干预组和对照组，由于只有一个干预过的城市，这意味着对于每个城市都假装它是被疫情影响过的，而其他的都是对照。通过对所有城市应用合成控制，可以估计所有城市的合成状态与真实状态之间的差距。对于上海来讲这就是干预效果，对于其他非疫情城市，这就像安慰剂效应。如果将所有安慰剂效应与上海的疫情干预效果一起绘制，则可以得到一个趋势图，如图8-4所示。

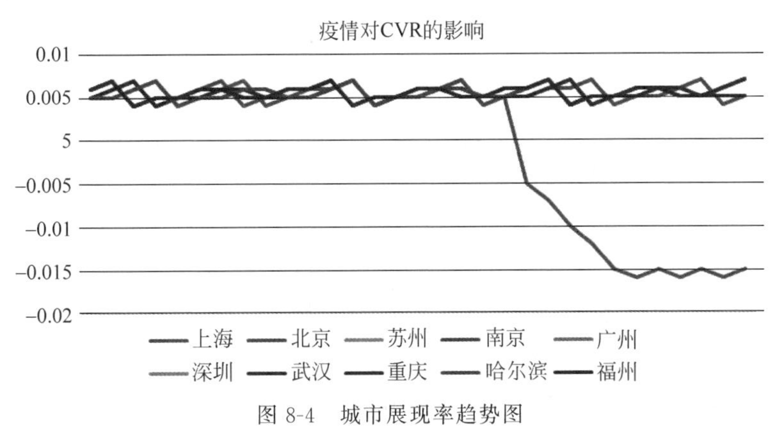

图8-4　城市展现率趋势图

并且根据所有城市干预效果的分布，可以计算上海效应量的p_value，例如聚焦一个时间点上疫情对上海的展现率的干预效果是-0.015，但在估计的所有其他50种安慰剂效应中没有一种高于上海的效应量，所以这里p非常接近于0，如图8-5所示，也可以直观地从分布上感受到上海的影响分布是收到严重影响的。

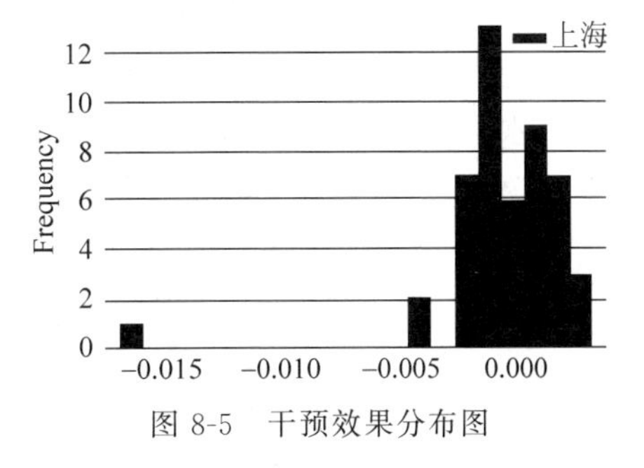

图8-5　干预效果分布图

关于合成控制法，在2015年时谷歌的数据科学团队提出了一种更加广泛的方法，称为Causal Impact。Causal Impact的模型简而言之是利用贝叶斯结构时间序列模型，通过实验之前的实验组和对照组的表现，预测在[实验阶段]，但是假设[没有实验]的情况下，实验组的数据表现，然后通过对比与真实实验组的差异，可以得到实验效应量。

8.1.5　案例58：疫情前后对于搜索的影响

举个例子，关于疫情对于搜索的影响可使用Causal Impact的方法进行量化归因，即可以对疫情城市搜索渠道的多个转化效率指标进行量化归因以制定优化策略。在疫情对疫情

城市的搜索影响中,对搜索商品流量转化效率有比较显著的负向作用,这主要受到两方面影响,一方面由于疫情影响很多商品(例如海鲜、生鲜、水果等)存在涉疫风险,本身不可以出售;另一方面多个地区物流受疫情影响无法发出、无法接受,消费者在搜到商品进行时发现商品并不可以下单,因此无法进行后续的下单动作。

还有一种方法是断点回归,它的核心思想是事物的发展、指标的趋势通常是连续的,这意味着当出现趋势线跳跃或者尖峰时,就很有可能是发生了干扰并且通常也是出现了干扰的情况。分段回归主要分为以下几种类型。

(1) 水平偏移,在趋势线上表现为一种突然的持续的变化,其中时间序列在干预后立即向上或向下移动一个定值,如图 8-6 所示。

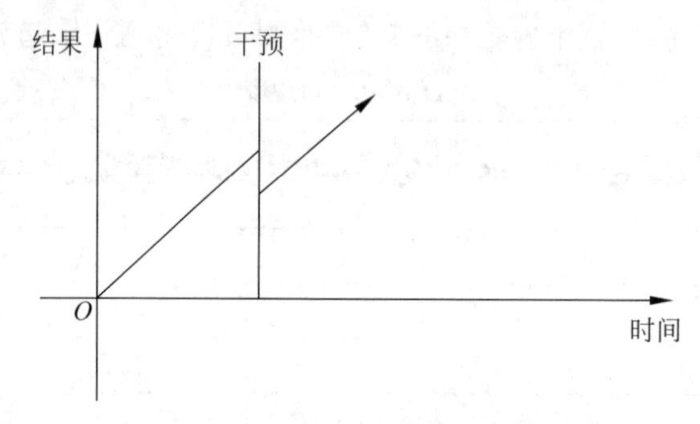

图 8-6 水平偏移图

在业务上面对应多种情况,像新开放一种业务模式、新拉流一条渠道、新减少一个收入线等。在这种情况下的阶跃变化变量在干预开始之前取值为 0,之后取值为 1。

(2) 斜率变化,在趋势线上表现为干预后立即发生斜率变化,如图 8-7 所示,在业务中经常因为一些新功能上线,或是一些新玩法的上线,导致用户的转化率发生明显变化。在这种情况下,斜率变量在干预开始之前取值为 0,并在干预之后增加 1。

(3) 临时变化,干预后立即在一个或多个时间点观察到突然、暂时的变化,然后恢复到基线水平,如图 8-8 所示,在业务中跟做业务实验、大促节气及一些特定引起数据变化的时节有关,在这种情况下脉冲变量在干预之日取值为 1,否则为 0。

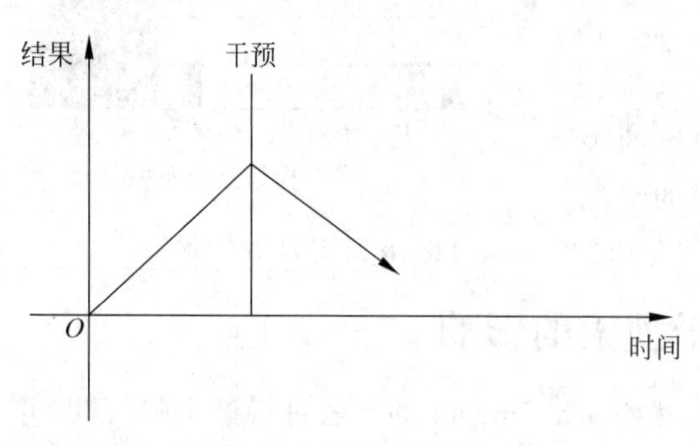

图 8-7 斜率变化图

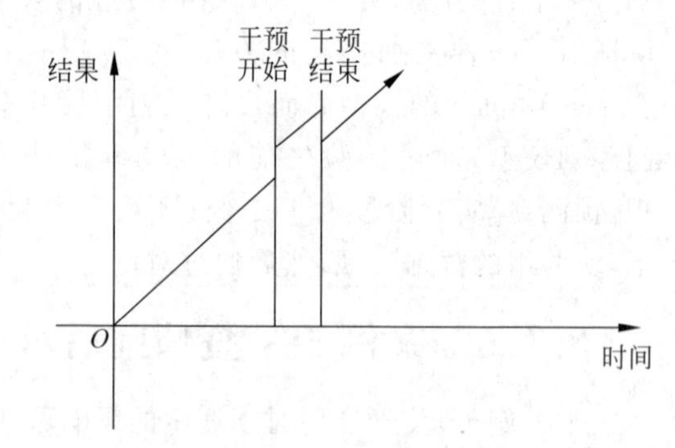

图 8-8 临时变化图

对应的这些情况从公式上表达

$$Y = b_0 + b_1 \times T + b_2 \times D + b_3 \times P + b_4 \times B + e \tag{8-16}$$

将时间定义为一个 0～N 自变量，例如时间窗口是 0～50，干预(例如大促)发生在第20～25 天，其中 T 为一连续变量，表示从观察期开始经过的时间，取值在$\{0,1,2,3,\cdots,50\}$内，用于衡量干预前的指标趋势，或是用于衡量反事实；D 为虚拟变量，表示在政策干预之前(=0)或之后(=1)收集的观察结果，D 是一个取值为 0 或 1 的变量，并且 $D_t=0$ if $t<T_0$，$D_t=1$ if $t\geqslant T_0$；P 为连续变量，表示自干预发生以来经过的时间，在干预发生之前 P 等于 0，有 $P_t=0$ if $t<T_0$，$P_t=t-T_0+1$ if $t\geqslant T_0$；B 是虚拟变量，表示在政策干预之中(=1)或之外(=0)收集的观察结果，有 $B_t=0$ if $t<T_0$，$B_t=t-T_0+1$ if $t\geqslant T_0$。

当对时间序列数据进行回归建模后，时间序列数据通常具有异方差和自相关的性质，此时使用传统的最小二乘法估计回归参数虽然仍可得到参数的无偏估计，但是由于采用传统方法计算出来的参数方法具有偏差，所以会导致参数的 T 检验不准确，常出现虚假显著的情况。为了避免这种情况，计量经济学中常对上述参数的方差进行调整，最常用的是 Newey-West 调整，关键假设是自相关在某个滞后之后为 0(例如，在滞后 1 之后自相关为 0 意味着相隔两个以上时间单位的观测是不相关的，即用 n 阶差分的方式消除自相关)。

8.2　时序预测的普遍情况

第 2 种时序预测的情况则更为普遍地应用在各行各业中，像航空公司会根据历史销售数据去预测将来几个月或几个季度的销量情况，以此来做飞机航班的排布，在这种情况下，现象的变化没有确定的形式，没有必然的变化规律，整个时间过程被称为随机过程，但实际上在研究随机过程时人们会透过表面的偶然性描述出必然的内在规律并以概率的形式描述这些规律(例如大名鼎鼎的正态分布)，因此也可以对一个随时间发展的数据进行预测，一个时间序列往往是以几种变化形式出现的，又或以它们的叠加、耦合形式出现：①趋势变动，在长时间内按某种规律较为稳定地呈现出来的持续向上、向下或保持在某一水平的变化。②季节变动，在一个年度内重复出现的周期性波动，例如气候条件、生产条件、节假日或一些风俗习惯影响的结果。③循环波动，时间序列呈现出的非固定长度的周期性变动，循环波动的周期可能会持续一段时间，但与趋势不同，它不是朝着单一方向持续地变动，而是涨落相同地交替波动。④随机变动，这是许多不可控的偶然因素共同作用的结果，致使时间序列产生一种波浪形或震荡式的变动。对每种情况使用一个跟时间 t 相关的确定的函数去描述，把随机现象的动态变化过程相对确定地计算出来就是时间序列预测。当然也有可能现象的变化没有确定形式，整个事物变化的过程不能用一个(或几个)时间 t 的确定的函数来描述，相当于是对事物变化的全过程进行一次观测，从而得到一次观察结果是一个时间 t 的函数，但对同一事物的变化过程独立地重复进行多次观测所得的结果是不相同的，也有纯随机过程的存在。如果随机变量 $X(t)(t=1,2,3\cdots)$是由一个不相关的随机变量的序列构成的，即对所有 $s\neq k$，随机变量 X_s 和 X_k 的协方差为 0，则称为纯随机过程。如果一个纯随机过程的期望和方差为常数，则称为白噪声过程，白噪声过程的样本称为白噪声序列。白噪声序列是一个有限均值、有限方差的独立同分布随机变量序列，之所以称为白噪声是因为数据特性和白光相似，白光的光谱在各个频率上有相同的强度，白噪声的谱密度在各个频率上的值相同。

除开这种没有相关性的时间序列，还有一类是平稳性序列，平稳性序列也是时间序列分析的基础。平稳的通俗理解就是时间序列的一些行为不随时间改变，平稳过程是指其统计特性不随时间的平移而变化的过程，这样才能基于历史数据表现出来的趋势，去预测未来的信息，平稳性在数学上的表达是：一个时间序列在某一常数附近波动且波动范围有限，即有常数均值和常数方差，并且延迟 k 期的序列变量的自协方差和自相关系数是相等的，或者说延迟 k 期的序列变量之间的影响程度是一样的，则称该序列为平稳序列。

根据平稳性程度的高低也分为强平稳性和弱平稳性，如果对所有的时刻 t，以及 t 时刻对应的结果($y_{t1},y_{t2},\cdots,y_{tm}$)的联合分布与($y_{t1+k},y_{t2+k},\cdots,y_{tm+k}$)的联合分布相同，就称时间序列$\{y_t\}$是强平稳的。如果时间序列的均值不变，协方差 $\mathrm{Cov}(y_t,y_{t-k})=\gamma_k$，$\gamma_k$ 依赖于 k，像这种协方差不随时间改变仅与时间 k 相关的序列称为弱平稳，它表现为时间序列的趋势图，所有数据点在一个常数水平上下以相同幅度波动。弱平稳的线性时间序列具有短期相关性，即通常只有近期的序列值对当前值的影响比较明显，间隔越远的过去值对当前值的影响越小。强平稳的要求较为严格，难以用经验的方法验证，所以一般将弱平稳性作为模型的假设条件，并且两者并不是严格的包含关系，当时间序列是正态分布时，二者等价。

8.2.1 案例59：金融中的时序预测应用

在金融数据中，通常假定资产收益率序列是弱平稳的，但还有一些研究对象(例如利率、汇率、资产的价格序列)往往不是平稳的。对于资产的价格序列，其非平稳性往往由于价格没有固定的水平，这样的非平稳序列叫作单位根非平稳序列。最著名的单位根非平稳序列的例子是随机游走(Random Walk)模型

$$p_t=\mu+p_{t-1}+\varepsilon_t \tag{8-17}$$

其中，μ 是常数项，ε_t 是白噪声序列，则 p_t 就是一个随机游走。它的形式和 AR 模型很像，但不同之处在于，AR 模型中系数的模需要小于 1，这是 AR 的平稳性条件，而随机游走相当于系数为 1 的 AR 公式，不满足 AR 模型的平稳性条件。随机游走模型可作为股价运动的统计模型，在这样的模型下，股价是不可预测的，因为 ε_t 关于常数对称，所以在已知 p_{t-1} 的条件下，p_t 上升或下降的概率都是 50%，无从预测。

在实际的业务中，比较多见的是一些带趋势项的时间序列，像是一个业务慢慢扩张、做大做强总是伴随着时间的推移 GMV 有一个增长的趋势，在大部分情况下这类时间序列可以表现为

$$p_t=\beta_0+\beta_1\times t+y_t \tag{8-18}$$

其中，y_t 是一个平稳时间序列，像随机游走模型，其均值和方差都随时间变化，而带趋势项的时间序列，其均值随时间变化，但方差则是不变的常数。单位根非平稳序列可以进行平稳

化处理并可以转换为平稳序列，例如用差分法处理随机游走序列，用简单的回归分析移除时间趋势处理带趋势项的时间序列。

对于时间序列的预测有很多种模型，其中最为广泛应用的是 ARIMA(Auto Regressive Integrated Moving Average)模型。

(1) 自回归(AR)模型，用变量自身的历史时间数据对变量进行回归，从而预测变量未来的时间数据，p 阶(滞后值，相当于每个移动窗口有 p 期)自回归公式，即 AR(p)：

$$y_t = c + \sum_{i=1}^{p} \gamma_i y_{t-i} + \varepsilon_t \tag{8-19}$$

其中，c 是常数(与序列的均值有关)，γ 是自相关系数，同时也要求 γ 大于 0.5 才有意义，ε 是误差，$\{\varepsilon_t\}$是高斯白噪声序列。假如 $p=1$，那么有 $AR(1)$：$y_t = c + \gamma_1 y_{t-1} + \varepsilon_t$，因为 ε_t 是高斯白噪声，所以 y_t 的期望 $E(y_t) = c + \gamma_1 y_{t-1}$，即 y_t 的值将以 $c + \gamma_1 y_{t-1}$ 为中心取值，其扰动(方差)就是$\{\varepsilon_t\}$的方差，并且结合前面提到的弱平稳线性时间序列的短期相关性，这说明 y_t 只与 y_{t-1} 相关，而与 y_{t-i} 都无关，这是 AR(1)的马尔可夫性质。和线性回归模型相比，AR 也被称为动态模型，它和线性回归模型的形式很像，但其实有很多不同，例如这里常数 c 是有含义的，与序列的均值相关，而且其系数 γ_i 的模必须小于 1，而线性回归中的参数没有限制。

(2) 移动平均(MA)模型，移动平均模型关注的是误差项的累加，能够有效地消除预测中的随机波动。可以看作白噪声序列的简单推广，是白噪声序列的有限线性组合，也可以看作参数受到限制的无穷阶 AR 模型

$$y_t = c + \varepsilon_t - \sum_{i=1}^{q} \theta_i \varepsilon_{t-i} \tag{8-20}$$

其中，c 是常数，y_t 是序列的均值，$\{\varepsilon_t\}$是高斯白噪声序列。

(3) 自回归移动平均(ARMA)模型有时要用很多阶数的 AR 和 MA 模型，为了解决这个问题就诞生了 ARMA 模型，对于金融中的收益率序列，直接使用 ARMA 模型的情况较少，但其概念与波动率建模很相关，GARCH 模型可以认为是对$\{\varepsilon_t\}$的 ARMA 模型

$$y_t = c + \sum_{i=1}^{p} \gamma_i y_{t-i} + \varepsilon_t - \sum_{i=1}^{q} \theta_i \varepsilon_{t-i} \tag{8-21}$$

等价于

$$y_t - \sum_{i=1}^{p} \gamma_i y_{t-i} = c + \varepsilon_t - \sum_{i=1}^{q} \theta_i \varepsilon_{t-i} \tag{8-22}$$

左边是 AR，右边是 MA，要使这个方程有意义，需要 γ 和 θ 不相等，否则这个方程所决定的过程就变成了一个白噪声序列。

(4) 自回归差分移动平均模型(ARIMA 模型)，ARIMA 模型对比 ARMA 模型就是多了一个 I，代表差分，一些非平稳序列经过 d 次差分后，可以转换为平稳时间序列，这就使很多在实际生活和业务中的数据序列有了变为平稳序列且进行时序预测的可能。对差分 1 次后的序列进行平稳性检验，如果是非平稳的，则继续差分，直到 d 次后检验为平稳序列。关

于平稳性的检验，可以比较直观地绘制滚动统计、绘制移动平均数和移动方差，观察它是否随着时间变化，当然也有比较系统的单位根检验法，以及 ADF 检验。这是一种检查数据稳定性的统计测试，原假设(无效假设)：时间序列是不稳定的。测试结果由测试统计量和一些置信区间的临界值组成。如果测试统计量少于临界值，就可以拒绝原假设，并认为序列是稳定的，或者根据 p 值检验，如果 p 值小于显著性水平，就可以拒绝原假设而认为序列稳定。

导致数据不平稳的原因有很多，其中有一些原因在进行平稳化处理之后仍然可以使用 ARIMA 模型：①趋势，随着时间产生不同的平均值，例如一年之中乘坐飞机的顾客随着时间的变化会出现上下波动，但是随着经济发展和交通技术的发达，近年来飞机的乘客数量是在不断增长的。②季节性，在特定时间框架内出现变化，这个也很多见，做服装生意的企业，因为夏天卖短袖、冬天卖大衣，往往在冬季时会有较高的客单价和销售额，而到夏天时客单价相对较低，并且即使保持和冬季一样的衣服销量，销售额也会更低，这些数据受到季节变化的影响。当然在实际业务场景上往往会把这两个特性叠加在同一个时间序列上。

平稳化的基本思路是，通过建模估计趋势和季节性这些因素，并从时间序列中获得一个平稳的时间序列，然后使用统计预测来处理时间序列，将预测得到的数据再通过假如趋势和季节性的约束，还原到原始的时间序列数据上。整个平稳化的处理过程也根据思路进行：第 1 步是对时间序列进行预处理，对某些时间序列需要取对数处理，一来可以将一些指数增长的时间序列变成线性增长，二来可以稳定序列的波动性，做完对数变换之后根据实际情况和效果分别选择差分法、平滑法或者分解法进行平稳化处理。①如果是单位根非平稳的(例如随机游走模型)，则可以直接对其进行差分，让数据变得更加平稳，差分阶数的选择通常越小越好，只要能够使序列稳定就行，在实际处理过程中也可以尝试尽可能多的不同阶数，对不同阶数的结果进行平稳性检测后，选择平稳性变现最好的阶数。②如果时间序列较近时间段的数据对下一期结果的影响权重会更大，就使用指数平滑法，指数平滑法是在移动平均法基础上发展起来的一种时间序列分析预测法，它是通过计算指数平滑值，配合一定的时间序列预测模型对现象进行预测，它的原理是任一期的指数平滑值都是本期实际观察值与前一期指数平滑值的加权平均。这种方法是生产预测、经营预测中常用的一种方法，也用于中短期经济发展趋势预测，像这些数据都是近期做得好不好，并且大概率会影响下一期的动作和发展。在所有预测方法中，它是用得最多的一种，简单的全期平均法是对时间数列的过去数据一个不漏地全部加以同等利用；移动平均法则不考虑较远期的数据，而给予近期数据更大的权重；指数平滑法会兼容全期平均和移动平均所长，在不舍弃过去数据的同时给予逐渐减弱的影响程度，即随着数据的远离，赋予逐渐收敛为 0 的权数。

指数平滑法的基本思路是预测值是以前观测值的加权和，并且对不同的数据给予不同的权，新数据给予较大的权重、旧数据给予较小的权重。加大近期观察值的权重使预测值能够反映市场的实际变化。权数之间按等比级数减少，此基数之首项为平滑常数 α，公比为 $1-\alpha$。指数平滑法对于观测值所赋予的权重有伸缩性，可以取不同的 α 值以改变权重的变化速率，α 值越小则权数变化较迅速，观察值的新近变化趋势能迅速地反映于指数移动平均值中，因此，运营指数平滑法，可以选择不同的 α 值来调节时间序列观察值的均匀程度（趋势变化的平稳程度）。

在指数平滑法中，预测成功的关键是 α 值的选择，但 α 的取值又容易受主观影响，因此合理确定 α 的取值的方法十分重要。①经验判断，这种方法主要依赖于时间序列的发展趋势和预测者的经验进行判断，听起来好像非常主观，但是在业务中，将有经验的工作人员的判断作为输入，有时实际得到的结果跟实际情况的偏差要更小。当时间序列呈稳定的水平趋势时，α 取较小值，例如 0.1～0.3；当时间序列波动较大且长期趋势变化的幅度较大时，α 应取中间值，例如 0.3～0.5；当时间序列具有明显的上升或下降趋势时，α 应取较大值，例如 0.6～1，以使预测模型灵敏度高些，能迅速跟上数据的变化。②试算法，根据具体时间序列的情况，选定一个 α 的取值范围，然后取几个 α 值进行试算，比较不同 α 值下的预测标准误差，选取预测标准误差较小的 α 值。在实际应用中，预测者需要结合对预测对象的变化来做出定性判断且计算预测误差，要考虑到预测灵敏度和预测精度是相互矛盾的，采用折中的 α 值。

选定好 α 值就可以正式开始指数平滑预测，根据平滑次数的不同，指数平滑法分为一次指数平滑法、二次指数平滑法和三次指数平滑法等。一次指数平滑法，当时间序列无明显的趋势变化时可用一次指数平滑法预测，公式为

$$F_{t+1}=\alpha X_t+(1-\alpha)F_t \tag{8-23}$$

其中，F_{t+1} 为 $t+1$ 期的预测值，X_t 为 t 期的实际观测值，F_t 为 t 期的预测值，往前递归，最后可以推出

$$\begin{aligned}F_{t+1}=&\alpha X_t+(1-\alpha)\alpha X_{t-1}+(1-\alpha)^2\alpha X_{t-2}+\cdots+\\&(1-\alpha)^n\alpha X_{t-n}+\cdots+(1-\alpha)^t\alpha F_1\end{aligned} \tag{8-24}$$

二次指数平滑，二次指数平滑保留了趋势的信息，使预测的时间序列可以包含之前数据的趋势，二次指数平滑通过添加一个新的变量 t 来表示平滑后的趋势。

$$\begin{aligned}S_t^{(1)}&=\alpha X_t+(1-\alpha)S_{t-1}^{(1)}\\S_t^{(2)}&=\alpha S_t^{(1)}+(1-\alpha)S_{t-1}^{(2)}\end{aligned} \tag{8-25}$$

最后预测值是 $y_{t+T}=A_t+B_tT$，$A_t=2S_t^{(1)}-S_t^{(2)}$，$B_t=\frac{\alpha}{1-\alpha}(S_t^{(1)}-S_t^{(2)})$。

(3) 三次指数平滑，三次指数平滑在二次指数平滑的基础上再平滑，保留了季节性的信息，使其可以预测带有季节性的时间序列。

$$\begin{aligned}S_t^{(1)}&=\alpha X_t+(1-\alpha)S_{t-1}^{(1)}\\S_t^{(2)}&=\alpha S_t^{(1)}+(1-\alpha)S_{t-1}^{(2)}\\S_t^{(3)}&=\alpha S_t^{(2)}+(1-\alpha)S_{t-1}^{(3)}\end{aligned} \tag{8-26}$$

预测未来 T 期的预测值为 $y_{t+T}=A_t+B_tT+C_tT^2$，$A_t=3S_t^{(1)}-3S_t^{(2)}+S_t^{(3)}$，$B_t=\frac{\alpha}{2(1-\alpha)^2}[(6-5\alpha)S_t^{(1)}-2(5-4\alpha)S_t^{(2)}+(4-3\alpha)S_t^{(3)}]$，$C_t=\frac{\alpha^2}{2(1-\alpha)^2}(S_t^{(1)}-2S_t^{(2)}+S_t^{(3)})$。

除平稳化模型的选择外，模型也需要定阶，也就是ARIMA模型里面的 p、q、d 的选择，判断阶数主要依靠观察ACF和PACF图进行，时间序列的自相关系数为

$$\mathrm{ACF}(k)=\frac{\mathrm{Cov}(y_t, y_{t-k})}{\mathrm{Var}(y_t)}=\frac{\gamma_k}{\gamma_0} \tag{8-27}$$

在弱平稳的状态下，y_t 和 y_{t-k} 的方差一样的，即都是 γ_k，而自协方差只与 k 有关，所以自相关系数也是一个关于 k 的函数，如果对所有 $k>0$ 都有 $\mathrm{ACF}(k)=0$，就可以认为这个弱平稳序列与序列不相关，例如白噪声序列就与序列不相关，其自相关系数为0，但ACF其实不能真正地表现 y_t 和 y_{t-k} 之间的相关性，它还掺杂了两者之间的 $k-1$ 个变量与其的相关性，PACF则能够剔除这些其他变量的影响，单纯地表现 y_t 和 y_{t-k} 之间的相关性。通过观察ACF和PACF图可以判断 p 和 q 的阶数，系数越大说明越序列相关，对应的阶数可选；系数趋于0说明与序列无关，对应的阶数不可选。

对于个数不多的时序数据，可以通过观察自相关图和偏相关图进行模型识别，倘若要分析的时间序列数据量较大，例如要预测每只股票的走势，就不可能逐个去调参了。这时可以依据AIC(Akaike Information Criterion，赤池信息度量准则)或BIC(Bayesian Information Criterion，贝叶斯信息度量准则)准则识别模型的 p、q 值，通常认为AIC或BIC值更小的模型相对更优。AIC或BIC准则综合考虑了残差大小和自变量的个数，残差越小AIC或BIC值越小，自变量个数越多AIC或BIC值越小。AIC或BIC准则可以说是对模型过拟合设定了一个标准。

除经典的ARIMA模型之外，实际上也有很多别的时间序列预测模型，这些模型大多诞生在实际的业务场景中，一些无法被ARIMA模型覆盖的场景，例如条件异方差模型，它是一种出现在金融行业的模型，在期权交易中，波动率是标的资产的收益率的条件标准差。之前的平稳序列假设方差为常数，但当序列的方差不是常数时，需要用类似波动率等一些表述变化趋势的数进行描述。对于金融时间序列，波动率往往具有以下特征：①存在波动率聚集现象，即波动率在一些时间段上高，在一些时间段上低。②波动率以连续时间变化，很少发生跳跃；③波动率不会发散到无穷，而是在固定的范围内变化；④杠杆效应，波动率对价格大幅上升和大幅下降的反应是不同的。

给资产收益率的波动率进行建模的模型叫作条件异方差模型，这些波动率模型试图刻画的数据的特性是，它们是序列不相关或低阶序列相关的，但又不是独立的，例如股票的日收益率可能相关，但月收益率则无关，波动率模型就是试图刻画序列的这种非独立性。

定义信息集 F_{t-1} 是包含过去收益率的一切线性函数，假定 F_{t-1} 给定，那么在此条件下时间序列 y_t 的条件均值和条件方差分别表示为

$$\begin{aligned}&\text{均值方程 } \mu_t=E(y_t \mid F_{t-1})\\&\text{波动率方程 } \sigma_t^2=\mathrm{Var}(y_t \mid F_{t-1})=E((y_t-\mu_t)^2 \mid F_{t-1})\end{aligned} \tag{8-28}$$

条件异方差模型就是描述 σ_t^2 的演变的，σ_t^2 随时间变化的方式可以用不同的波动率模型来表示，其建模方式就是对时间序列增加一个动态方程，以此来刻画资产收益率的条件方差随时间演变的规律。

像 ARIMA 模型一样，条件异方差模型也可以进行自回归，称为 ARCH(Auto Regressive Conditional Heteroskedasticity，自回归条件异方差)模型。ARCH 模型将当前一切可利用信息作为条件，并采用某种自回归形式来刻画方差的变异。对于一个时间序列而言，在不同时刻可利用的信息不同，而相应的条件异方差也不同，利用 ARCH 模型可以刻画出随时间而变异的条件方差。

ARCH 模型的基本假设是，资产收益率序列的扰动$\{\varepsilon_t\}$序列不相关，但又不独立。$\{\varepsilon_t\}$的不独立性可以用其延迟值的简单二次函数来描述

$$\begin{aligned} \varepsilon_t &= \sigma_t \mu_t \\ \sigma_t^2 &= \alpha_0 + \sum_{i=1}^{m} \alpha_i \varepsilon_{t-i}^2 \end{aligned} \tag{8-29}$$

其中，$\{\mu_t\}$是均值为 0 且方差为 1 的独立同分布随机变量序列，通常假定其服从标准正态分布或标准化学生－t 分布；$\alpha_0>0$、$\alpha_i(i>0)\geqslant 0$，并且能够保证 ε_t 的无条件方差是有限的。

ARCH 效应从实际的业务场景来看是指大的、过去的、频繁扰动会导致信息 ε_t 大的条件异方差，从而 ε_t 有取绝对值较大的值的倾向。也就是说，在 ARCH 的框架下，大的扰动会倾向于紧接着出现另一个大的扰动，这跟波动率聚集的现象相似。所谓的 ARCH 模型效应也就是条件异方差序列既与序列无关，但又不是独立的。

虽然 ARCH 模型简单，但为了充分刻画收益率的波动率过程，往往需要很多参数，有时会需要很高的 ARCH(m)模型，因此 ARCH 模型有一个推广形式，称为广义的 ARCH 模型(GARCH)。

$$\begin{aligned} \varepsilon_t &= \sigma_t \mu_t \\ \sigma_t^2 &= \alpha_0 + \sum_{i=1}^{m} \alpha_i \varepsilon_{t-i}^2 + \sum_{j=1}^{s} \beta_j \sigma_{t-j}^2 \end{aligned} \tag{8-30}$$

其中，$\alpha_0>0$，$\forall i>0$：$\alpha_i\geqslant 0$，$\beta_i\geqslant 0$，$\alpha_i+\beta_i<1$。对 $\alpha_i+\beta_i$ 的限定保证扰动序列的无条件方差是有限的，α_i 和 β_i 分别叫作 ARCH 参数和 GARCH 参数。与之前 ARCH 模型的建立过程类似，不过 GARCH(m，s)的定阶较难，一般使用低阶模型，如 GARCH(1，1)、GARCH(2，1)、GARCH(1，2)等。

在实际应用过程中也有很多的算法封装包可以进行直接使用，甚至在搜索引擎上直接搜索也可以找到很多可以进行所谓智能时序预测的，它们大部分根据数据的季节性进行指数平滑回归，这种算法并不适用于所有情况。

8.2.2　案例 60：电影票房预测

举个例子，某个时间段出现了很多好看的电影，根据这些电影的主演阵容、上映前的舆情情况、整体上映加播中的宣传情况，可以对电影的票房进行基本预测，例如可以预测首周票房、总票房等。像这种票房预测就可以使用很多软件的封装预测包，因为本身电影市场发展就存在一定的客观规律，简而言之，根据历史票房变化的趋势可以对总票房进行预测，通过对各导演、演员制作的历史电影质量、票房情况、SEO 情况等预测出各电影票房占比，之

后综合预测出各电影的实际票房。

拿具体的情况来讲，2019 年时电影市场还比较火热，春节档更是兵家必争之地。当时的电影有《疯狂外星人》《流浪地球》《飞驰人生》《新喜剧之王》等，在不参考实际后面票房情况的前提下，通过前期的数据收集，得到了关于这几部电影的一些预测，见表 8-5。

表 8-5　春节档电影票房预测表

电影名称	预测首周票房	预测总票房
疯狂外星人	14.91 亿元	36.84 亿元
飞驰人生	11.65 亿元	29.45 亿元
流浪地球	9.37 亿元	26.88 亿元
新喜剧之王	5.50 亿元	10.86 亿元

而实际上，如果使用截止至 2019 年 2 月 12 日早上 9 点，来看一下首周的票房对比结果，见表 8-6，这样的测算结果还是比较理想的，除了《流浪地球》没能预测准确以外，其他电影的预测结果偏差都比较小，这样的结果是怎么产生的呢？

表 8-6　电影票房实际结果表

电影	预测	真实	误差	误差率	准确率
流量地球	9.37 亿元	23.93 亿元	14.56 亿元	60.84%	39.16%
疯狂外星人	14.91 亿元	15.68 亿元	0.77 亿元	4.91%	95.09%
飞驰人生	11.65 亿元	11.35 亿元	−0.3 亿元	2.64%	97.36%
新喜剧之王	5.50 亿元	5.48 亿元	−0.02 亿元	0.37%	99.64%

具体实现步骤为，第 1 步，获取数据，通过在各类影评网（如 m1905、票房网、豆瓣电影等网站）获取电影票房、质量、属性等数据，并且实际上在用户的评论中也会有更多的信息，也可以通过文本匹配识别进行抓取，从中找到历史上电影中跟票房强相关的因素，例如电影质量、电影宣传力度、档期电影总票房，其中电影宣传力度和档期电影总票房都比较好处理，因为电影宣传力度可以通过搜索指数来衡量，像在百度指数、微信指数、淘票票指数上都可以看到各部电影的搜索数据，表 8-7 为某一时期四部电影在各平台上的搜索指数情况。

表 8-7　四部电影在各平台上的搜索指数情况

电影	百度搜索指数	腾讯搜索指数	微博搜索指数	猫眼搜索指数	淘票票搜索指数
飞驰人生	6666	2716	11 858	321 413	589 217
疯狂外星人	9848	2183	17 468	378 409	670 998
新喜剧之王	28 026	3641	8808	242 990	369 867
流浪地球	30 341	3767	4597	186 006	260 897

从历史数据上可以发现，这些指数在电影上映前就与电影票房呈正相关关系，也就是指数越高票房越高，这里之所以需要强调这些指数在电影上映前是因为实际上搜索数据在电影上映后也可能随着电影热度发酵而上升。将搜索数据作为一个单独的指数加入预测算法中，也作为一个关键指数即可，而档期电影总票房也作为重要因素，更多的是因为它跟电影

票房呈高度正相关。实际上，同一时期当有电影出现较高热度和票房时，该时期的总票房总会出现较大的涨幅。

这里较为难定义的就是电影质量，不同的电影质量会严重影响电影的票房和它在该档期中的票房占比。对于电影来讲，导演和演员实际上是比较固定的因素，一部电影选择了什么导演及什么演员阵容，他们自身的导演水平和演技水平就基本决定了电影质量，从而影响电影票房。

为了客观地衡量导演、演员水平，根据历史电影评分、导演信息、演员信息、票房信息、电影类型信息、评价信息等特征进行组合，最终可以得到70多个特征，再结合历史票房数据通过加权算法分析得到四部电影的票房占比情况，进而得出电影的预测票房。

8.2.3 案例61：店铺选址

除了电影行业，很多传统销售业也大量地进行预测分析，像一些大型的服饰行业，每年都会在全国开设许多门店，这就涉及店铺的选址问题，选址的好坏会直接影响店铺的收入情况。传统的做法是组建一个选址团队，到现场进行实地考察，对当地商业环境进行走访调查，然后通过多名调查员相对主观的判断，统计出在这样的商业环境下大概的销售情况会是怎样的，然后对多个地方的情况进行对比，依据经验判断更加合适的地方，但实际实施起来，这种方法的成本很大，不但历时长效率低，而且更多地掺杂了主观臆断和经验，容易出现较大的误差，这也是为什么在以前一个会做生意的和不会做生意的人差距会很大。

然而现在在大型公司的实体店选址上，更多地采用数据的方法进行挖掘，从而确定选址。就拿A服装公司举例，具体步骤为①获取数据并处理。服装公司原有的数据包括已有店铺的一些基础属性数据(包括地址、大小、装修、人员配置等)及店铺的历史销售数据。对这些数据进行统一化处理，另外在实际的数据处理过程中可能会发生一些数据获取不到的情况，例如实际对一个未开店地区的即将开设店铺来讲，基础属性值可能还不确定，能收集到的数据主要是当地商业环境的数据，例如人流量、消费水平、消费喜好等客观条件数据，其实也需要对已有店铺的这方面数据进行扩充。不管是通过业务上的输入还是用算法往前推演，通过缺失值填补、异常值删除等方式把数据处理成标准化的数据；②特征工程和建模，所谓的特征工程就是与预测结果相关的特征指标的组合，也就是与新店铺相关的销售额特征组合。该项目的原始数据加上结合业务知识生成的组合特征与Leakage特征，构建的特征工程可能超过80个，实际上特征与特征之间有些是强关联的，是需要去除的。例如商场的每分钟进人和人流量大概率是极度相关的，在一些情况下，两者只取一个即可；同时也会有很多跟结果关联性不大的特征，这些特征从业务上并不好判断，例如商场的人流量跟商场入口的多少是否有关联、跟卫生间的多少是否有关联，通过CFS、MRMR、MBF等方法综合分析，还可以去除一些相关性权重不高的特征，最终可以得到对结果有效的特征。随后就是建立算法模型，像选址这种项目，因为不同的选法和配比会出现多种不同情况，所以适合的算法有决策数、随机森林、回归、XGBOST等。通过模型准确率及模型与业务的契合度对比，选择随机森林作为模型算法；③模型优化，模型优化主要是在找到模型可改进的地方之后所做的事情，例如模型算法的参数调整、特征工程调整等。该项目中模型优化过程除了参数调整，主要就是依据业务进行特征工程的调整及数据清洗。例如在业务研究过程中发现新的相关特征，需要将其加入特征工程。例如发现不同的店铺门面朝向会影响店铺的销售情况，而后把店铺门面朝向也作为一个特征放入算法中，或者通过对数据的探查发现特征工程的调优。实际上当一个算法中对象很多且不加分层地进行计算时，经常会发现整体结果的偏差较大，例如一条街上有 20 家店铺，其中有 5 家是头部店铺，像星巴克、KFC、麦当劳等，还有 10 家是中部店铺，如连锁水果店、连锁理发店等，剩下 5 家是生意本来就已经相对较差的店铺，如果把它们都放在一起进行算法模型计算，则很可能会出现数据被极端案例带偏的情况，而根据实际业务情况可以发现头部店铺的各项数据与中部店铺、尾部店铺相差都较大，那在实际处理数据时就可以对它们分开进行计算；④得出结果，当模型误差调整相对准确时就可以进行预测了，相当于用新店铺的各项特征进行代入，从而预测销售情况。

第9章

数据可视化：清晰地展示数据分析结果

数据分析结果如果没有良好的图标数据能力来表现，则无论多强的分析能力都难以被展现出来。数据图表相当于整个数据分析过程的结果展现，也就是数据分析师所输出的最简单明了的结论。如果在报告上堆砌数字和表格对于数据分析汇报对象或者数据分析报告的读者来讲都是件非常困难的事，因此使用合适的图表来呈现合适的数据是可以让数据更容易被读者所理解的，这种把数据转换成可读形式的方法称为数据可视化。

9.1 数据可视化基础

狭义上，所谓数据可视化就是通过统计学方法发掘数据真相，并借助可视化的方法表现出来。究其原因，一方面原始数据中隐含着一些趋势或模式，通常很难直观地把握这些隐含的信息，而图形和图像能够发现、分析出这类隐含信息；另一方面，数据的可视化能帮助数据跟业务更好地进行沟通，把要表达的信息传递给对方，其中图表是数据可视化的主要载体，如图9-1所示。

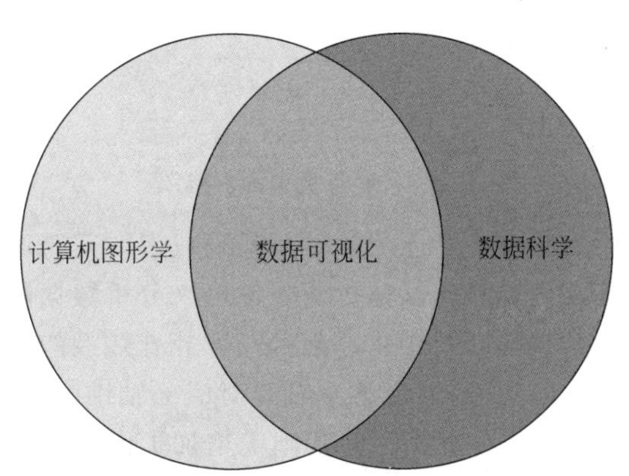

图9-1　数据可视化的位置

如何选择合适的图表？通常提到图表，脑海里最先浮现的就是"折线图""柱状图"等。如果在选择图表时第一时间想到的是"图表应该长啥样"，基本上就开始陷入"拿着锤子找钉子"的误区了，因此，抛开图表类型，回归数字本身的类型适合什么图表才是选择合适图表的第1步。

图表是客观数据和主观目的的呈现，因此在选择图表时最该思考的是“有哪些数据”和“期望表达什么”，就好比今晚吃什么取决于想吃什么和冰箱里有什么。从这两个基本点出发，首先以功能性的角度对图表进行归类，先解决有哪些数据的问题，当数据出现趋势性时，可以选择表现趋势类型的图表，如折线图、面积图、堆叠面积图等；当数据出现分布特征时，可以选择散点图、气泡图、地图等来反映分布情况，如图 9-2 所示，图表的每个分类下根据侧重点的不同可以细分出来各种具体的图表类型，各有各的特点，需要根据具体场景和数据特点来选择。

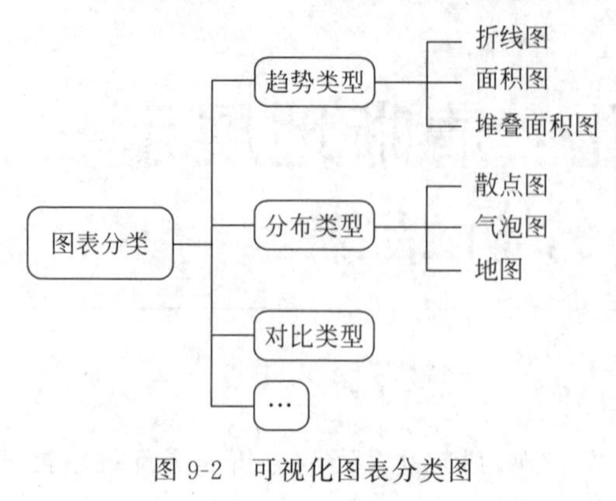

图 9-2　可视化图表分类图

9.1.1　案例 62：生活开支可视化

举个例子，就拿生活中的场景解释，小王感觉最近生活越来越拮据，工资方面其实没增没减，无法“开源”。那就需要“节流”，因此需要从支出上找问题。预期之中应该可以发现支出是呈上升趋势的，所以选择趋势类型的折线图，如图 9-3 所示。

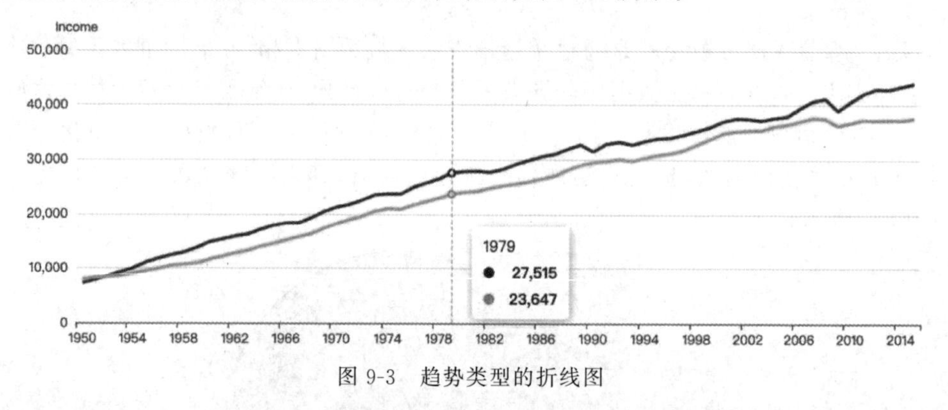

图 9-3　趋势类型的折线图

趋势类图表用于显示数据在一个连续的时间间隔或者时间跨度上的变化，通常是用来反映因变量随着自变量变化的趋势。就像折线图常用来分析数据随时间的变化趋势一样，也可用来分析或预测多组数据随时间变化的趋势与互相作用及影响。一般来讲，自变量 x 轴是有序的维度，例如日期、时间等，因变量 y 轴是对应 x 轴维度上的度量值。

面积图，如图 9-4 所示，则是在折线图的基础上增加了面积来突出趋势的视觉表达，在这个点上它和折线图的作用及应用场景差距不大，但更多的是，面积图有另一种使用方法。通过趋势图首先可以发现，小王的支出确实每月一直在上升，但是并不知道为什么是这样或者说其中是什么类型的支出在真正地上升，从而带动了全部支出的上升。

因此，面积图就是折线图的进一步的可视化，可以得到堆叠面积图。在堆叠面积图中，

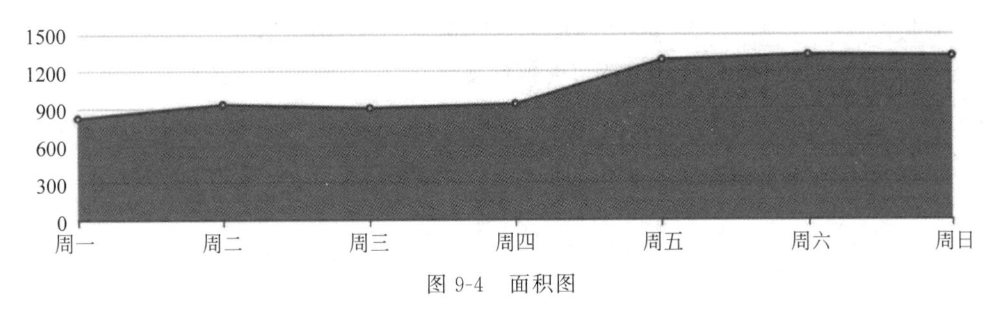

图 9-4　面积图

每组数据的纵轴坐标都是基于前一组数据的坐标为起点，因此就可以在图表中看到整体的各组数据累加的趋势，如图 9-5 所示，像图中一样可以发现，蓝色、黄色、绿色是最近增长的主要原因，堆叠面积图能够在表达趋势对比的同时，也表达出每组数据与整体的趋势和占比关系，因此它也是一个占比类的图表，蓝色代表的是吃喝，黄色代表的是买衣服，绿色代表的是玩游戏，这几个支出的增长就是造成小王生活成本日益增高的原因了。

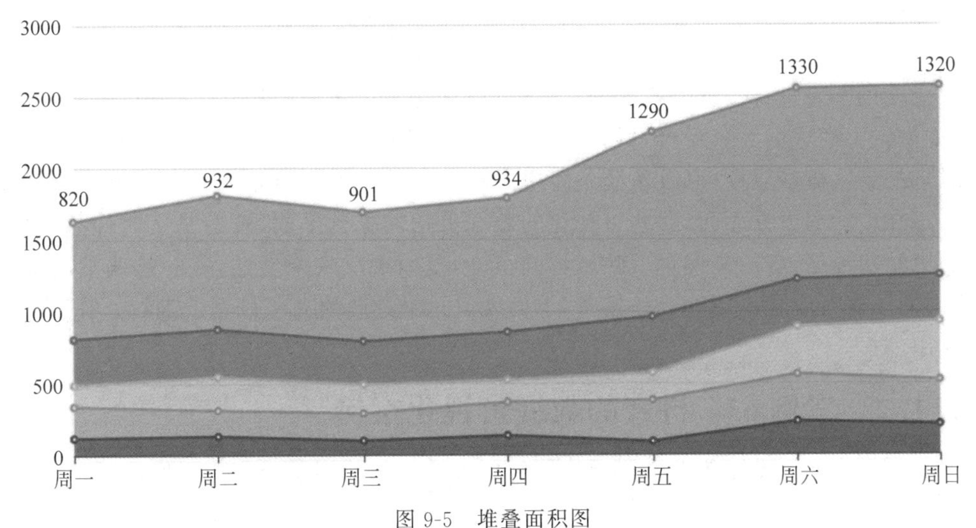

彩图 9-5

图 9-5　堆叠面积图

当然趋势图也需要客观准确地使用，坐标轴选择的不同其实从可视化的角度来看，得出的趋势也完全不同，还是拿小王举例，小王这段时间虽然支出一直在上涨，但是其实工资也一直在提升，于是他画了一个自己工资的折线图，想看一看趋势，如图 9-6 所示。

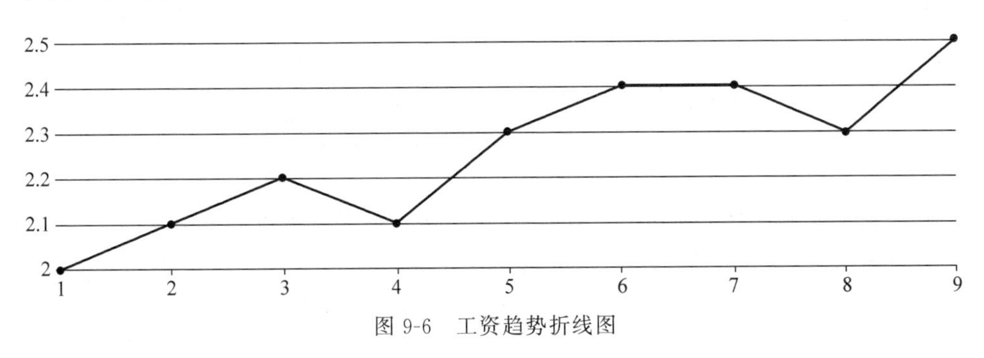

图 9-6　工资趋势折线图

通过图表小王发现，自己工资上涨明显，深感未来可期，但为什么即使这样增长居然仍然覆盖不了开销，难道是物价疯涨，货币贬值严重？实际上，图中的纵坐标是从 2 到 2.5 的，趋势被放大了，如果把纵坐标调整为 0 到 2.5，看到的图像就是另一种趋势，如图 9-7 所示。

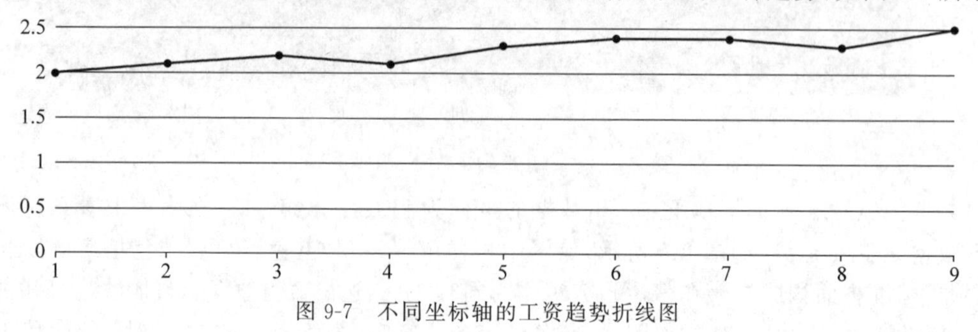

图 9-7 不同坐标轴的工资趋势折线图

实际上纵坐标的选择不同主要会反映在什么坐标段的变化趋势是强烈的。在图 9-6 中每两条坐标虚线间的数值差距是 0.1，在图 9-7 中每两条坐标虚线间的数值差距是 0.5，所以图 9-7 中相同的数值变化，趋势上会没有那么强烈。

除了使用图表进行数据分析报告，数据可视化现在更多地应用在一些业务的核心场景中，例如淘宝上商家的商家后台，抖音上电商直播使用的直播后台，气象局的气象监控大屏，旅游景点的景区流量监控，以及医院各科室的挂号和等待的人流量监控等。可视化的数据几乎渗透在生活的方方面面，这些可视化的数据根据需求的不同，有的是实时性的数据，有的是历史性的数据，有的是偏重反映趋势的，有的是偏重反映峰值的，有的是偏重反映权重的，不同的图表对应着不用的业务场景，下面就以几个具体的大项目例子来看一看数据可视化的应用。

9.1.2 案例 63：抖音的数据可视化案例

作为占据了当前大多数人碎片时间的热门 App 抖音来讲，日益庞大的用户量让它具有进行多种商业变现的可能。在近几年直播电商爆发的背景下，抖音也以直播为切入点进行了电商变现。区别于传统货架电商的后台数据，直播电商的业务角色更多，场景也更复杂，不同角色在不同视角和场景下的诉求各不相同。为此抖音也集平台之力开发了一款叫作电商罗盘的直播后台。

抖音电商罗盘作为一个电商侧全视角的数据平台，在平台上可以从商家、达人和机构等多重视角一站式地使用数据可视化、分析与决策能力，通过基于不同视角的需求，产生了许多业务驱动下的图表。在大部分业务场景下，真实的数据并不好看，例如在漏斗图 9-8 中，斜率用来表达当前环节的转化情况，当转化率低时，整个图表看上去就没那么和谐了，不太符合设计人员的预期。

因此在制作一个数据可视化的工具时，也不是单用图表就可以完全呈现的，相关地使用一些计算机图形学、数据科学、知识说明、修饰手法尽可能地把业务的核心问题描述出来。同样的漏斗数据在抖音电商罗盘上可能的呈现形式如图 9-9 所示。

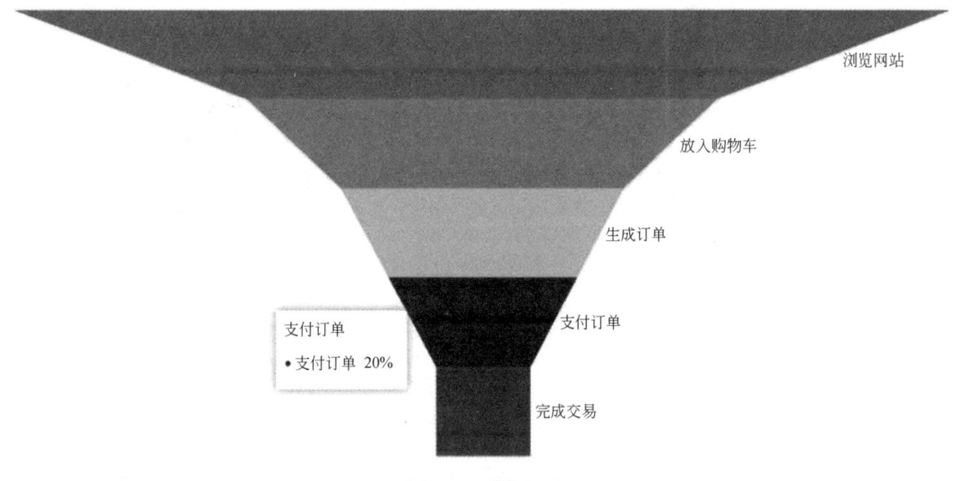

图 9-8 漏斗图

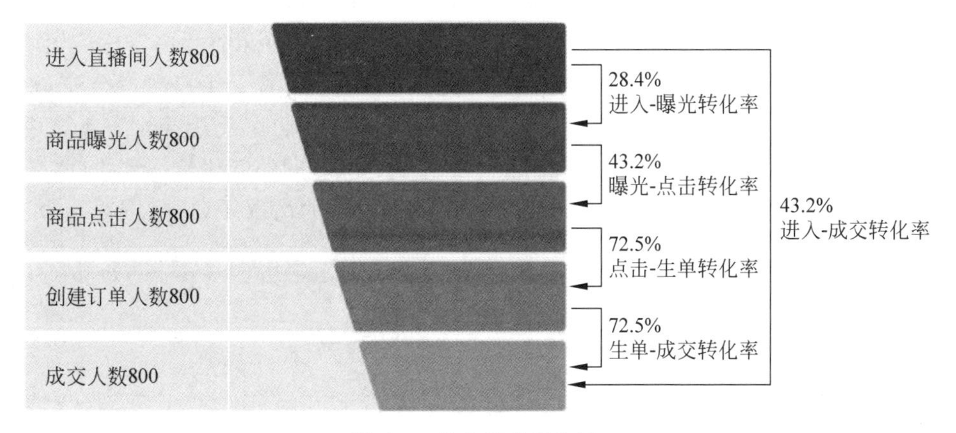

图 9-9 优化后的漏斗图

图中的信息点在于，没有过度地从图表的形状上体现数值的大小，而是只保留了漏斗图的形状，通过额外的说明性数字把每个转化率都标注出来，从数字上也能知道高、低值出现在哪个环节，这一设计的根本在于，从业务方来讲，这个业务周期内的工作目标基本是围绕某个或某几个环节的转化率做提升工作的，所以在查看数据时本身业务也会去关注数字本身，而不是只看漏斗大小。结合业务需求做出的漏斗图既满足了美观度，同时也把数字情况描述了出来。又例如一次直播当中很多数字都需要运营来观察它们的分布情况，像商品价格带、观众画像、商品类目等，常规情况下会通过饼图来呈现一个字段的占比，当然，在实际业务中经常需要横向对比两个或多个字段的占比情况，例如商品类目和商品价格带横向对比可以发现一个直播间既卖美妆也卖小零食，那购买不同类目的人数就与购买价格带的人数分布情况呈现相同的分布，即购买美妆商品和小零食不同类目的人数占比，以及购买不同价格带的人数占比，二者可以相互对应，因此可以使用环形饼图表示，如图 9-10 所示。

使用环形饼图的好处在于可以把几个不同的环嵌套起来，以便同步对比数据。实际上

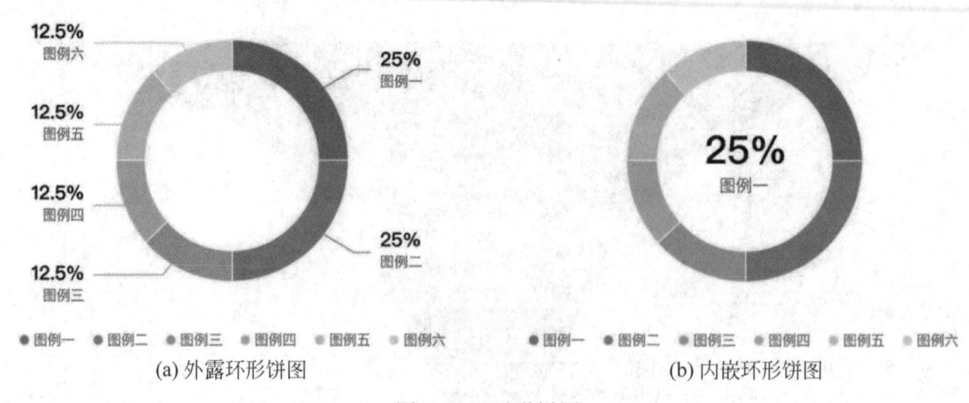

(a) 外露环形饼图　　(b) 内嵌环形饼图

图 9-10　环形饼图

很多图表制作是基于业务上两个数值的联动关系的，例如在直播间中直播间的流量可能跟开播的时间有关系。在直播间刚开播时由于观众在陆续进场，在直播刚开始时直播间的观看人数是不高的，但是随着直播的持续，根据最开始进场观看的种子用户的反应，导流的算法会根据用户反应的好坏来决定接下来对直播间引流的大小，如果直播内容比较优质，则随着直播时间的变长，观看用户也会越来越多，因此从单场来看，观看用户数量会随着直播时间的持续而不断提高。如果从多场来看，单场直播时长更高的场次观看人数应该更高，如图 9-11 所示，可以看到在 12 月 6 日之前，整体 PV 变化和时间的变化是一致的，但 7 日和 8 日的直播时间很短，但仍然有很高的 PV，这就属于不正常的情况了，通过图表可以去定位问题的位置，进而深入地进行分析。

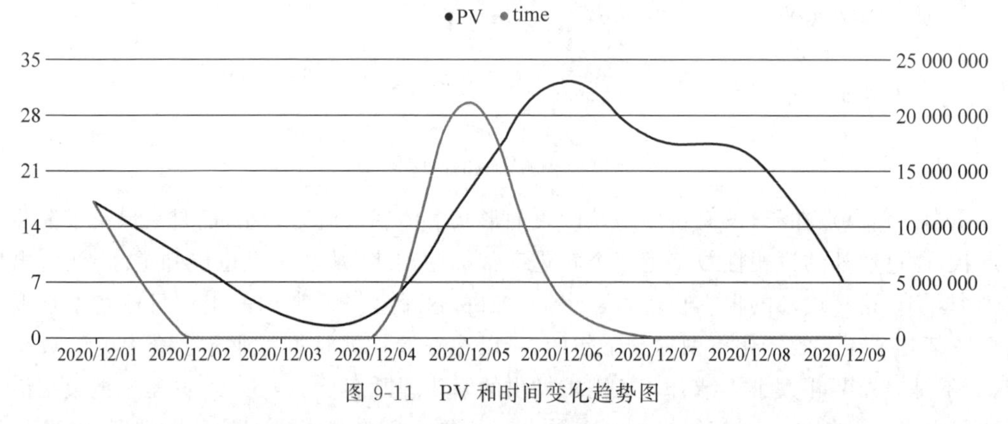

图 9-11　PV 和时间变化趋势图

通过合适的图表展现数据自身的变化及多个数据的关联关系是数据可视化的基本能力，随着业务的不断深入，更多好用且承载更多信息的图表也应运而出，例如如下几种图表。

9.1.3　案例 64：旭日图

旭日图，如图 9-12 所示，旭日图由多个同心圆组成，每个圆环层代表不同层级的数据，这些数据能清晰地表示多层级的归属关系。最内层级别最高，越往外分类越细、越具体。内层圆环是外层圆环的父类（上一层级），同一层级中面积越大，表示该项的占比越大，如图例所示，最内层为教师等级分类，往外一层根据每种类型教师的课程分成对应等级下各种课程的分布情况，并根据每个分类下的占比使用不同大小的面积，再往外一层根据性别进行分类。通过这张图既可以获得男、女教师比例的情况，又可以获得不同课程的比例情况，以及不同等级教师的比例情况。

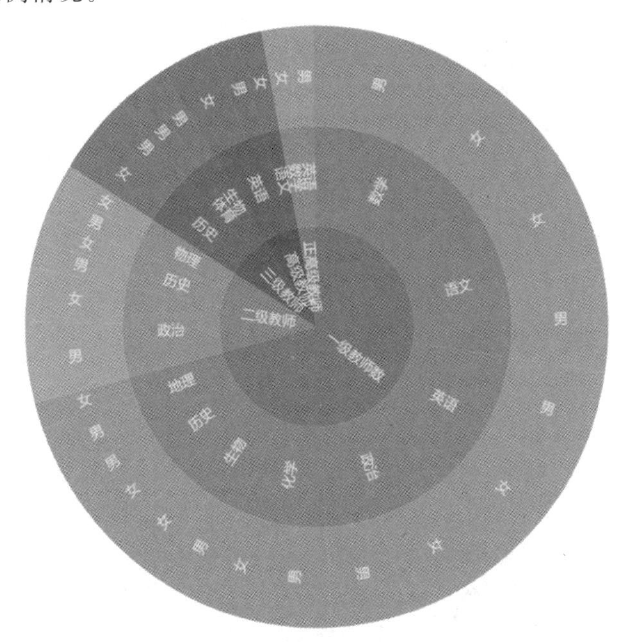

图 9-12 旭日图

9.1.4 案例 65：散点图

散点图如图 9-13 所示，散点图由大量的分散的小点组成，每个小点的位置通过两个轴的对应值确定。散点图的优势在于通过观察数据点的分布情况，可以绘制趋势曲线，或者观

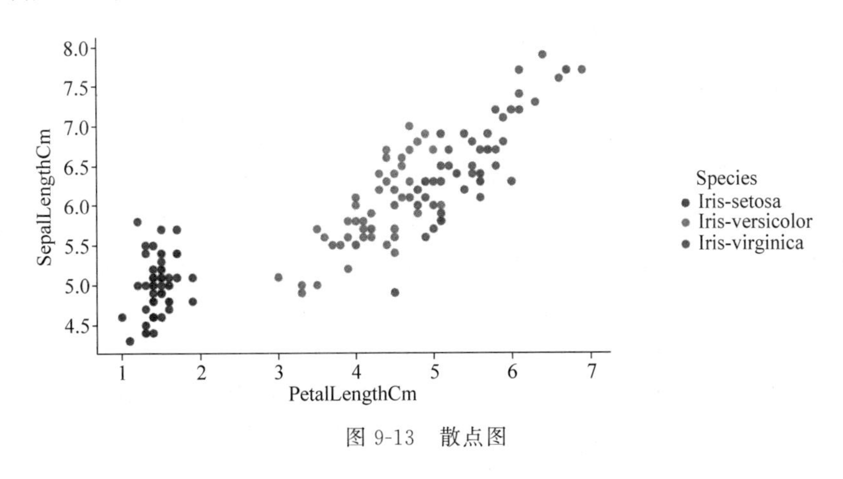

彩图 9-13

图 9-13 散点图

察多个变量之间的相关性，在实际的业务场景中很多数据都不会是连续的数据，例如自媒体账号的内容更新很可能是一周更新5篇，但是中间有时不更新，如果想去看流量跟时间的关系，就会出现数据不连续的情况，这时如果想要观察实际的数据情况，就要通过能反映离散数据情况的散点图。

9.1.5 案例66：热力图

热力图如图9-14所示，当业务数据需要和地图、区域结合时，热力图是最常用的图表，像医疗单位、交通单位需要观察病情在地区上的传播情况，以及交通在整个城市的拥堵情况，这时通常会使用热力图，一般的智慧城市大屏的中心就是一张热力图，用来实时观察当前的情况，而在互联网领域中也会通过热力图来观察自身的用户活跃在什么区域、消费用户主要分布在什么省份，用于有针对性地进行运营。

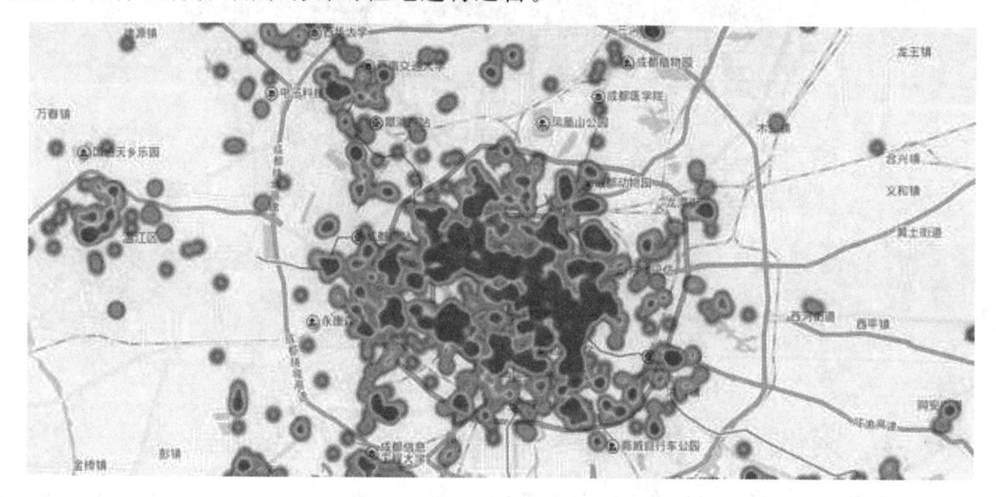

图9-14 热力图

9.1.6 案例67：箱线图

箱线图如图9-15所示，箱线图用来反映一组或多组连续型定量数据分布的中心位置和散布范围，箱线图中的箱子中间有一条较粗的线，代表数据的中位数，箱子的上下底分别是数据的上四分位数和下四分位数，这意味着箱体包含了50%的数据。

因此，箱子的高度在一定程度上反映了数据的波动情况，箱子越扁说明数据分布得越集中，上下边缘则代表该组数据的最大值和最小值，箱子外部的数据可以理解为异常值。图中是不同学历下的薪资分布情况，通过观察中位线在箱子里的位置可以判断，如果中位线在箱子的偏下方，则说明整体数据分布是偏下的，大部分说明学历的薪资基本是偏下的，高薪的较少，同时学历越低的箱子越扁，学历越高的箱子越大。也就说明了高学历人士的薪资空间很大，并且不同人之间的差异也是比较明显的。观察最大值和最小值可以发现学历越高，合理上限也越高，但是在不同学历段也有异常值可以达到较高的水准。

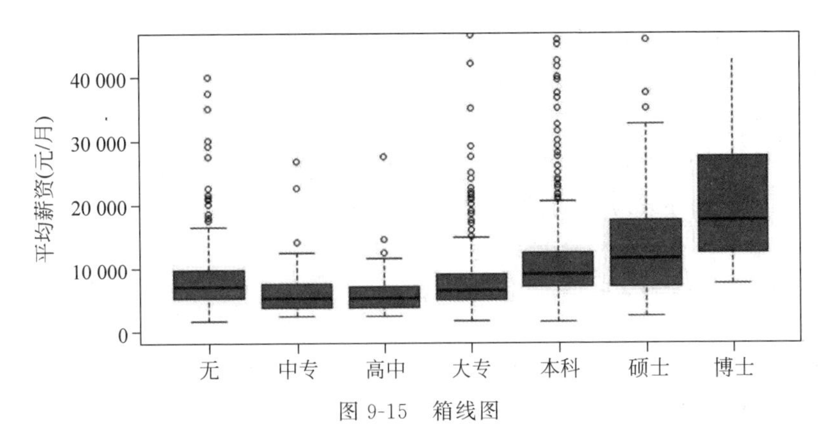

图 9-15　箱线图

随着技术的发展，可视化这个概念也不再只局限于图表，而是衍生出了“数据视觉”的概念。

9.1.7　案例 68：霍乱发生原因图

19 世纪中期，伦敦西部爆发霍乱，当时许多医生认为霍乱和天花是由瘴气或从污水及其他不卫生的东西中产生的有害物质所引起的，然而有个叫 John Snow 的医生通过调查证明了霍乱是由被粪便污染的水传播的。他把苏活区的地图与霍乱数据结合在一起，如图 9-16 所示，锁定了霍乱的来源地是百老大街水泵，随即他推荐了几种预防措施，例如清洗肮脏衣服，勤洗手，将饮用水烧开后饮用等，并取得了很好的效果。

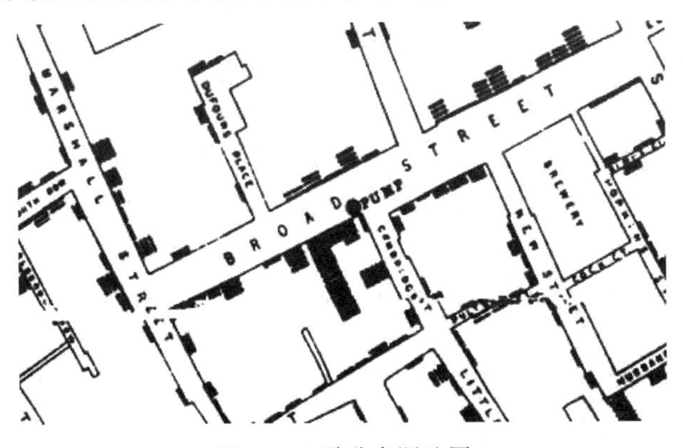

图 9-16　霍乱来源地图

当时其实没有现在的 GPS 定位技术，John Snow 创造性地把数据和地图结合在一起，从而把病毒来源归因到具体的位置。事实上，每种类型的图表的诞生都是基于明确的需求产生的，通过去构思要如何解决对应问题来找到合适的图表。

随着一张图表当中可以承载的信息的增多，又衍生出来新的问题，过多的信息会导致图表阅读者难以聚焦重要的信息，但如果减少信息又无法得到全面的信息，因此数据可视化从原来的“可视”逐渐向“好视”演变。如果说人脑是一个信息解码器，则对于视觉来讲可以看到一张图表的形状、位置、尺寸、饱和度、色调等信息，通过获取这些信息并解析之后获取知识，因此选择一个合适的通道来表现数据的意义是数据可视化能做好的重要课题。

数据按照不同类型可以分为"类别型""有序型"和"数值型"三类。黄瓜、土豆属于类别，日期属于有序，销售额5000属于数值。也有另一种叫法，例如在SPSS中前两种数据称为维度，数值型的数据叫作度量。维度和度量所适用的视觉通道是有巨大差异的，例如维度上更适合使用不同颜色进行区分，而度量更适合用尺寸、饱和度进行区分。实际上衡量一个通道的表现力标准主要通过精确性、可辨认性、可分离性和视觉突出4个方面去评判，并且在设计图表时，需要遵循几个设计原则。

（1）相似原则，用户倾向于将物理上相近的元素作为一个整体，如图9-17所示，看到图表时会天然地认为相同颜色的形状点应该属于同一个整体。

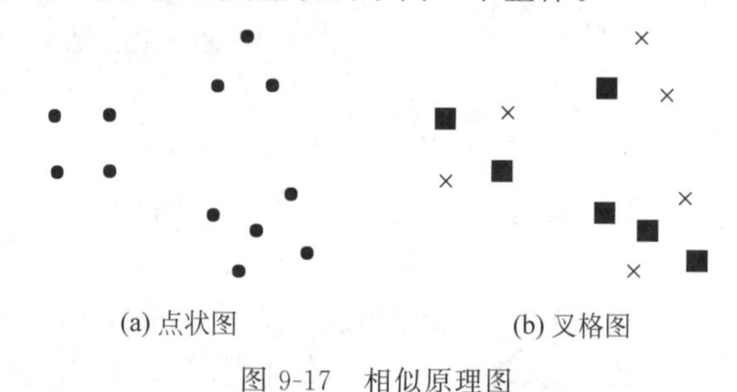

(a) 点状图　　(b) 叉格图

图 9-17　相似原理图

（2）临近原理，如图9-17(a)所示，每三个柱子相对会挨得近一些，那用户也会认为，这个应该在某种属性或者维度是一样的或者相近的。

（3）闭合原理，用户倾向于将物理上被包围在一起的元素作为一个整体，闭合原则经常用在标注注释上，使用少量的"水墨"把目标区域的视觉突出出来。灵活地运用视觉编码特性是数据可视化在具体图表之下更为重要的技巧。

9.2 视觉效果升级的数据可视化

随着视觉编程的加入，数据可视化的领域变得越来越丰富，例如现在的谷歌地图在地图上可以看到多种信息的结合，有些数据图表为了吸引用户关注，引入了"由你来画"图表，这些图表会要求用户在展示数据前或展示数据中进行输入，提供用户对目标数据的关注度，并且鼓励用户想象一下数据应该是什么样的，以此来提高对图表的认知。纽约时报上就曾经出现过家庭收入如何影响孩子上大学的机会的图表，在这篇文章里就要求用户先画出家庭收入与上大学之间的关系，等到真实数据展示出来时，用户就能观察差异点在哪了。

有了跟用户有交互的先例，现在很多可视化图表不再限制在通过一张图表去展现全部内容，很多数据可视化都出现了下钻功能，就像地图可以通过国家、省份、城市、区县、街道、小区来层层下钻到定位位置一样，数据也可以通过上层数据进行层层下钻展现，例如最上层是销售额的差异，下钻可以看到订单量差异和销售价格的差异，销售价格差异可以下钻到销售商品价格带的差异，同一个价格带又可以下钻到商品不同类目的差异，这样本来需要在一张图表里呈现的信息就可以拆解到不同的层次上了。

数据可视化的案例非常多，数据是非常强大的。当然，如果你能真正理解它想告诉你的内容，则它的强大之处就更能体现出来了。通过观察数字和统计数据的转换以获得清晰的结论并不是一件容易的事情。必须用一个合乎逻辑的易于理解的方式来呈现数据。人类的大脑对视觉信息的处理优于对文本的处理——因此使用图表、图形和设计元素，数据可视化可以帮你更容易地解释趋势和统计数据。

9.2.1 案例69：巴士群互动游戏

“巴士群”是一个关于复杂数据集的很好的例子，它看起来感觉像一个游戏。在这个例子里，Setosa 网站呈现了“巴士群”现象是如何发生的，即当一辆巴士被延迟时就会导致多辆巴士在同一时间到站。只用数字讲述这个故事是非常困难的，所以取而代之的是他们把它变成了一个互动游戏，如图 9-18 所示。当巴士沿着路线旋转时，可以单击并按住一个按钮来使巴士延迟，然后所要做的就是观察一个短暂的延迟会如何使巴士在一段时间以后聚集起来。

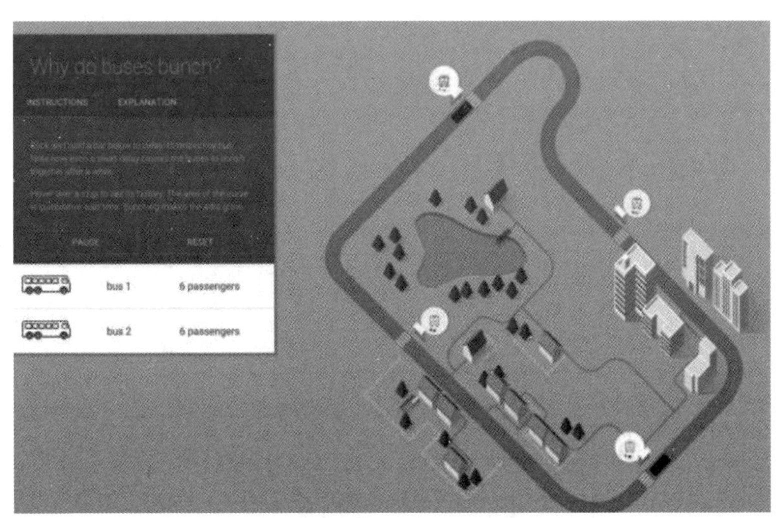

图 9-18 巴士路线图

9.2.2 案例70：NFL 球队表现图

关于 NFL(国家橄榄球联盟)的完整历史体育世界有着丰富的数据，但这些数据并不总能有效地呈现(或者准确地说，对于这个问题)出来，然而，Five Thirty Eight 网站做得特别好，如图 9-19 所示。在下面这个交互式可视化评级中，他们计算所谓“等级分”，即在国家橄榄球联盟史上的每一场比赛，根据比赛结果对球队实力进行简单衡量。总共有超过 30 000 个评级。观众可以通过比较各个队伍的等级来了解每个队伍在数十年间的比赛表现。

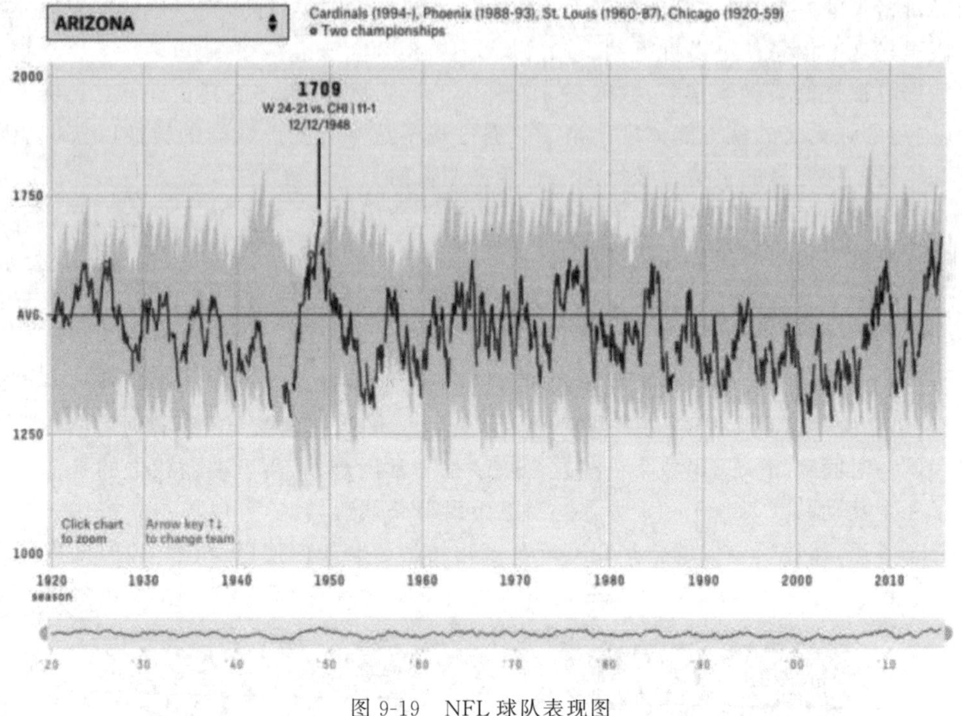

图 9-19　NFL 球队表现图

9.2.3　案例 71：全球变暖的自然原因

是什么原因真正造成了全球变暖？如图 9-20 所示的关键点是要反驳用自然原因解释全球变暖的理论。

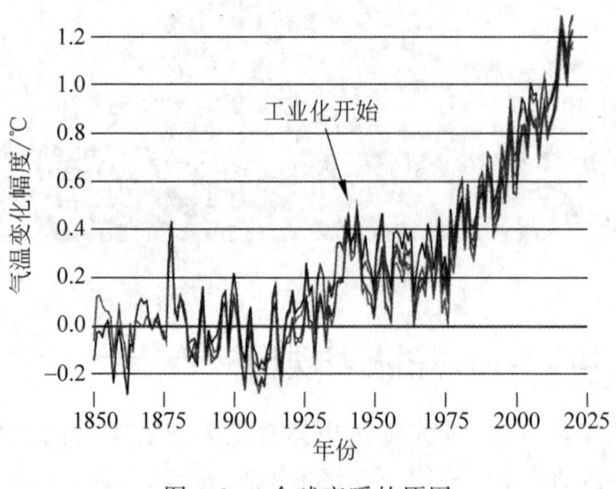

图 9-20　全球变暖的原因

首先你会看到从1850年至今观测到的温度变化情况。当你向下滚动此图时，这个可视化图会让你清楚地了解相较于已被观测到的因素，造成全球变暖的不同因素到底有多少，使人们对环境的思考更加多角度。作者希望观众能够得到非常清晰的结论，并从自身思考，从自身做出改变。

9.2.4　案例72：2014年最具价值的运动队50强

最有价值的运动队是通过叠加数据来讲述深层故事的一个例子，如图9-21所示。这个交互由Column Five设计，受福布斯"2014年最具价值的运动队50强"名单得到的启发，但是它不仅将列表可视化，用户还可以通过它看到每支队伍参赛的时间及夺得总冠军的数量。这为各队的历史和成功的原因提供了更全面的展示。

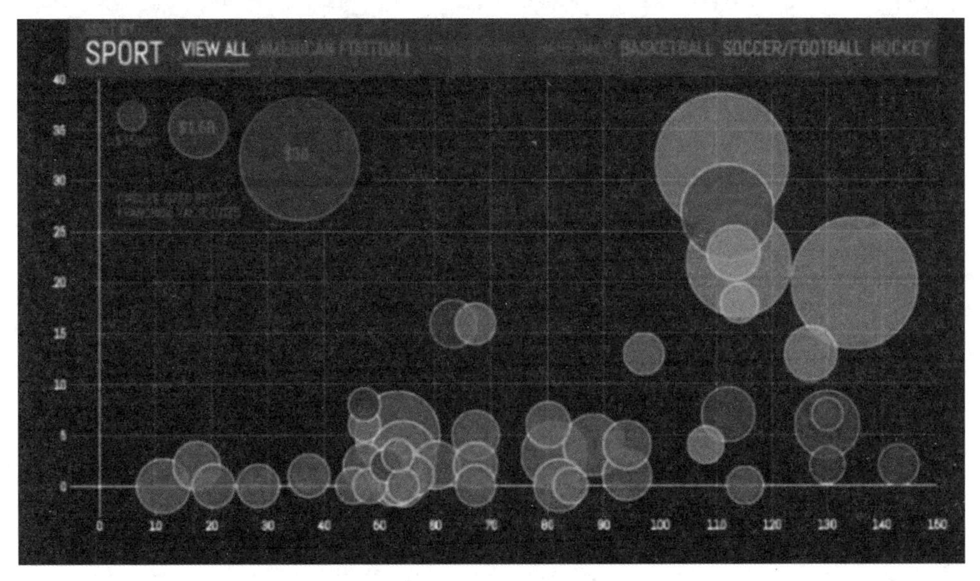

图9-21　最具价值的运动队50强图

9.2.5　案例73：创意人士的日程安排

著名创意人士的日常惯例这些数据的可视化图是用奇特的想法描绘一个简单的概念。这个表格利用Mason Currey的《日常惯例》一书中的信息展示了那些著名的创意人士的日程安排，解读其时间和活动安排，如图9-22所示。这不仅是一个操作数据的例子(因为可以通过单独的活动来浏览日程安排)，也是一个品牌宣传的佳作。

9.2.6　案例74：受关注新闻的可视化

今年发生了哪些新闻？最好的数据可视化方式是用直观和美丽的方式传达信息。Echelon Insights致力于这一方式，他对2014年Twitter上最受关注的新闻进行了可视化。1亿8450万条推文是什么样子？得到如图9-23所示的数据可视化艺术品。

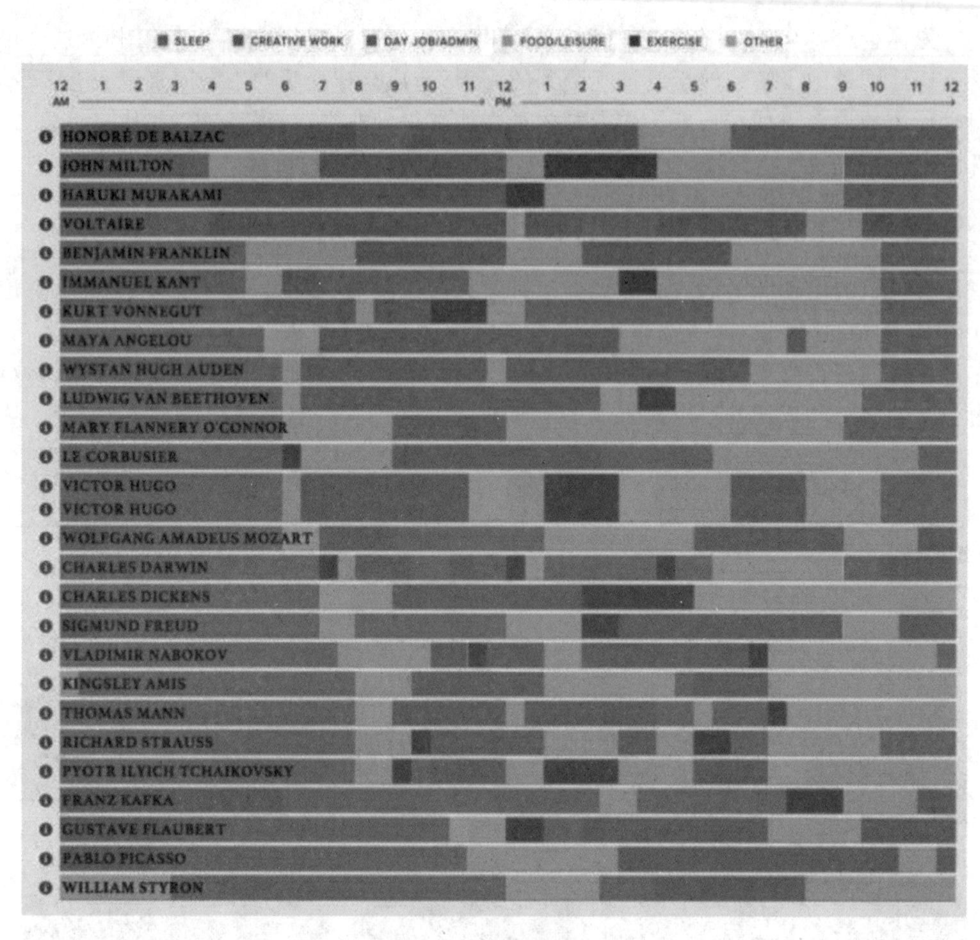

图 9-22 日程安排图

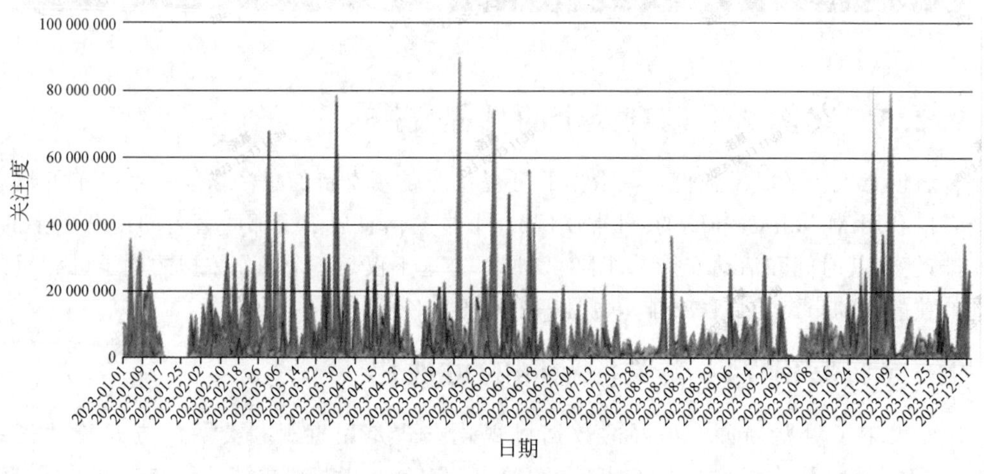

图 9-23 受关注新闻的可视化图

9.2.7　案例 75：慈善年度报告

Kontakladen 慈善年度报告，不是所有的数据可视化都需要用动画的形式来表达。当现实世界的数据通过现实生活中的例子进行可视化时，结果会令人惊叹。设计师 Marion Luttenberger 把包含在 Kontakladen 慈善年报中的数据以一种独特的方法表现出来。该组织为奥地利的吸毒者提供支持，所以 Luttenberger 的使命就是通过真实的视觉来宣传，如图 9-24 所示，这辆购物车形象地表现了受助者每天可以负担得起多少生活必需品。

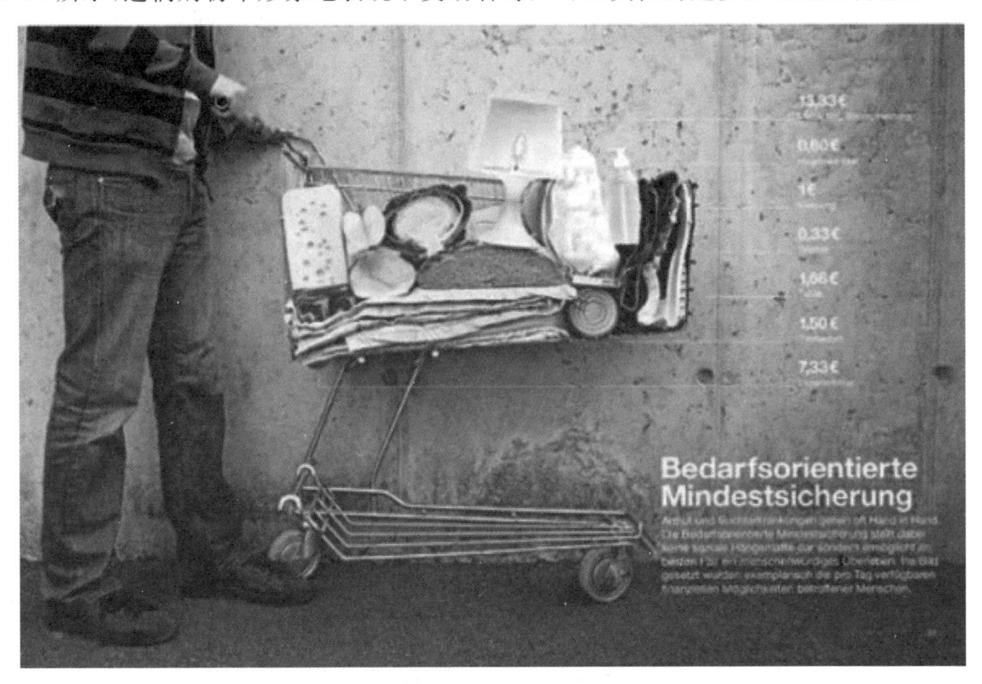

图 9-24　Kontakladen 慈善年度报告图

9.2.8　案例 76：公司各业务线目标完成情况

对于公司老板来说，最为关心的就是业务设立的目标是否完成，这里通过各业务进度水位加上颜色的区别来展示，截止当前时间点各业务的进展情况如图 9-25 所示。该图直观反应出当前的业务水平以及其中的差距。

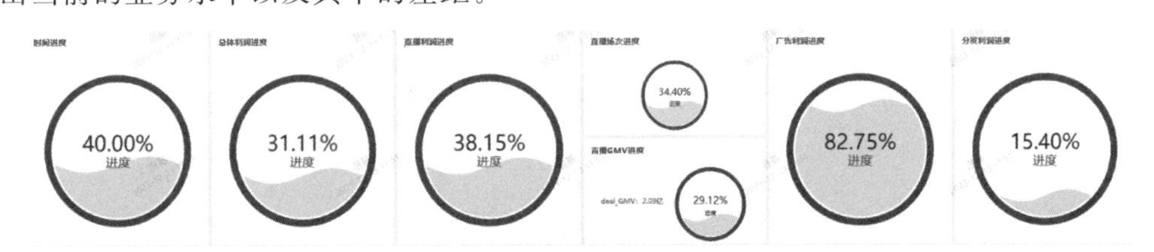

彩图 9-25

图 9-25　各业务的进展情况

9.2.9 案例77：塑料垃圾的可视化

淹没在塑料的海洋里，在一年中全球塑料瓶的销量可达到4800亿只，这个数字看起来很大，但到底有多大？这个作品就通过可视化将数据形象地呈现了出来，如图9-26所示。方式很简单，即看一看一小时、一天、一个月、一年、十年产生的塑料瓶能堆多高，所呈现的效果很震撼，看到世界最高的建筑也比不过堆积如山的塑料瓶，就能体会到消耗的塑料瓶数量之巨大。

图9-26 塑料垃圾可视化图

第10章 数据分析报告："说人话"让老板为你买单

相信很多数据分析师都一样，无论是在生活中还是在工作中都对数字有极高的敏感度，并且在进行数据收集、数据清洗、数据处理、数据分析方面也有自己的一套方法论，也都可以通过数字得出结论，但到真的需要把得出的结论呈现到数据分析报告中时又不太知道如何去展现，经常把数据连同表格直接写到了分析报告中，导致报告很长，读者看不懂或者不知道从何看起，也不知道哪些内容才是重要的。尤其是在实际业务中，因为数据分析更多的是在解决业务问题，满足别人的需求，因此得出的结论需要提需方能够看懂，这样的报告才是好的分析报告。

一个好的分析报告首先要有一个好的分析框架，即对于当前这个问题是如何进行分析的，这也是整个分析报告的基础逻辑。这里面总共可以分成6个环节：①议题思考，即找到好的议题；②假说思考，建立故事线；③制作连环图，找到输出形式并设计分析；④成果思考，依托于故事，依次验证结论；⑤信息思考，传递信息，整合后优化成报告；⑥打造闭环。

一个分析是由一个分析对象开始的，也就是议题，议题的确定至关重要，有时来自业务的需求是非常零散且不聚焦的，又或者只看到了表面的对象，提问就类似于"为什么最近感觉业绩下滑了"这种问题。如果把分析的核心放在"业务为什么下滑了"上面，则可能会无从下手，因此一次有价值的分析是基于议题本身的，是当前迫切需要解决、重要性足够高并且解决的程度也较高的，那些借助大量劳动力和时间去处理的议题可能本身就没有特别高的价值，例如数据分析师临时接到的看似需要做分析的取数需求，例如临时让你分析公司近期的销售货盘类目占比。

寻找好的议题也是有技巧的，首先好议题是有方向的，并且方向很明确，像感觉最近业务不好、业绩下滑都是不太明确的方向，对应这些问题需要下拆到是销售额不好，是流量不好，还是风评不好，并且一个议题需要有明确的方向。例如"物流时效如何"这种就需要转换成当前物流时效是好还是差，"营销环境现在究竟如何"需要转换成营销环境变好了还是变坏了，还有一些情况下，业务人员也不知道问题是什么，而是希望通过数据分析看能不能得到一些结论或者答案，这种议题也是不够好的。一个好的议题是为了解决明确问题，实现确切目的的。例如电商业务中每个店铺都需要关注自身的物流时效情况，那针对物流时效的分析，是直接通过多个维度，像类目、人群、地域等方面去拆解，看不同维度下的时效情况，还是先去思考为什么要看物流时效。业务把物流时效作为核心指标，如果下降了，则会改变什么，如果提升了，则能影响什么，结合物流时效本身的重要性和对销售额的影响程度，再决定要怎么去分析。好议题需要具备三大要素：①对业务有重大意义，议题答案对后续方向影响重大，当分析确认好答案之后，对后续的业务动作将有参考意义；②推翻常识，例如当业务上普遍认为物流时长变长是因为虚假交易或者定金预售导致的时，通过分析发现实际上是别的原因，可以扭转目前的认知，对当前情况进行优化；③可以找到明确答案的。有一些问题限制于数据基建不全，或者获取信息渠道有限，可能会出现得不到明确结果的情况。例如现在很流行的私欲电商运营中，有很多玩家自己具有流量渠道，但不会专门囤货，而是通过淘宝、拼多多的商家来发货，而对平台的业务端来讲，自己从订单渠道上就无法获取具体的用户信息，因此无法分辨用户，并以此做生命周期管理。在确立议题时同时要做一步信息搜集工作，确定可以获得源数据或底层数据等一手材料，因为二手材料已经是经过处理的，可能存在碎片化或者结论不准确的情况，从而导致分析结果失真。同时信息搜集需要具有"全面性"，从分析议题的上下游去找相关的数据，搜集信息遵循 MECE 原则，遍历且不重复。例如需要分析 App 转化率，就需要看上游用户从哪里来及用户进来后在哪里被转化这样一条完整链路，而不是单单看用户在哪里被转化这个单一环节的数据。

确立议题有 5 大方法：①删减变量，当一个问题涉及多个变量时，将其核心的变量固定下来，删减其他变量，明确议题分析对象。②可视化，将问题的结构可视化，找到变量和问题的关系，从而找到核心的议题。③从最终情况倒推，提前设想把提出的问题解决后的情况，是不是跟业务人员所想的一样，在保证结果一样的前提下寻找与当前情况的差异，并作为议题来解决。④对一个议题重复地问"so what"。设计出一个议题，然后多问，从而不断地挖掘这个议题的深度和广度。⑤思考极端的情况。通过思考议题的极端情况，找到关键需要解决的问题。例如业务人员想要知道是否流量越大，转化率就会越高，后期动作是否应该聚焦在不断拉新来扩大流量，但通过加大投入把流量做到现在的两三倍，但是整体用户转化率只有 5%，那流量增幅带来的收益也会被缩小很多，因此提升流量就不是问题的关键，需要挖掘其他业务动作来提升整体用户的转化率。

选好议题以后需要找到合适的故事线，故事线其实就是议题的解决路线，也是分析的核心逻辑，而设计故事线的核心在于分解议题，针对到目前为止找不到答案的议题着手进行分解，直到分解为可解答的一个个小问题为止。最后根据经过分解的各个议题与对应的假说进行编辑与组合，成为能够验证整体议题的故事线。

分解议题遵循 MECE 原则，由外到内拆分议题。例如还拿物流时效来分析，业务人员想要把物流时效做得比较好，相应的分析问题是"当前物流时效要降低到多少比较合适"，构建故事线时就要进行分解，对外当前物流时效与业界相比处于什么水平；对内物流较慢之后，对用户的影响是什么；购买体验、购买欲望、退货退款产生的影响是什么，关系是怎样的，相应的物流如果时长缩短，成本就会上升，怎么去平衡两者的关系。找到整体物流时效的平衡点之后，哪些方向会是问题的重灾区。例如在某个类目中、某个地区内、某个人群里面，假如找到了方案和策略，怎么评估方案的好坏。在这个过程中需要非常频繁地用到

MECE原则，因此在这里也对MECE原则做一个简单的介绍。

MECE原则的全称是Mutually Exclusive Collectively Exhaustive，中文意思就是相互独立，完全穷尽的意思。例如把学生分成小学生和大学生就不满足MECE原则，因缺少中学生（假设把大学以上学历统称为大学生，否则还缺少硕士生、博士生、博士后等），而已婚者、未婚者、离婚者、丧偶者就符合MECE原则，在常见的业务场景中的拆解模式有①商业系统的拆解，拆成技术研发、商品开发、制造与调度、营销、销售。②业务策略的基本要素，拆成顾客、竞争者、企业。③企业组织的七大要素：Strategy（战略）、System（系统）、Style（模式）、Skill（技能）、Staff（员工）、Structure（结构）、Shared Value（价值）。

之所以需要故事线，是因为单纯地对议题进行拆分并不足以构成一份分析报告，有完整的分析思维把每个议题串联起来才能把分析过程完整地呈现出来，并且故事线不同也会导致行文思路的不一样，正叙分析推导分析结果，也可以倒叙分析通过结论反向推导需要什么论点来支撑结论，一步步推导。分析中常用的结构是把要展现的信息、原因或策略，以并列的方式展现出来，例如第一xxx，第二xxx，第三xxx，以此来说明一件事情；还有一种常见的结构是金字塔结构，最上层是问题本身，中间是根据问题拆解出来的各个小的解决点，下层是每个解决点对应的策略和结论。

建立故事的关键点是找出故事的轴，实际上数据分析的本质都需要跟某个轴进行对比，例如中国地大物博，实际上只是一句描述性语句，但如果换成中国的国土面积与日本、美国、韩国、新西兰等国家相比都算大，大于世界90%的国家，并且矿产资源、生物资源、水资源、土地资源都远超世界上90%的国家，所以中国地大物博，这就是一个分析，分析是通过跟数据的轴对比以让结论具有可信度、让逻辑成立，因此第1步就是思考用什么轴进行对比，上面的案例中轴指世界上90%的国家。分析的过程基本是将原因和结果以相乘的方式展现出来，比较的条件是原因端，评估条件的值就成了结果端，而轴就是思考在原因端比较什么，在结果端比较什么，也就是比较的维度。举个例子，如果想要去验证发自内心深处笑出来的人比皮笑肉不笑的人健康，从原因端找的轴是笑的方式与频率，结果端的轴是健康度，但实际上这些轴的取法有很多种。原因端从比较上出发，每天有没有笑出来/发自内心地笑出来，如果有，则频率是怎样的，从构成上出发，笑的次数当中有多少次是发自内心深处的，从变化上出发，跟以前对比，笑的频率是增加了还是减少了。如果减少了，则是从什么时候开始减少的；结果端从比较上出发，可以去看BMI人体健康指数，也可以观察特定健康检查的结果；从构成上出发，入睡及起床状况良好的日子占比；从变化上出发，最近数个月这些健康指标的走势。边构建故事边思考原因和结果之间的关联，怎样才会有最好的结果，这样就能找到轴。

故事构建完了，接下来就是把内容具象化，通过数据的填入来表达含义。填入数值阶段在数值表现上需要符合内容想要呈现的东西，如内容上想要呈现不同类型东西之间的占比，从数值上就需要以百分比的形式呈现，并保留小数点后两位，但也有一些情况，数值不是越精细越好，如果分类对象较少，或者时间跨度较大，对于数据只需知道是50%还是60%，就不需要精确到小数点后两位。

当具象化内容时需要注意使出形式，从数据上要体现分析的含义，当数据上有差异时通过数据条的值长短进行对比；当数据有变化时通过迷你的折线图体现变化；当数据有不同类型时通过数据颜色的不同进行体现。对分析内容构建连环画，这里的连环画不是小孩看的图册，而是把数据分析的图表串联在一起，形成携带故事信息的连环画。同时需要清楚地指出获取数据的方法，明确信息的来源、数据的口径逻辑、用怎样的方式进行对比，以及这种对比方式的逻辑等。

一篇分析报告到这里就已经完成了，但是在大部分情况下，分析报告是基于目前情况分析出的一些结论，其中一部分是描述性结论，还有一部分是带有决策性色彩的策略意见，因此实际上若要对分析报告形成闭环，还需要去跟进业务后续做了什么决策，这个决策是否是根据分析报告进行的，以及决策上线之后相应数据的变化情况等。

10.1.1 案例78：大促复盘分析

现在的互联网电商对每个大促都很重视，大家都把每次大促当成养成用户电商心智的重要环节。淘宝会比较重视双11大促，京东会比较重视618大促，抖音会比较重视818大促，每次大促需要达成什么目标需先进行议题上的拆分。以抖音来举例，抖音作为一个社交媒体型的业务，电商业务大部分是通过直播和短视频实现的，整体销售额的构成也是通过一个个直播间的销售额来组成的，而像用户量比较大的头部直播间也承担了更多的销售额任务，因此其中的一个重要议题就是如何帮助重点直播间实现GMV爆发。那为什么会有这个选题，因为通过观察数据可以发现，只占据直播间数量10%的头部直播间，甚至可以贡献出超过80%的GMV，因此帮助重点直播间爆发也就变成了帮助整个大促爆发；还有一个议题，对于抖音来讲其实做电商业务没有经过很长时间，因此，很多电商类的营销玩法（像发券、发红包、跨店满减之类在淘宝耳熟能详的营销工具）并没有被频繁地使用。大促场景具备集中的流量，所以大促期间也是商家使用营销工具的重要场景，那对于大促券的效果分析也就成为大促中的一个重要议题；还有例如抖音作为社交流媒体自身具有流量优势，他会在818大促前的晚上举办直播晚会大肆地宣传和聚集流量，并且在晚会的节目间隙穿插对818的宣传，尽管双11、618也可以举办一些晚会，但是像购物型的业务平台举办这类节目时，最多就是冠名或者露出，而不像抖音这样可以在App内实现闭环，那怎么放大这个自身优势对晚会的大促贡献分析也是一个重要议题。

数据分析报告实际上是一种沟通与交流的形式，主要目的在于将分析结果、可行性建议及其他价值的信息传递给管理人员。它需要对数据进行适当包装，让阅读者能对结果做出正确的理解与判断，并可以根据其做出有针对性、操作性、战略性的决策。数据分析报告主要有3方面的作用：①展示分析结果，报告以某一种特定的形式将数据分析结果清晰地展示给决策者，使他们能够迅速理解、分析、研究问题的基本情况、结论与建议等内容。②验证分析质量，从某种角度上来讲，分析报告也是对整个数据分析项目的一个总结。通过报告中对数据分析方法的描述、对数据结果的处理与分析等几个方面来检验数据分析的质量，并且让决策者能够感受到这个数据分析过程是科学并且严谨的。③提供决策参考，大部分数据分析报告是具有时效性的，因此所得到的结论与建议可以作为决策者在决策方面的一个重要参考依据。虽然大部分决策者（尤其是高层管理人员）没有时间去通篇阅读分析报告，但是在决策过程中，报告的结论与建议将会被重点阅读，并根据结果辅助其最终决策，所以分析报告是决策者二手数据的重要来源之一。

由于数据分析报告的对象、内容、时间、方法等情况的不同，因而存在着不同形式的报告类型。常用的几种数据分析报告有专题分析报告、综合分析报告、日常数据通报等，而不同的数据报告类型在书写数据分析报告时侧重点也会有所不同。

10.1.2　案例79：专题分析报告

专题分析报告是对社会经济现象的某一方面或某个问题进行专门研究的一种数据分析报告，它的主要作用是为决策者制定某项政策、解决某个问题而提供决策参考和依据。专题分析报告具有以下两个特点。①单一性：专题分析报告不要求反映事物的全貌，主要针对某一方面或某个问题进行分析。如用户流失分析、提升用户消费分析、提升企业利润率分析等。②深入性：由于专题分析报告内容单一，重点突出，因此便于集中精力抓住主要问题并进行深入分析。它不仅要对问题进行具体描述，还要对引起问题的原因进行分析，并且提出切实可行的解决办法。这就要求对公司业务的认知有一定的深度，由感性上升至理性，分析方案具有整体性和大局观，切记蜻蜓点水，泛泛而谈。

10.1.3　案例80：综合分析报告

综合分析报告是全面评价一个地区、单位、部门业务或其他方面发展情况的一种数据分析报告。例如世界人口发展报告、全国经济发展报告、某某企业运营分析报告等。综合分析报告具有以下两个特点。①全面性：综合分析报告反映的对象，无论一个地区、一个部门还是一个单位都必须以这个地区、这个部门、这个单位为分析总体，站在全局的高度，多维度分析，多角度思考，最终反映总体特征，做出总体评价，得出总体认识。在分析总体现象时，必须全面、综合地反映对象各方面的情况。例如在分析方法论时提到的4P分析法，就是从产品、价格、渠道、促销4个角度进行企业运营分析的。②联系性：综合分析报告要把互相关联的一些现象、问题综合起来进行全面系统分析。这种综合分析不是对全面资料的简单罗列，而是在系统地分析指标体系的基础上，考查现象之间的内部联系和外部联系。这种联系的重点是比例关系和平衡关系，分析研究它们的发展是否协调，是否适应，因此，从宏观角度反映指标之间关系的数据分析报告一般属于综合分析报告。

10.1.4　案例81：日常数据报告

日常数据报告是以定期数据分析报表为依据，反映计划执行情况，并分析影响和形成原因的一种数据分析报告。这种数据分析报告一般是按日、周、月、季、年等时间阶段定期进行的，所以也叫定期分析报告。日常数据报告可以是专题性的，也可以是综合性的。这种分析报告的应用十分广泛，各个企业、部门都在使用。日常数据报告具有以下3个特点。①进度性：由于日常数据报告主要反映计划的执行情况，因此必须把计划执行的进度与时间的进展结合起来分析，观察并比较两者是否一致，从而判断计划完成的好坏。为此，需要进行一些必要的计算，通过一些绝对数据和相对数据指标来突出进度。②规范性：日常数据报告基本上成了数据分析部门的例行报告，定时向决策者提供，所以这种分析报告就形成了比较规范的结构形式。一般包括以下几个基本部分：反映计划执行的基本情况、分析完成或未完成的原因、总结计划执行中的成绩和经验，找出存在的问题、提出措施和建议。这种分析报告的标题也比较规范，一般变化不大，有时为了保持连续性，标题只变动一下时间，如《××月××日业务发展报告》。③时效性：由日常数据通报、性质和任务决定，它是时效性最强的一种分析报告。只有及时提供业务发展过程中的各种信息，才能帮助决策者掌握企业经营的主动权，否则将会丧失良机，贻误工作。

10.1.5　案例82：Airbnb分析报告

Airbnb是世界范围内有名的做旅游住宿的服务商，对外有一些公开的竞赛数据集，例如一些刚进入中国市场的数据，以它的数据作为案例展示一篇较为完整的数据分析报告。

(1) 分析背景，Airbnb成立于2008年，短短9年时间成为短租民宿行业的巨头，并且仍在不断地冲击着传统酒店行业，抢占着这一市场。目前Airbnb作为一款社区平台类产品，其业务遍布了191个国家，分析主要以探索为主，旨在发现Airbnb在做好了产品体验、房源美感、民宿共享服务之后，其他是否存在可以改进的地方。

(2) 分析主要议题，也就是Airbnb发展至今有哪些地方存在问题未被发现，具有改进空间，在实际工作中很少有探索业务改进的项目机会，基本是先发现问题，然后查找原因；如果完成既定工作，则会有一些时间来探索业务中的数据特征，从而探索发现业务机会，大部分的App可以通过获客和转化两方面去找到问题。获客：一款产品的发展中必然伴随着不断迭代。例如在常见的AARRR模型中，第1个A(获客)至关重要，因此提高新用户获取的数量和质量是不断监测并优化的一个工作，哪些渠道的效果更好，企业就要及时调整和增加此渠道的投入，哪些渠道的效果很差，就要及时查找原因并给出解决方案。转化：转化即商业收益，因此转化漏斗分析也是数据分析中的关键环节，需要了解整个产品的业务转化情况，不断复制和优化那些流失率低的漏斗环节，然后对那些流失率较高的漏斗环节进行改进。针对这两个大方向可以提出3个问题：①Airbnb的目标用户群体具有什么样的特征，以便于在付费投放获客时，精准地圈定出产品用户画像的人群，使获客的ROI变得更好。②Airbnb获客阶段，哪些推广渠道是优质的，优质的条件=量大+转化率高。③在转化漏斗中哪一个环节的流失率高，或者说哪一个环节存在可提升的潜在机会。

(3) 分析维度，或者说着重分析的数据是什么。根据上述3个问题，可以着重从Airbnb的用户画像、推广渠道分析、转化漏斗分析3方面进行分析，去探索和分析Airbnb在产品和业务上有哪些可以改进的地方，并给出实际性的建议，以提升和改进Airbnb的渠道推广策略和产品设计。

(4) 数据展示，这一步中往往会说清楚数据来源及使用数据的具体详情是什么，也就是下面的分析结论依据的数据来源。

(5) 分模块分析结论。例如用户画像分析，基于数据可以分析得到具体的用户是什么样的个体，这里一般将图表和结论输出相结合，如图 10-1 所示，女性用户数量＝63 041、男性用户数量＝54 440，其中女性用户多于男性用户。Airbnb 的用户主要为"青年群体"(26～30 岁)，其次为 36～45 岁，然后为 21～25 岁等。对流量渠道、转化漏斗同样通过分析结论＋图表的形式进行结论输出。

(6) 分析结论及建议，整体分析结论总结：用户画像总结。①用户性别中，女性偏多，差距并没有非常大。②用户年龄以中青年为主。③截至 2014 年，用户分布地区最多的为欧美地区，其次是中国。④中国用户预订的最多的其他国家是美国。建议：根据年龄分布特征，建议 SEO 或者付费广告投放时，投放广告的流量结构要尽可能地接近 Airbnb 的用户人群，例如青年女性群体。流量渠道总结：①2012 开始快速增长，并且速度很快。②7—10 月是旅行旺季，此时也是 Airbnb 用户增长的旺季。③谷歌渠道用户量最大，但转化率低；Email-marketing、Naver 虽然注册用户量少，但是转化率高；需要综合 ROI 判断选择哪个渠道扩大规模。建议：综合考虑 ROI 表现最好的渠道，同时要结合市场战略和多个指标综合考虑；Email-marketing、Naver 虽然注册用户量少，但是转化率高，可以尽可能地尝试扩大规模。

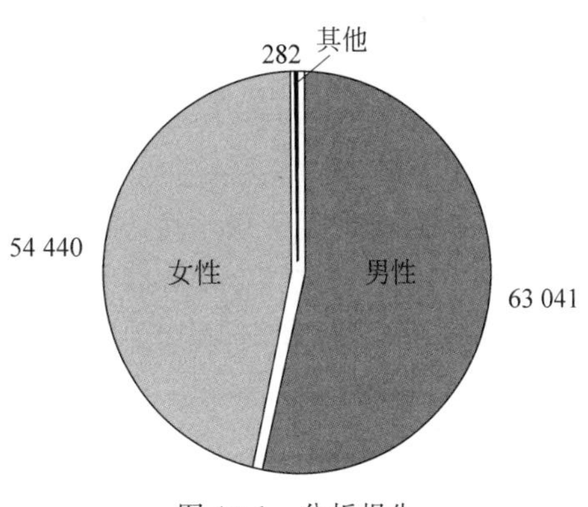

图 10-1 分析报告

至于转化漏斗总结，和其他电商产品类似，用户主要在搜索房源→申请预定中流失。建议：产品和运营需要更多地在此环节投入更大的精力，例如优化搜索结果，使结果更精准。增加兴趣推荐逻辑，挖掘用户潜在的兴趣，推荐更多用户可能感兴趣的房源。另外，产品申请预定→支付的流失率远高于其他电商类产品。建议：培训商家客服话术，提高用户体验及优化预定路径，精简预定步骤，增强用户信任度，从而在漏斗中减少用户流失。

第 11 章 数据分析入门工具介绍

俗话说“巧妇难为无米之炊”，数据分析师固然要有强大的分析思维和分析方法，但也需要会使用合适的工具，工具不仅可以使解决问题达到事半功倍的效果，同时也是把分析结果很好地展现出来的重要途径，下面提到的数据分析工具都是数据分析师在日常工作中常用的工具。

11.1 Excel

Excel 本身是一款电子表格软件，核心功能是把信息（包括文本、图片、数据等）存放在一个个单元格中，在实际工作中主要用来存放数据，因此随着版本的更新迭代，Excel 本身也衍生出了许多有效好用的数据分析功能。

在最基础的表格中利用函数就可以做到数据的分析处理，常用的函数大部分是偏数值计算型的，如 sum 求和、average 求平均值、count 计数等，但实际上函数中也有很多具有数据分析功能的函数，接下来举几个例子。

11.1.1 案例 83：Concatenate 函数

Concatenate 为连接函数，这其实是一个用途非常广泛的函数，在 Excel 中有分列功能，有时业务上类似下单时间的字段会设置为“2022-01-01 23:42:34”格式，而在实际分析中需要对某个月份或者某一天的数据进行分析，这种情况就会用到分列功能，反过来，如果在订单字段中把订单日期和下单时间分开了，就可以使用 Concatenate 函数来连接日期和时间，从具体的某天某个时间点维度去分析，另外，Concatenate 函数的另外一个妙用是通过连接多个字段实现不同行数据的去重标度，见表 11-1，假如对于一个订单需要知道具体在哪个店铺，由哪个下单人下了什么商品，就可以通过 Concatenate 把订单店铺、下单人、下单商品这 3 个字段连接起来，从而进行去重筛选。

表 11-1 Concatenate 案例表

订单店铺	下 单 人	下单商品
A	a	1
A	b	2

续表

订单店铺	下单人	下单商品
B	a	2
B	c	3
B	c	1
C	b	3

11.1.2 案例84：Len函数、Conunta函数、Days函数、Sumifs函数、Rank函数

Len为长度函数，Len可以快速提供单元格中的字符数，Len函数在确定不同标识符之间的差异时会有奇效，例如在电商业务中，尤其在淘宝上，一个店铺商品的畅销除了商品本身需要有足够的品质以外，对商品的营销也非常重要，而在商品营销中，给商品设置一个优秀的标题也是重要的一环，因此大部分商家会去研究同类商品中优秀的标题是怎么起的，其中一个比较重要的维度就是标题长度。

Counta函数用于标识单元格是否为空，这步在数据分析师进行数据清洗工作时会用到，通过计数非空单元格的个数可以有效地获知当前分析的数据的有效性。

Days函数用于取两个日期之间的日历天数，当需要计算用户活跃天数、用户生命周期等跟时间间隔相关的指标时经常用到，并且Days还有进阶的函数Networkdays，这个函数可以确定两个日期之间的工作日并且有考虑假期的选项，有些业务的周末和工作日数据相差较大，存在需要分开计数的场景。

Sumifs为条件求和函数，这是一个非常强大的函数，它可以执行求和运算，当有多个条件时相当于在Excel中通过函数进行筛选处理，例如想看商品订单中特定类目下、特定时间下的销售额的总和，同样Averageif也可以做到条件求平均，Countifs可以做到条件计数。

Rank函数用于排名，它可以通过正序或倒序的方法，快速根据某一列的数据进行排序。

11.1.3 案例85：Vlookup函数

Vlookup为查询替换函数，它是数据分析函数中最有用且可识别的函数，在数据分析师的日常工作中由于实际情况的需要经常会汇集多个不同的数据表，例如一张表存放着店铺的基础属性字段，如店铺评分、物流分数、评价分数等与店铺相关的信息，另一张表中保存着一些近期的平台销售订单数据，现在的分析需求是求出最近30天中店铺评分高于阈值的店铺的销售额，那就需要通过Vlookup把店铺的评分属性字段匹配到订单表中，再进行Sumifs的计算。

11.1.4 案例 86：Find 函数

Find 为查找函数，它具备在大型数据中找到特定内容的强大功能，可以快速地在较大的数据量中找到需要关注的对象。

11.1.5 案例 87：Iferror 函数

Iferror 为错误函数，这是一个看似功能简单，但应用却非常广泛的函数，实际上即使对获得的数据先行进行了数据清洗，往往后期也需要增加计算字段，例如把两个字段相除，分母就不能为 0，当分母为 0 而无法计算时，在 Excel 中会表现为"# value"的形式，严重影响数据的整洁、美观，而使用 Iferror 函数，可以完美地解决出现异常值的问题。

11.1.6 案例 88：Left/Right 函数

Left/Right 为取左/右函数，它们是从单元格中提取静态数据的有效方法，Left 是指返回单元格开头的 x 个字符，Right 就是取右边的单元格结尾的 x 个字符，例如筛选表格中座机电话的区域就可以使用 Left 函数，因为座机区号一般固定为字段最开头的 4 个字符，Right 则可以取身份证号码的后四位，对用户进行身份打标，并且其实这两个函数还有更好用的场景，有时数据分析获得的底表数据格式并不能如愿，一些时间格式的值被定义成了字符串的格式，表现为"07 小时 19 分 35 秒"，而实际上想要知道其被折算成小时后有多少小时，以数字形式呈现，在求分时就可以先用 Left 函数取出前 6 位字符，得到"07 小时 19"，再通过 Right 函数取右边两位，得到 19，在业务中两个函数经常叠加使用。

11.1.7 案例 89：Sumproduct 函数

Sumproduct 函数用于将一个值范围乘以其对应的范围项，经常用于求取乘积范围的总和。

除数据分析函数，在 Excel 中的图表功能也非常强大，像熟悉的折线图、条形图等都可以通过 Excel 绘制，在这些图表中有一个特别的图表就是数据透视表，数据透视表可以对选定区域内的数据进行汇集和重新排列，并且以数据分析所需的形式展现，可以明细展现，也可以以汇总的方式展现，除了函数可以实现求和、计数、求平均值以外，还可以求对应数据的方差、标准差等更多统计学数据，如图 11-1 所示，并同时实现排序、汇总等复杂功能，这是 Excel 进行数据分析的一大利器。

而实际上这些常用的数据分析功能在 Excel 中已经出现许久，随着技术的发展现在的 Excel 中还有更多的数据分析工具，这些工具被打包在数据分析模块中，包括分析两列数据的相关性，对一列数据根据对应的时间序列进行时间序列预测，对两组数据进行线性回归等，可以说对于基础的数据分析需求，现在的 Excel 已经可以在不借助其他分析工具的情况下进行实现了。

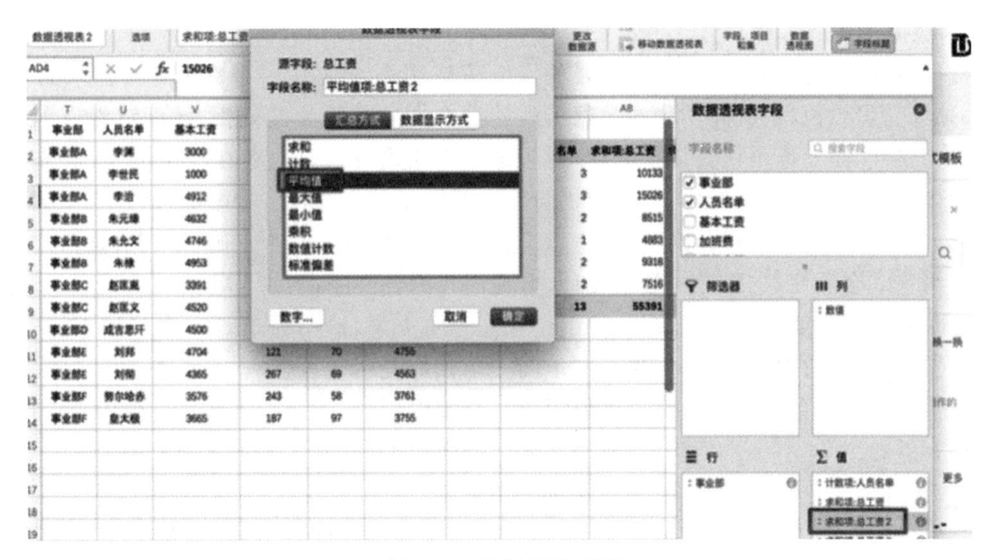

图 11-1　数据透视表图

11.2　MySQL

MySQL 作为数据库技术是每个数据分析师必备的技术手段，事实上，数据分析师之所以能在近几年有突飞猛进的发展，归功于互联网技术下，数据体量出现了爆发式的增长，而基于统计学原理，足够多的数据是可以揭示事情背后的内在规律的，因此从大数据中查询分析数据才是数据分析师发展的原因，所以一门从海量数据中挖取有用信息的技术是必不可少的。

说到 MySQL 就要先说说数据库，数据库实际上分为 3 部分：①数据库本身是储存数据的仓库，对数据有组织地进行储存；②数据库管理系统；③SQL 是操作关系数据库的编程语言，定义了一套操作关系数据库的统一标准。通过 SQL 的语句获取数据库中的数据，实现增、删、查、改等数据操作，这是做数据分析的第 1 步。

11.3　Python

如果在求职 App 上打开关于数据分析师的岗位会经常性地发现大部分公司会要求求职者掌握 Excel 和 SQL，但好一些的企业会要求数据分析师懂得如何使用 Python 进行数据分析，这是为什么呢？实际上使用 Python 进行数据分析更多地体现在它卓越的处理效率上，例如一个数据分析需求的第 1 步是清理数据，按照常规步骤需要先把需要的数据用 SQL 从数据库中获取，下载到 Excel 中，再一步步地进行数据清洗，最终得到可用的分析数据，而在 Python 中却可用一站式搞定。

1. 数据清洗

数据清洗是数据分析过程中很重要的一个环节，往往会占用一个数据分析需求的 50% 以上的时间，可以说，没有高质量的数据清洗就没有高质量的数据分析，数据清洗有四大原则。①完整性，需要逐条检查单挑数据，对于部分字段出现缺失或存在空值的情况，需要进行删除或者使用均值填补操作，但当数据行为空时需要整行删除。②全面性，检查某列的全部数据，保证数据定义是否正确、单位表示是否合理、数值本身是否正确，每列数据需要有相同的量纲。③合法性，主要是指数据类型、数据内容的合法性，例如当数据中出现表情、乱码等字符时需要删除或替换，例如用户年龄字段超过 200 岁，这明显不符合客观事实，也需要改正。④唯一性，数据是否重复，主要在于同一条数据是否重复出现。面对这些问题，其实 Excel 也可以处理，但是 Python 进行数据清洗只需几行代码就可以实现，这个效率是 Excel 远远比不了的。

在 Python 中进行数据清洗，主要用到的工具是 Pandas，这是一个工具包，里面包含了许多数据分析需要用到的函数，拿一个实际数据来举例，健身行业是一个在一、二线城市中比较热门的行业，它们以小区、工作区、产业园为辐射带进行开设，密集的情况下可能每 5km 就有一个健身房，如此夸张的规模下其实是一种互联网思维在带动健身房的发展，而现代健身房中的核心业务体系就是会员体系，也有很多的健身行业会经常性地对自家的会员数据进行分析、挖掘，假如有一份原始的会员数据，见表 11-2。

表 11-2　会员数据表

1	2	3	4	5
Emma??	Female	18	50	161
Larissa	Female	16	50	170
Edith 哒	Female	−20	46	172
Sophia	Male	30	70	1.7
Joyce	Male	25	52	182
⋮	⋮	⋮	⋮	⋮
May 忒	Female	40	70	178
Lvy	Male	−15	50	1.4
Emma	Female	18	50	161
Stella	Male	30	60	185
Gloria	Male	28		180
Amy	Female	18	45	160

根据数据清洗的四大准则不难发现，这份数据中存在很多不合理的数据，其中 1 代表会员的名字，2 代表性别，3 代表年龄，4 代表体重，5 代表身高，对于这个表实际上有诸多问题：①列名为数字，不能知道具体的数据的含义。②数据的完整性有缺失，有一整行记录为空值，姓名为 Gloria 的人体重字段缺失。③数据的全面性有误，身高的度量单位不统一，有 100 多的也有 1 点几的。④数据的合法性有问题，年龄字段中存在负数，姓名字段中出现了"?"等非法字符。⑤姓名为 Emma 的记录存在重复现象。如果使用 Excel 去解决问题，则

操作步骤较复杂：整行记录为空值，可以删除空行；空值可以使用体重列的平均值进行填充；同一身高的度量单位为米；处理年龄字段，将负数修改为正数；删除姓名中存在的ASCII值、空值及非法字符；删除姓名为Emma的重复记录，只保留其中的一条，但如果用Python进行处理，则又是怎么处理的呢？第1步，假如Python中没有安装Pandas库，则首先需要安装，代码如下：

```
Pip install pandas
```

第2步，在代码中引入Pandas，Pandas中主要基于Series和DataFrame两种数据结构进行数据清洗和统计，代码如下：

```
Import pandas as pd
From pandas import Series,Dataframe
```

第3步，从Excel中将数据加载到DataFrame中，使用pd.read_excel方法，代码如下：

```
Df = DataFrame(pd.read_excel('./data.xlsx'))
```

第4步，对列进行重命名，使用df.rename，代码如下：

```
Df.rename(columns = {1:'姓名',2:'性别',3:'年龄',4:'体重',5:'身高',inplace = True)
```

第5步，对整行为空值的数据进行删除，使用df.dropna方法，代码如下：

```
Df.dropna(how = 'all',inplace = True)
```

第6步，使用平均值来填充体重缺失的值，使用df.fillna方法，代码如下：

```
Df[u'体重'].fillna(int(df[u'体重'].mean()),inplace = True)
```

第7步，对身高列的度量进行统一，使用df.apply方法来统一身高的度量，用df.columns.str.upper方法将首字母统一为大写，代码如下：

```
//第11章/Python数据清洗.统一首字母大写
Def format_height(df):
  If(df['身高']< 3):
  Return df['身高'] * 100
  Else:
  Return df['身高']
df['身高'] = df.apply(format_height,axis = 1)
Df.columns = df.columns.str.supper()
```

第8步，当对姓名列的非法字符进行过滤时可以使用df.replace方法，当删除字母前面的空格时可以使用df.map方法，代码如下：

```
Df['姓名'].replace({r'[^\x00 - \x7f] + ':"},regex = True,inplace = True
Df['姓名'].replace({r'\? + ':"},regex = True,inplace = True)
Df['姓名'] = Df['姓名'].map(str.lstrip)
```

第9步，将年龄列为负值的年龄处理为正数，可以使用df.apply方法，代码如下：

```
Def format_sex(df):
Return abs(df['年龄'])
df['年龄'] = df.apply(format_sex,axis = 1)
```

第10步，删除行记录重复的数据，可以使用df.drop_duplicates方法，代码如下：

```
Df.drop_duplicates(['姓名'],inplace = True)
```

最后将清洗好的数据保存至新的Excel中，可以使用df.to_excel方法，代码如下：

```
Df.to_excel('./data02.xlsx',index = False
```

清洗后的会员数据见表11-3，而实际上一共只用了10几行代码，假如用Excel可能需要花很长时间，这就是Python进行数据清洗的优势。

表11-3　清洗后的会员数据表

姓　名	性　别	年　龄	体　重	身　高
Emma	Female	18	50	161
Larissa	Female	16	50	170
Edith	Female	20	46	172
Sophia	Male	36	70	170
Joyce	Male	25	52	182
May	Female	40	70	178
Ivy	Male	15	50	140
Stella	Male	30	60	185
Gloria	Male	28	54	180
Amy	Female	18	45	160

除了数据清洗外，Python在数据分析上也有独到的长处，Python中的各种数据处理能力都被打包在一个个包中，除了NumPy及NumPy中的Pandas、Matplotlib这些基础的数据处理包以外，还有一个数据分析中常用的库，即Sklearn，Sklearn是机器学习中一个常用的Python第三方模块，是进行数据挖掘和分析的便捷且高效的工具，Sklearn对一些常用的机器学习方法进行了封装，在执行机器学习任务时，只需简单地调用Sklearn里的模块就可以实现大多数机器学习任务。它包含了集中常用的数据挖掘的方法：①分类，Sklearn中支持向量机、近邻算法、随机森林等分类算法，用于对商品走势分析、垃圾邮件检测、图像识别等场景。②回归，包括岭回归、Lasso回归，回归主要使用在一些预测场景中，例如技术指标选择、股价预测、药物反应等。③聚类，Sklearn中支持K-means聚类、谱聚类等功能，聚类功能频繁地应用在市场中，如常见的压力指标提取、客户分群，以及平台商家分群等场景中。④降维，包括主成分分析、矩阵分解、特征选择，例如很多业务在合成指标时用到的AHP分析法就属于其中的一种，另外一些行业的有效因子筛选、数据可视化等也会用到。⑤模型选择，例如网格搜索、交叉验证，主要用于调参改进模型效果，以及模型评价。⑥预处理，

Sklearn 的另一大使用场景是预处理，它可以对文本数据进行处理，也可以把数据标准化、结构化。

很多数据模型对数据输入有一定的要求，常常需要在建模前对数据进行预处理，在海量数据处理的模型中把数据标准化、规范化，标准化中可以进行正态化，将数据转换为均值为0且方差为1的正态分布数据，也可以把数据分布化，通过把每个数据－数据集最小值/(数据集最大值－数据集最小值)；对一些需要做0、1输入的模型 Sklearn 的预处理还可以提供数据的二值化。

2. 分类

Sklearn 在分类上有很多应用，其中最为常用的有三种：决策树、识别手写数字 SVM 和逻辑回归。决策树是分类中最为基础的算法之一，其核心是依据特征的重要程度，依次使用单个特征进行分类，下面使用 Sklearn 中自带的一个数据集来演示一棵决策树的小例子，决策树(Decision Tree)是在已知各种情况发生概率的基础上，通过构成决策树来求取净现值的期望值大于或等于0的概率，以便评价项目风险，判断其可行性，是直观运用概率分析的一种图解法，由于这种决策分支画成图形很像一棵树的枝干，故称为决策树，代码如下：

```
//第 11 章/Python 分类.iris 数据集输出
From sklearn.datasets import load_iris      # sklearn.datasets 中很多可用的数据集
From sklearn import tree                    # 导入树模块
Iris = load_iris()                          # 导入 iris 数据集
Print('特征:')
Print(iris.data[:10])
Print('目标:')
Print(iris.target[:10])
```

以上代码的输出如下。

```
特征:
[5.1 3.5 1.4 0.2]
[4.9 3.0 1.4 0.2]
[4.7 3.2 1.3 0.2]
```

对概率进行预测，代码如下：

```
//第 11 章/Python 分类.概率输出
Clf = tree.DecisionTreeClassifier()         # 可以自己设定很多参数,如果不写,则采用默认参数
Clf = clf.fit(iris.data,iris.target)        # 模型训练
Print('对第 1 条记录的预测类别:',clf.predict(iris.data[:1,:]))            # 预测
Print('第 1 条记录的实际类别:',iris.target[1])
Print('对第 1 条记录的类别概率预测:',clf.predict_proba(iris.data[:1,:]))   # 概率预测
```

以上代码的输出如下。

```
对第 1 条记录的预测类别: [0]
第 1 条记录的实际类别: 0
对第 1 条记录的类别概率预测: [[1.0.0.]]
```

决策树的一大好处是可以直观地看到决策树的样子，从而看到分类的整个逻辑。可以利用 Graphviz 和 Pydotplus 库实现决策树的可视化，这里不做演示。

图像识别功能可以从分类的角度实现，例如希望从一些手写数字的图片来识别图中的数字到底是哪个数字，就可以用 SVM 分类器实现，Sklearn 中也有内置数据集 Digits，里面有 1797 张图片，每张图片的数据维度为 8×8，利用 Matplotlib 库的 imshow 函数，可以看到前 4 张图片，代码如下：

```
Digits = datasets.load_digits()
Digits.images.shape
```

相应的输出结果为(1797,8,8)。

```
//第 11 章/Python 分类.图像识别
Images_and_labels = list(zip(digits.image,digits.target)) #查看前 4 个图形
For index,(image,label) in enumerate(images_and_labels[:4]):
Plt.aubplot(2,4,index + 1)
Plt.axis('off')
Plt.imshow(image,cmap = plt.cm.gray_r,interpolation = 'neareset')
Plt.title('Training: % i' % label)
Plt.show()
```

输出结果如图 11-2 所示。

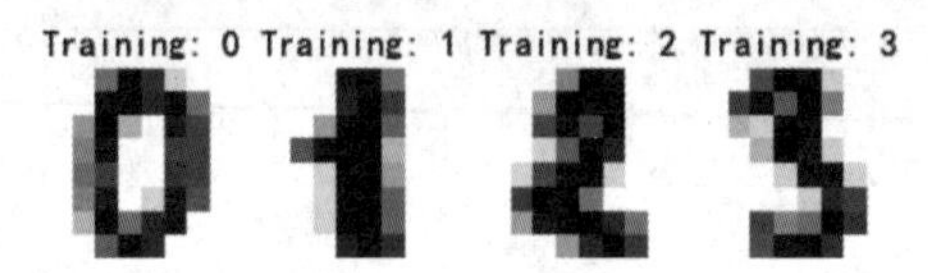

图 11-2 图像识别功能图

将特征数据集转换为一个矩阵，原数据集中每张图片(记录)是以一个 8×88×8 矩阵的形式存储的，而在建模过程中不能直接以这样的格式作为输入，所以对数据集要进行一定的转换，将一个 8×88×8 的矩阵转换为一个向量来处理，代码如下：

```
n_samples = len(digits.images)
Data = digits.images.reshape((n_samples, - 1))
Data.shape
```

输出为(1797,64)。

```
Digits.images[0]     #原数据集第 1 个记录
```

输出为 Array([[0,0,5,13,9,1,0,0],[0,0,13,15,10,15,5,0],[0,3,15,2,0,11,8,0],[0,4,12,0,0,8,8,0]])。

```
Data[0] #转换后的数据集的第 1 个记录
```

输出为 Array([0,0,5,13,9,1,0,0,0,0,13,15,10,15,5,0,0,3,15,2,0,11,8,0,0,4,12,0,0,8,8,0,0,5,8,0,0,9,8,0,0,4,11,0)。

利用样本的前一半数据集训练模型(支持向量机)，使用训练好的模型对样本的后一半

数据集进行预测，以便查看部分的预测结果。从结果可以看到，模型对这 4 个记录都预测对了。

3. 回归

还有一种 Sklearn 中常用的算法模型是 Logistic 回归，Logistic 回归又称 Logistic 回归分析，是一种广义的线性回归分析模型，常用于数据挖掘、疾病自动诊断、经济预测等领域。Logistic 模型用来预测一个分类变量，例如用身高和体重等因子判断一个人为男性(1)还是女性(0)。例如在已知一个人的身高为 180cm、体重为 65kg 时，预测他为男性的概率为 90%。不妨设预测目标为 y，解释变量为 $x_1,x_2,\cdots,x_m$，Logistic 模型可以用以下公式来表达(注意 Logistic 模型是实现规定模型结构的)。

$$\ln\left(\frac{\text{Prob}(y=1)}{1-\text{Prob}(y=1)}\right)=\beta_0+\beta_1\times x_1+\beta_2\times x_2+\cdots+\beta_m\times x_m \tag{11-1}$$

或者

$$\text{Prob}(y=1)=\frac{1}{1+\exp(-(\beta_0+\beta_1\times x_1+\beta_2\times x_2+\cdots+\beta_m\times x_m))} \tag{11-2}$$

其中，$\beta_0,\beta_1,\cdots,\beta_m$ 为待估计的参数，一般采用最大似然估计 MLE 来处理，代码如下：

```
//第 11 章/Python 回归.最大似然估计
From sklearn import linear_model,datasets
Iris = datasets.load_iris()
X = iris.data[:,:2]
Y = iris.target
X.shape,Y.shape
```

输出为((150,2),(150,))，下一步训练模型，代码如下：

```
Logreg = linear_model.LogisticRegression(C = 1e5)
Logreg.fit -  (X,Y)
```

输出为 LogisticRegression(C=100000.0,class_weight=None,dual=False,fit_intercept=True,intercept_scaling=1,max_iter=100,multi_class='ovr',n_jobs=1,penalty='I2',random_state=None,solver='liblinear',tol=0.0001,verbose=0,warm_start=False)。

其中模型参数 beta 的估计，代码如下：

```
Logreg.coef_            #查看模型参数 beta 的估计
```

输出为 array([[−30.61879527,27.5493779],[0.14041199,−3.21392459],[2.60373147,−0.74348327]])。

随后进行模型预测，构建分类边界，代码如下：

```
//第 11 章/Python 回归.分类图
H = 0.02                                    #作图的间隔
X_min,x_max = X[:,0].min() - 0.5,X[:,0].max() + 0.5
```

```
y_min,y_max = X[:,1].min() - 0.5,X[:,1].max() + 0.5
Xx,yy = np.meshgrid(np.arange(x_min,x_max,h),np.arange(y_min,y_max,h))
Z = logreg.predict(np.c_[xx.ravel(),yy.ravel()]                    #进行预测
Z = Z.reshape(xx.shape)
Plt.figure(1,figsize = (5,3.888))
Plt.pcolormesh(xx,yy,Z,cmap = plt.cm.paired)

Plt.scatter(X[:,0],X[:,1],s = 60,c = Y,edgecolors = 'k',cmap = plt.cm.Paired)
Plt.xlabel('模型的权重')
Plt.ylabel('萼片宽度')

Plt.xlim(xx.min(),xx.max())
Plt.ylim(yy.min(),yy.max())
Plt.xticks(())
Plt.yticks(())                                                     #不显示横纵轴数值

Plt.show()
```

输出结果如图 11-3 所示。

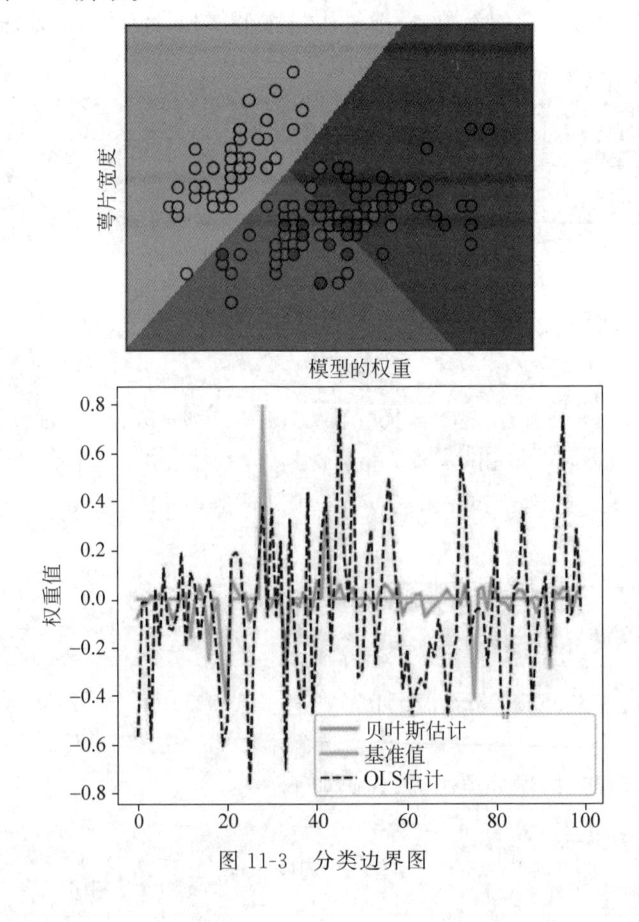

图 11-3　分类边界图

回归方面，Python提供了普通的线性回归，也提供了正则化路径的Lasso回归和Elastic Net回归，这里对回归不做过多展开，实际上回归作为预测分析的基础手段，不管在Excel还是一些其他数据分析工具中都会有比较简单好用的打包功能，因此这方面即使不用Python也有很多可替代的方案。

4. 聚类

Python还有一大优势分析功能是Sklearn中的聚类分析，当一个业务的业务主体达到一定量级时，经常需要进行划分，常规的划分手段是通过某些关键字段的分布来实现的，例如抖音上面有很多达人，每个达人的用户量不同，但量级上差距很大，而不同的用户量级直接关联了这个达人的影响力，因此假如要对达人进行分类，一个可行的维度就是根据用户量进行划分，通过观察不同用户数量达人的分布情况，可以划分出来8个不同等级的达人，但是也有可能需要关注的维度比较多，或者并不是数值型的维度，这时没法直接通过分布观察，这时就需要聚类。

在一维的情况下，常用的聚类手法是核密度估计，对于一个数据集，查看该数据集的频率或者频数分布图是常用的手段，希望通过频率分布图了解该数据集的大致分布是如何的，而细致地考虑频率分布图的画法，其实际上假设数据点在划分的一个小区间上服从均匀分布，所以常见的频率分布图是由多个柱形组成的。那么考虑以每个数据点为中心，作一个小区间，并且数据点在这个小区间上的分布不是均匀分布的，而是一些其他（如正态、指数等）的分布。通过这种操作方法可以得到一个数据集的核密度的估计，代码如下：

```
//第11章/Python聚类.核密度估计
From scipy.stats import norm
From sklearn.neighbors import KernelDensity
N = 100
Np.random.seed(1)
X = np.concatenate((np.random.normal(0,1,int(0.3 * N)),np.random.normal(5,1,int(0.7 * N))))
[:,np.newaxis =
X_plot = np.linspace(-5,10,1000)[:,np.newaxis]   #[:,np.newaxis]是为了将其转换为二维列向量
True_dens = (0.3 * norm(0,1).pdf(X_plot[:,0]) + 0.7 * norm(5,1).pdf(X_plot[:,0]))
                                                                      #数据真实的概率密度

Fig,ax = plt.subplots()
Ax.fill(X_plot[:,0],true_dens,fc = 'black',alpha = 0.2,label = '真实概率密度')

For kernel in ['gaussian','tophat','epanechnikov']:   #使用3种核密度估计方法来估计
Kde = KernelDensity(kernel = kernel,bandwidth = 0.5).fit(x)
Log_dens = kde.score_samples(X_plot)
Ax.plot(X_plot[:,0],np.exp(log_dens),'-',label = "核函数 = '{0}'".format(kernel))

Ax.legend(loc = 'upper left')
Ax.plot(X[:,0], -0.005 - 0.01 * np.random.random(X.shape[0]),'+k')

Ax.set_xlim(-4,9)
Ax.set_ylim(-0.02,0.4)
Plt.show()
```

以上代码的输出如图 11-4 所示。

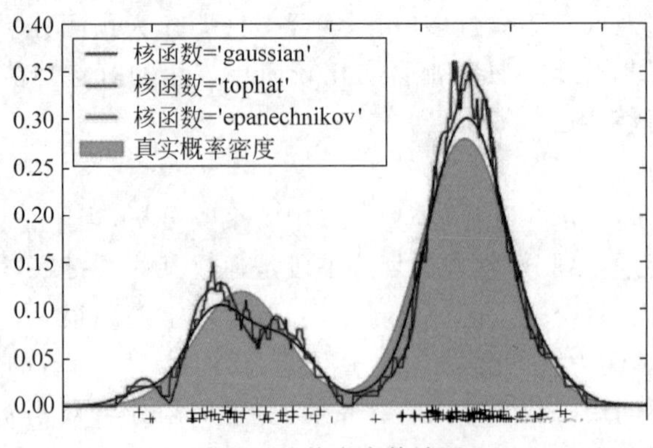

图 11-4 核密度估计图

当数据维度变得更多时，就需要考虑 K-means 聚类了，K-means 聚类除了在业务主题分类中应用广泛以外，在图像处理中也有很深的应用场景，例如要将一张图片上的成千上万种颜色聚合成 64 种颜色，就可以用 K-means 聚类方法实现上述功能，其核心原理是将类似的颜色划分到一个类中，代码如下：

```
//第 11 章/Python 聚类.图片颜色聚合
From scipy.stats import norm
From sklearn.cluster import KMeans
From sklearn.utils import shuffle
N_colors = 64
China = load_sample_image("china.jpg")              #加载图片
China = np.array(china,dtype = np.float64)/255  #将数据转换为 float64,并且除以 255(三原色
                                                #的最大值)使数在 0～1

W,h,d = original_shape = tuple(china.shape)
Assert d == 3
Image_array = np.reshape(china,(w * h,d))           #将图片数据转换为二维

Print("使用数据集的一部分子集训练模型")
Image_array_sample = shuffle(image_array,random_state = 0)[:1000]
Kmeans = KMeans(n_clusters = n_colors,random_state = 0).fit(image_array_sample)  #将颜色聚
                                                                                  #成 64 个类

Print("对整张图片进行颜色预测(K - means 方法)")
Labels = kmeans.predict(image_array)                 #每种颜色对应的类
```

使用数据集的一部分子集训练模型。

对整张图片进行颜色预测(K-means 方法)，代码如下：

```
//第 11 章/Python 聚类.图片颜色预测
Def recreate_image(codebook,labels,w,h):
"""Recreate the (compressed)image from the code book & labels"""
d = codebook.shape[1]
```

```
image = np.zeros((w,h,d))
label_idx = 0
for i in range(w):
for j in range(h):
Image[i][j] = codebool[labels[label idx]]
Label_idx += 1
Return image
Plt.figure(1)
Plt.clf()
ax = plt.axes([0,0,1,1])
plt.axis('off')
plt.title('Original image (96,615 colors)')
plt.imshow(china)

plt.figure(2)
plt. clf()
ax = plt.axes([0,0,1,1])
plt. axis(off')
plt.title('Quantized image (64 colors, K - Means)')
plt.imshow(recreate image(kmeans.cluster _centers_, label, w, h)
plt.show()
```

5. 降维

在很多业务场景中影响最终的关键变量的因子有很多,例如影响一个商品好不好卖就包括价格、商品类目、评价、物流、时效、产地等因子,如果用这些因子去构建一个商品好不好卖的指标就会面临不好作图的尴尬,Python 的 Sklearn 中也有专门用于做降维的模块包,称为主成分分析 PCA,例如原始的数据集是 4 维的,经过 PCA 处理后,可以降维到 3 维,这样就可以作图,PCA 的核心是协方差矩阵的特征值分解,代码如下:

```
//第 11 章/Python 降维.PCA 处理
from mpl_toolkits.mplot3d import Axes3D
from sklearn import decomposition
from sklearn import datasets
centers = [[1, 1],[- 1, - 1, [1, - 1]]
iris = datasets.load_iris()   #导入数据集
X,y = iris.data, iris.target
print('原始维度:',X.shape)
print('进行 PCA 处理')
pca = decomposition.PCA(n_components = 3)
pca.fit(X)
X = pca.transform(X)
print('PCA 降维后:',X.shape)
```

输出如下。

```
原始维度: (150,4)
进行 PCA 处理
PCA 降维后: (150,3)
```

绘制 PCA 降维图,代码如下:

```
//第 11 章/Python 降维.PCA 降维图
fig = plt.figure()
plt. clf()
ax = Axes3D(fig,rect = [0, 0,0.95,1], elev = 48, azim = 134)

plt. cla( )
for name, label in [('Setosa', 0), ('versicolour', 1), ('Virginica', 2)]:
ax.text3D(X[y == label, 0].mean( ),X[y == label, 1].mean() + 1.5, X[y == label, 2].mean(),
name, horizontalalignment = 'center', bbox = dict(alpha = 0.5,edgecolor = 'w', facecolor = 'w'))
#Reorder the labels to have colors matching the cluster results
y = np.choose(y,[1, 2,0]).astype(np.float)
ax.scatter(X[:, 0],X[:, 1],X[:, 2],c = y, cmap = plt.cm.spectral, edgecolor = 'k', s = 50)
ax.w_xaxis.set ticklabels([])
ax.w_yaxis.set ticklabels([])
ax.w_zaxis.set ticklabels([])
plt.show()
```

以上代码的输出如图 11-5 所示。

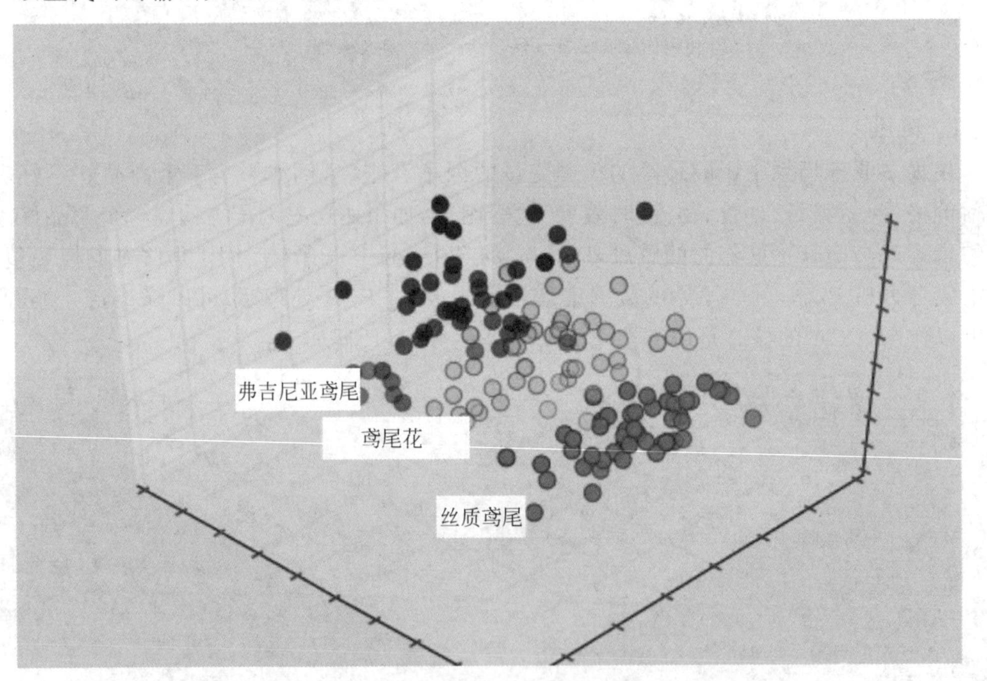

图 11-5 降维后的因果关系图

除传统的通过协方差来做降维的方法以外，也有通过局部做线性嵌入的降维方法，这种方法和传统的关注样本方差的降维方法相比更关注在降维中保持样本数据的局部线性特征。LLE 是流形学习(Manifold Learning)的一种。流形降维过程是希望将三维空间中的这块"布"展开，但是展开到二维空间上仍然能够局部保留局部结构的特征。局部线性嵌入所实现的是局部最优解，并且假设数据样本在局部满足线性关系，计算较快，其具体步骤可分为 3 步，代码如下：

```
//第 11 章/Python 降维.LLE 降维
from mpl toolkits.mplot3d import Axes3D
from sklearn import manifold, datasets
print('代入数据集')
X, color = datasets.samples generator.make_swiss_roll(n_samples = 1500)
X.shape, color.shape
fig = plt.figure(figsize = (7,5))
ax = fig.add_subplot(111, projection = '3d')
ax.scatter(X[:, 0,X[:, 1],X:, 2],c = color, cmap = plt.cm.Spectral,s = 30)

plt.axis('tight')
plt.xticks([]), plt.yticks([])
plt.title('原始数据集')
plt.show()
```

以上代码的输出如图 11-6 所示。

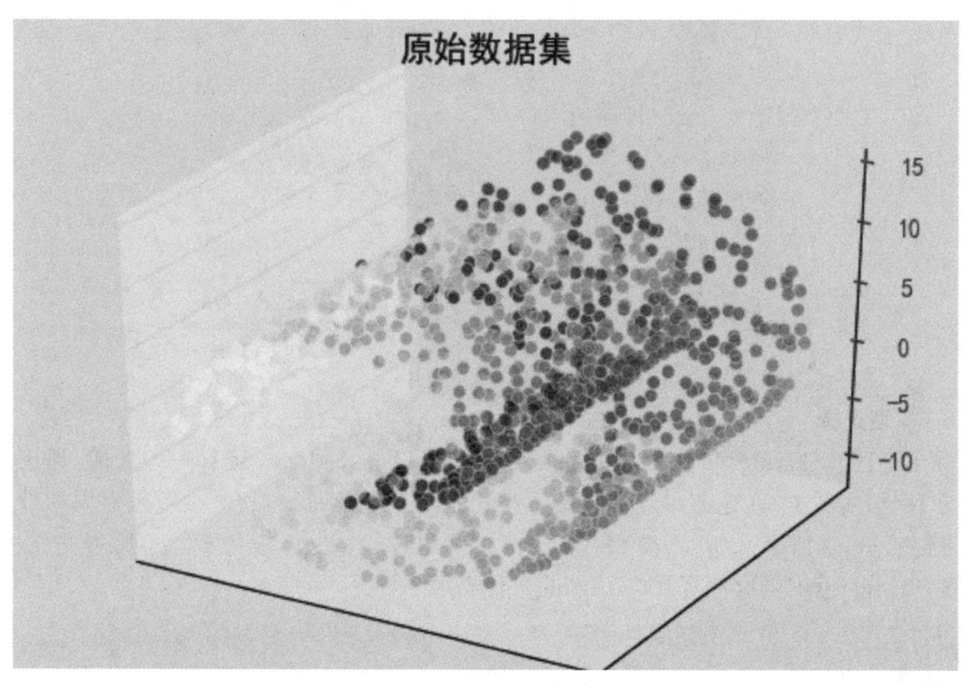

图 11-6 三维空间的分布图

```
print("运行局部线性嵌入")
X_r,err = manifold.locally_linear_embedding(X,n_neighbors = 12,n_components = 2)
#选择近邻个数为 12 个,成分个数为 2 个
print("完成重构,重构误差: %g" % err)
```

输出如下。

```
运行局部线性嵌入
完成重构,重构误差: 6.88621e-08
```

绘制 PCA 降维投影图，代码如下：

```
//第 11 章/Python 降维.PCA 降维投影图
fig = plt.figure(figsize = (7,5)

plt.scatter(X_r[:,0],X_r[:,1],s = 30,c = color,cmap = plt.cm.Spectral)
plt.axis('tight')
plt.xticks([]), plt.yticks([])
plt.title('投影后的数据集')
plt.show()
```

以上代码的输出如图 11-7 所示。

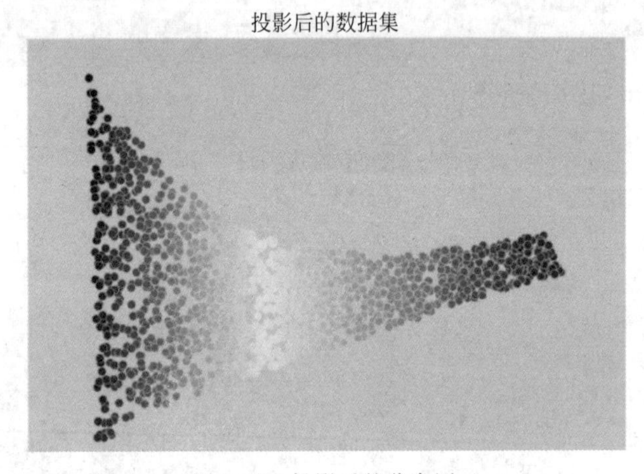

图 11-7　投影后的分布图

6. 模型选择

除了上述几种 Sklearn 中常用的数据分析功能以外，Sklearn 还有一大功能，即模型的选择和评价，实际上，在业务中经常会做一些线性回归或者曲线拟合，接下来对周期性业务进行预测，这种拟合出来的模型，希望由一个拟合效果恰好的模型，既不是欠拟合(Underfitting)也不是过拟合(Overfitting)，代码如下：

```
from sklearn.pipeline import Pipeline
from sklearn.preprocessing import PolynomialFeatures
from sklearn.linear_model import LinearRegression
```

虚拟构建一个样本，假设已知 x 和 y 之间的关系是 Cosine 函数的关系，现在随机抽取一个样本。需要注意的是，样本数据可能受到随机干扰，所以样本中的数据可能不是精确服从 $y=\cos x$ 的关系，如图 11-4 所示，真实关系为实线，而抽取的样本只是围绕在线周围，而不是全都在线上，代码如下：

```
//第 11 章/Python 模型选择.函数拟合
n_sample = 30
X = np.sort(np.random.rand(n_samples))
```

```
y = np.cos(1.5 * np.pi* X) + np.random.rand(n_samples) * 0.2

X_test = np.linspace(0,1,100)
plt.plot(X_test,np.cos(1.5 * np.pi * X_test), color = 'red',label = r"真实函数: $y =
cos(x) $")
plt.scatter(X,y,edgecolor = 'b',s = 20,label = "样本数据")
plt.xlabel("x")
plt.ylabel("y")
plt.xlim((0, 1))
plt.ylim(( - 2, 2)
plt.legend(loc = "best")
plt.show()
```

以上代码的输出如图 11-8 所示。

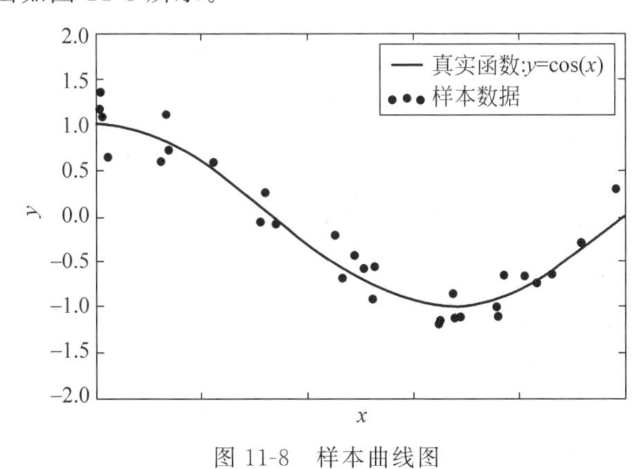

图 11-8 样本曲线图

下面利用线性模型或者多项式线性模型来对 x 和 y 之间的关系进行拟合预测。分别使用多项式阶数为 1、4、15 的线性模型进行拟合,结果如图 11-9 所示,可以看到在第 1 张图中,使用线性模型来拟合,拟合效果不佳,存在 Underfitting 的情况;在第 2 张图中,使用 4 阶多项式线性模型来拟合,可以发现和真实关系之间非常接近,拟合效果较为理想;在第 3 张图中,使用了 15 阶多项式线性模型来拟合,发现模型在 3 个模型中很好地拟合了样本点数据,然而却偏离了真实的模型,存在 Overfitting 的情况,代码如下:

```
//第 11 章/Python 模型选择.不同模型拟合曲线
degrees = [1, 4, 15]
plt.figure(figsize = (14, 5))
for i in range(len(degrees ):
  ax = plt.subplot(1,len(degrees),i + 1)
  plt. setp(ax, xticks = ( ), yticks = ( ))

Polynomial_features = PolynomialFeatures(degree = degrees[i],include_bias = False)
Linear_regression = LinearRegression()
pipeline = Pipeline([( "polynomial features", polynomial _features), ( "linear _ regression,
linear_regression)])
pipeline.fit(Xp:, np.newaxis], y)
```

```
X_test = np.linspace(0,1,100)
plt.plot(X_test,pipeline.predict(X_test[:,np.newaxis]),color = 'green',label = "模型")
plt.plot(X_test, np.cos(1.5 * np.pi * X_test), color = 'red,label = "真实关系")
plt.scatter(X,y,edgecolor = 'b',s = 20,label = "样本数据")
plt.xlabel("x")
plt.ylabel("y")
plt.xlim((0, 1))
plt.ylim(( - 2, 2))
plt.legend(loc = "best")
plt.show()
```

以上代码的输出如图 11-9 所示。

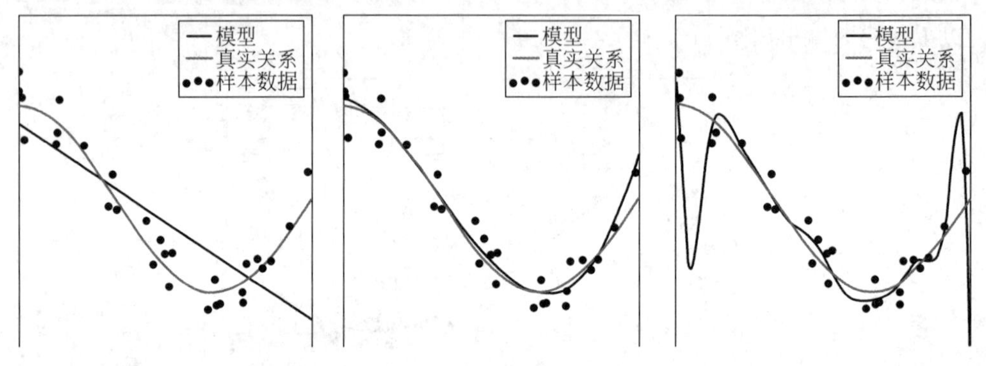

图 11-9　曲线拟合图

实际上,可以从交叉验证(Cross Validation)的角度来帮助选择模型,交叉验证的思想是：对于一个数据集,抽取其中一部分数据集进行模型训练,利用训练好的模型对剩下的数据集进行预测,并且求预测误差,不断地更换模型训练的数据集,直到所有的数据都被预测过为止,汇总每次预测的误差,作为模型评价的标准,代码如下：

```
//第 11 章/Python 模型评价.交叉验证
from sklearn.model_selection import cross val score #利用交叉验证进行模型评估
for i in range(len(degress)):
  polynomial features = PolynomialFeatures(degree = degrees =[i], include_bias = False)
  Linear_regression = LinearRegression()
  pipeline= Pipeline(["polynomial_features",polynomial_features),("linear_regression",
linear_regression)])
  scores = cross val score(pipeline, X[:, np.newaxis], y, scoring="neg mean squared error",
cv= 10) #利用 10 折交叉验证计算模型的 MSE
print("Degree {}MSE= {:.2e}(+/- {:.2e})".format(degrees[i], - scores.mean( ), scores.std())
```

输出如下：

```
Degree 1 MSE = 3.76e-01(+/-5.77e-01)
Degree 4 MSE = 1.19e-01(+/-1.56e-01)
Degree 15 MSE = 1.78e+07(+/-5.33e+07)
```

从交叉验证的结果来看,确实是阶数为 4 模型 MSE 表现最好。

另一种可以比较不同模型的方式是学习曲线,其刻画的是随着训练样本容量的变化,模型学习进行预测的均方误差的变化，代码如下：

```
//第 11 章/Python 模型评价.学习曲线
from sklearn.svm import SVR
from sklearn.model_selection import learning_curve
from sklearn.kernel_ridge import KernelRidge #生产数据
rng = np.random.RandomState(0)
X = 5 * rng.rand(10000,1)
y = np.sin(X).ravel( )
y[::5] += 3 * (0.5 - rng.rand(X.shape[0] //5))
svr = SVR(kernel = 'rbf',C = 1e1, gamma = 0.1)
kr = KernelRidge(kernel = 'rbf', alpha = 0.1, gamma = 0.1)
Train_sizes,train_scores_svr,test_scores_svr
 = \learning_curve(svr,X[:100],y[:100],train_sizes = np.linspace(0.1,1,10), scoring = "neg_
mean_squared_error",cv = 10)
Train_sizes_abs, train_scores_kr, test_scores_kr
 = \learning_curve(svr,X[:100],y[:100],train_sizes = np.linspace(0.1,1,10), scoring = "neg_
mean_squared_error",cv = 10)
plt.figure()
plt.plot(train_sizes, - test_scores_svr.mean(1),'o - ',color = "r",label = "支持向量回归")
plt.plot(train_sizes, - test_scores_kr.mean(1),'o - ',color = "g",label = "核岭回归")
plt.xlabel("训练集")
plt.ylabel("均方误差")
plt.title("学习曲线")
plt.legend(loc = "best")
plt.xlim(0,100)

Plt.show()
```

以上代码的输出如图 11-10 所示。

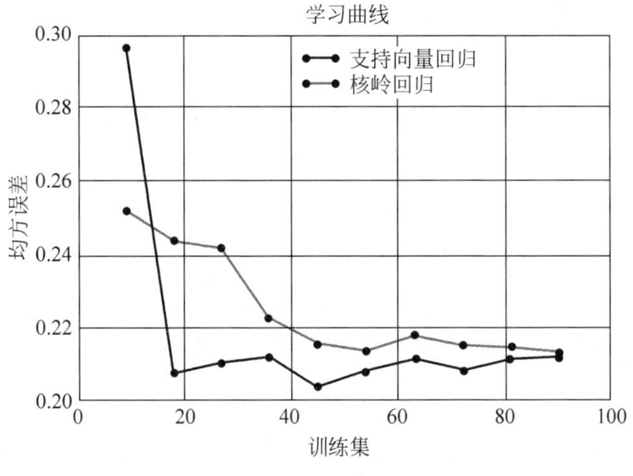

图 11-10　学习曲线图

在使用分类进行建模之后，往往需要对分类结果进行评价，可以从混淆矩阵、ROC 曲线和交叉验证来考虑模型的分类效果，代码如下：

```
from sklearn.model_selection import train_test_split
from sklearn import tree #导入树模块
```

人为构造数据集，代码如下：

```
X = np.random.randn(500,4)
y = np.random.randint(0,2,500)
X_train, X_test, y_train, y_test = train_test_split(X, y, test_size = 0.4, random_state =
0) #原数据样本，一半作为训练集，另一半作为检验集
```

模型训练和预测，代码如下：

```
//第 11 章/Python 模型评价.模型训练和预测
clf = tree.DecisionTreeClassifier()#可以自己设定很多参数，如果不写，则采用默认参数
clf = clf.fit(X_train,y_train) #模型训练
predicted = clf.predict(X_test)
expected = y_test
Probas_ = clf.predict_proba(X_test)
```

混淆矩阵及其衍生指标，代码如下：

```
from sklearn import metrics
print("混淆矩阵:\n%s" % metrics.confusion matrix(expected, predicted))
print("分类结果评价 %s:\n%s\n" % (clf, metrics.classification_report(expected,
predict)))
```

输出如下。

```
混淆矩阵:
[[56 43]
[59 42]]
```

分类结果评价 DecisionTreeClassifier(class_weight=None，criterion='gini'，max_depth=None)。

分类效果评价还可通过 ROC 曲线和 AUC 评价，代码如下：

```
//第 11 章/Python 模型评价.ROC_AUC 曲线
from sklearn import metrics
fpr,tpr, thresholds = metrics.roc _curve(expected, probas_[:, 1])
Roc_auc = metrics.auc(fpr,tpr)
plt.figure()
plt.plot(fpr,tpr, color = 'darkorange',linewidth = 2,label = 'ROC 曲线(AUC = %0.2f)'% roc_auc)
plt.plot([0,1],[0,1], color = 'navy',linewidth = 2, linestyle = '--')
plt.xlim([0.0, 1.0])
plt.ylim([0.0,1.05])
plt.xlabel('False Positive Rate')
plt.ylabel('True Positive Rate')
plt.title('分类效果评价 - ROC AUC')
plt.legend(loc = "best")
plt.show()
```

以上代码的输出如图 11-11 所示。

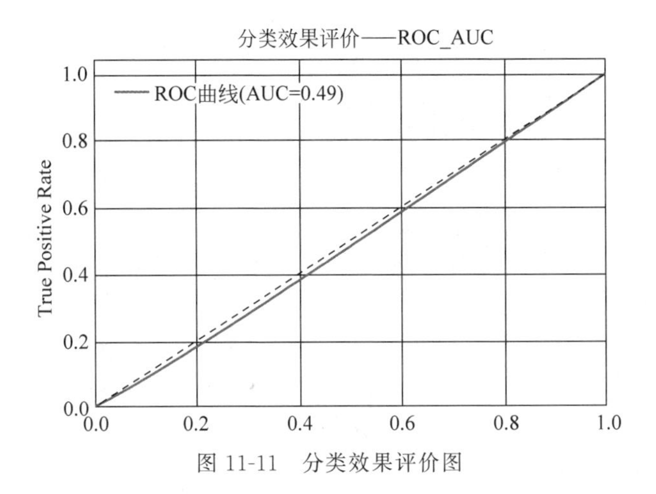

图 11-11　分类效果评价图

交叉验证,代码如下:

```
//第 11 章/Python 模型评价.交叉验证
from sklearn.model_selection import StratifiedKFold
from sklearn.metrics import roc_curve, auc
from scipyimport interp
Cv = stratifiedKFold(n_splits = 6) # 考虑 6 折交叉验证
tprs = []
aucs = []
Mean_fpr = np.linspace(0, 1, 100)

plt. figure(figsize = (8,7))
i = 0
for train, test in cv.aplit(X, y):
probas = clf.fit(X(train], yltrain]).predict_proba(X[test])
# Compute ROC curve and area the curve
fpr, tpr, thresholds = roc_curve(y[test], probas_[:, 1])
tprs.append(interp(mean_fpr, fpr, tpr))
tprs[ - 1][0] = 0.0
Roc_auc = auc(fpr, tpr)
aucs.append(roc_auc)
Plt.plot(fpr,tpr,lw = 1,alpha = 0.7,label = 'ROC fold %d (AUC = %0.2f)'%(i, roc_auc))
i += 1
plt.plot([0, 1],[0, 1], linestyle = ' -- ',lw = 2,color = 'r',label = '随机分类',alpha = 0.8)
Mean_tpr = np.mean(tprs,axis = 0)
Mean_tpr[ - 1] = 1.0
Mean_auc = auc(mean_fpr, mean_tpr)
std_auc = np.std(aucs)
plt.plot(mean_fpr,mean_tpr, color = 'b',label = r'平均 ROC (AUC =  %0.2f $\ pm $ %0.2f)' %
(mean_auc, std_auc),lw = 2, alpha = 0.8
plt.xlim([ - 0.05,1.05])
plt.ylim([ - 0.05,1.05])
plt.xlabel('False Positive Rate')
plt.ylabel('True Positive Rate')
plt.title('分类效果评价 - ROC 和交叉验证')
plt.legend(loc = "best")
plt. show()
```

以上代码的输出如图 11-12 所示。

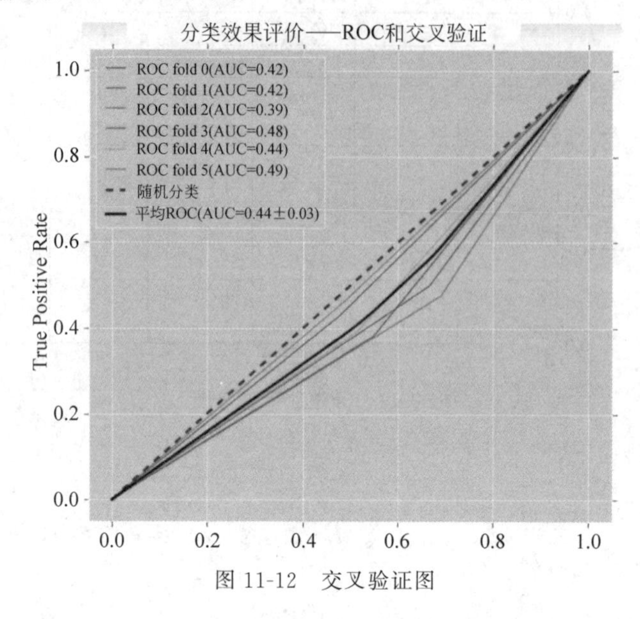

图 11-12 交叉验证图

7. 机器学习

Python 基于机器学习也延伸了像集成学习等提高运算效率的算法,集成学习是使用一系列学习器进行学习的一种机器学习方法,使用某种规则对各个学习结果进行整合,从而获得比单个学习器更好的学习效果。

随机森林是如决策树的基础分类器的 Bagging,代码如下:

```
from sklearn.datasets import make_classification
from sklearn.ensemble import ExtraTreesClassifier
```

人为构造一个分类数据集,样本容量为 1000,特征个数为 10,有信息含量的特征个数为 3,目标类别个数为 2,代码如下:

```
X,y = make_classification(n_sample = 1000,n_features = 10,n_informativw = 3,n_redundant
 = 0,n_repeated = 0,n_classes = 2,random_state = 0,shuffle = False)
print(X[:4])
print(y[: 4])
```

输出如下:

```
[[0.24983722 2.07999753 -2.41574285 1.55250219 -0.02025345 1.52308665 1.50875967 -0.44983528
 -0.04794935 -0.36425081]
[-0.48628731 2.43254818 -2.81984222 -0.16765617 1.1524328 -0.20515407 1.67435428 0.92336623
 -0.5970967 -0.78257457]]
```

构建随机森林模型,代码如下:

```
Forest = ExtraTreesClassifier(n_estimators = 250,random_state = 0)
Forest.fit(X,y)
```

输出如下：

```
ExtraTreesClassfier(Bootstrap = False,class_weight = None,criterion = 'gini',max_depth = None,
max_features = 'auto',max_leaf_nodes = None,min_impurity_split = 1e-07,min_samples_leaf = 1,
min_samples_split = 2,min_weight_fraction_leaf = 0.0)
```

计算随机森林模型中特征的重要性，并排名这些特征，代码如下：

```
importances = forest.feature_importances_
std = np.std(ltree.feature_importances_for tree in forest.estimators_],axis = 0)
indices = np.argsort(importances)[:: - 1]
print("Feature ranking:")

for f in range(X.shaper1]):
print(" %d.feature %d (%f)" % (f + 1, indices[f],importances[indices[f]])
```

输出如下：

```
Feature ranking:1.feature 1(0.295902)2.feature 2(0.208351)3.feature 0(0.177632)4.feature
3(0.047121 5.feature 6(0.046303)6.feature 8(0.046013)7.feature 7(0.045575)8.feature
4(0.044614)9.feature 9(0.044577)10.feature 5(0.043912)
```

可视化特征的重要程度，代码如下：

```
//第 11 章/Python 模型评价.特征重要程度可视化
plt.figure()
plt.title("重要程度可视化")
plt.bar(range(X.shape[1]), importances[indices],color = "r",yerr = std[indices], align = "center")
plt.xticks(range(X.shape[1]),indices)
plt.xlim([ - 1,X.shape[1]])
plt.show()
```

以上代码的输出如图 11-13 所示。

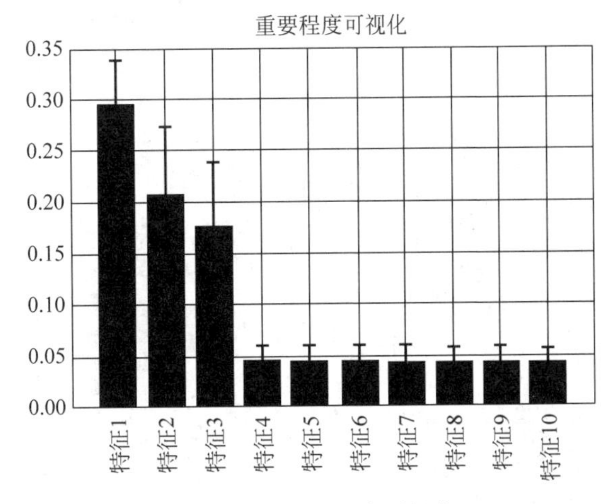

图 11-13　重要程度可视化

对于异常点的检索，实际上也从分类问题的角度来考虑。模型实际上就是对异常点类别和非异常点类别进行分类，如果能够分类准确，则相当于能够检索出异常点，代码如下：

```
//第11章/Python机器学习.异常点检索
from sklearn.ensemble import IsolationForest
rng = np.random.Randomstate(42)

#产生训练数据集
X = 0.3 * rng.randn(100,2)
X_train = np.r_[X + 2,X - 2]
#产生一些新的正常的数据点
X = 0.3 * rng.randn(20,2)
X_test = np.r_[X + 2,X - 2]
#产生一些异常的新的数据点
X_outliers = rng.uniform(low = - 4,high = 4,size = (20,2))
```

下一步进行模型拟合，代码如下：

```
//第11章/Python机器学习.模型拟合
clf= IsolationForest(max_samples = 100,random_state = rng)   #构建模型
clf.fit(X_train)                                             #模型训练
y_pred_train = clf.predict(X_train)
y_pred_test = clf.predict(X_test)
y_pred_outliers = clf.predict(X_outliers)
xx,yy = np.meshgrid(np.linspace( - 5,5,50),np.linspace( - 5,5,50))
Z= clf.decision_function(np.c_[xxravel(),yy.ravel()])  #注意这里要对xx和yy先进行
                                                       #ravel()
Z = Z.reshape(xx.shape)                                #对Z的维度进行重构

plt.figure(figsize = (8,6))
plt.title("孤独森林")
plt.contourf(xx,yy,Z,cmap= plt.cm.Blues_r)  #画出检索边界,蓝色越深的区域表示异常区域
b1 = plt.scatter(X_train[:, 0],X_train[:,1],c = 'white',s = 30,edgecolor = 'k')
b2 = plt.scatter(X_test[:, 0],X_test[:, 1],c = 'green',s = 30,edgecolor = 'k')
c = plt.scatter(X_outliers[:, 0],X_outliers[:, 1,c = 'red's = 30,edgecolor = k'
plt. axis('tight')
plt.xlim(( - 5,5))
plt.ylim(( - 5,5))
plt.legend([b1,b2,c],["训练数据集","新的正常数据集""新的异常数据集"],loc = "upper left")
plt.show()
```

以上代码的输出如图11-14所示。

利用模型来检索异常点，结果可以从图11-14看到，蓝色越深的区域是模型认为的异常区域。大多数红色点在蓝色较深的异常区域。

彩图 11-14

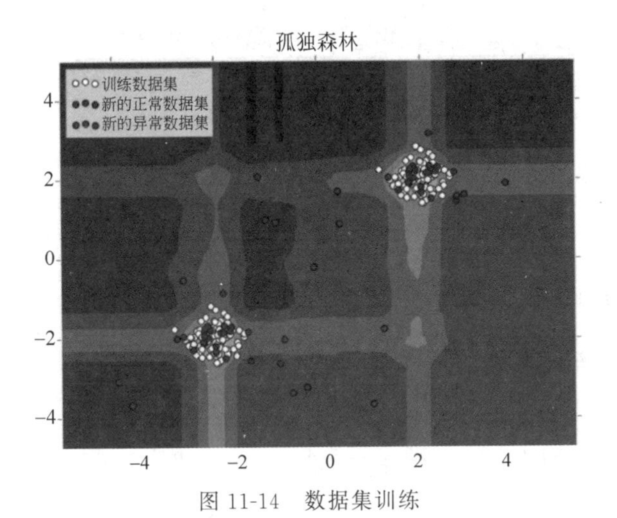

图 11-14 数据集训练

Sklearn 中的 Gradient Boosting Regression 结合梯度下降和 Boosting 的想法，对普通的回归方法进行了改进，代码如下：

```
//第 11 章/Python 机器学习.Gradient Boosting Regression
from sklearn import ensemble
from sklearn import datasets
from sklearn.utils import shuffle
from sklearn.metrics import mean_squared_error
boston = datasets.load boston0    #Boston 住房数据集
X,y = shuffle(boston.data,boston.target,random_state = 13)
X = X.astype(np.float32)
offset = int(X.shape[0] * 0.9)  #选择 90%的数据集作为训练样本,而将剩余的样本作为检验样本
X_train,y_train = X[:offset],y[:offset]
X_test,y_test = X[offset:],y[offset:]
```

下一步拟合模型，代码如下：

```
params = ('n_estimators':500,'max_depth':4 ,'min_samples_split':2, 'learning_rate':0.01, 'loss':'ls'}
clf = ensemble.GradientBoostingRegressor( ** params)#使用 500 个基础 estimator

clf.fit(X_train,y_train)
mse = mean_squared_error(y_test,clf.predict(X_test)
print("MSE: %0.4f" %mse)
```

输出如下。

```
MSE:6.6523
```

计算可视化模型 Deviance，模型的 Deviance 越小说明模型拟合越好，代码如下：

```
//第 11 章/Python 机器学习.可视化模型 deviance
test score = np.zeros((params['n_estimators],),dtype = np.float64)
```

```
for i,y_pred in enumerate(clfstaged predict(X test)):
Test)score[i] = clf.loss_(y_test,y_pred)

plt.figure(figsize = (6,4))
plt.title('模型偏差 - Deviance')
plt.plot(np.arange(params['n_estimators']) + 1,clf.train_score_,'b - ',label = '训练集
Deviance')
plt.plot(np.arange(params['m_estimators') + 1,test_score,'r - ',label = '检验集 Deviance')
plt.legend(loc = 'upper right')
plt.xlabel('Boosting Iterations')
plt.ylabel('Deviance')
plt.show()
```

以上代码的输出如图 11-15 所示。

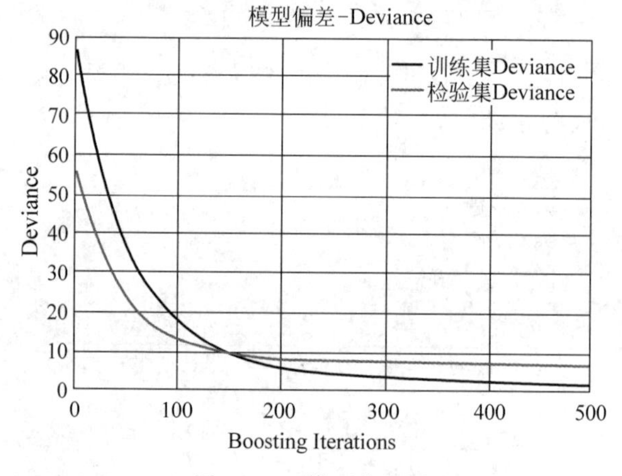

图 11-15 模型偏差图

可视化特征的重要程度,代码如下:

```
//第 11 章/Python 机器学习.特征重要程度可视化
feature_importance = clf.feature_importances_ # 模型结果中有特征重要程度这一选项
# makeimportances relative to max importance
Feature_importance = 100.0 * (feature_importance/feature_importance.max()) # 转换为相对重要
# 程度,最重要的特征的重要程度为 100
Sorted_idx = np.argsort(feature_importance)
pos = np.arange(sorted_idx.shape[0]) + 0.5
plt.figure(figsize = (6,4))
plt.barh(pos,feature_importance[sorted_idx],align = 'center')
plt.yticks(pos,boston.feature_names[sorted_idxl)
plt.xlabel('相对重要程度')
plt.title('变量重要程度')
plt.show()
```

以上代码的输出如图 11-16 所示。

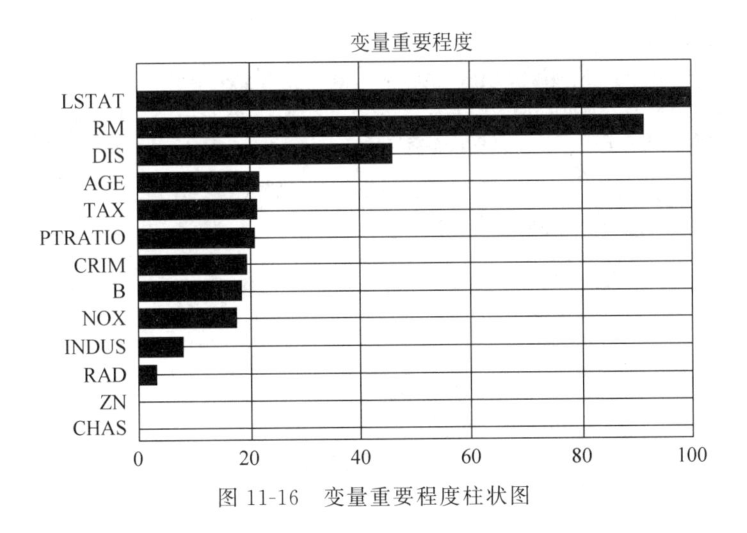

图 11-16 变量重要程度柱状图

11.4 R语言

R语言是统计分析的重要工具,大学里的数学统计专业一般会把R作为主要的统计分析软件,R语言本身也是一种统计编程语言,它与Python的不同点在于,Python本身是一种编程语言,被广泛地应用于程序员的开发工作,数据分析仅作为Python中的一种强大功能,而R语言本身就是用来做数据挖掘和分析建模的,相对而言更加专业一些,很多呈现方式也更偏数学化,这里就不做过多展开了,在实际工作中,R或者Python掌握其一即可,两者的编程逻辑是相似的。

11.5 SPSS

像Python、R等语言有数据分析功能,需要掌握其中一门编程语言,那是不是意味着数据分析工作本身就是一种比较原始,难以智能化、难以拖拉拽的工作呢?答案是否定的,市面上也有很多智能的数据分析工具,导入数据后可以使用拖拉拽的方式实现数据分析,SPSS就是其中比较常用的一种工具。

SPSS就属于人机交互比较简单的软件,不需要编程,只需拖拉拽就可以生成统计结果,主要应用于问卷调查、人文社科等统计分析领域中。SPSS通过直接导入Excel文件或者CSV文件进行数据分析,它的数据分析方法有很多,按模块的不同进行区分,SPSS提供了很多经常使用的功能,如图11-17所示。

数据模块中可以对数据进行定义,主要是分别定义不同的数据类型,方便后续进行数据处理,SPSS中数据主要分为3种类型。①名义:当变量值表示不具有内在等级的类别时(或者不具有固有的类别顺序的分类依据),该变量可以作为名义变量。例如,雇员任职的公司部门。名义变量的示例包括地区、邮政编码等。②有序:当变量值表示带有

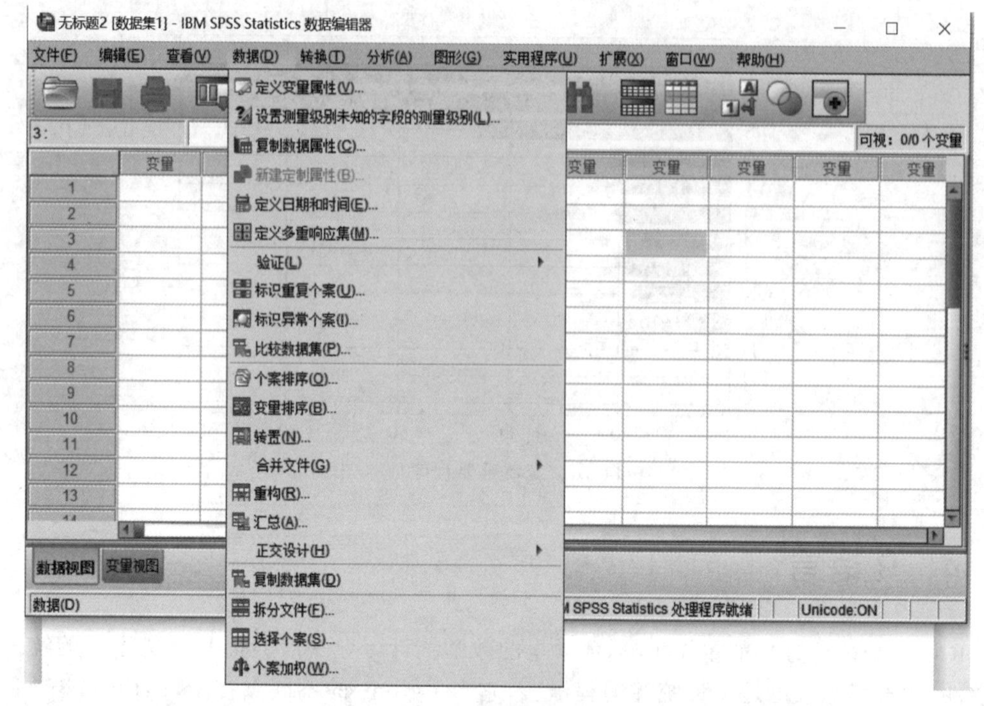

图 11-17 SPSS 的数据处理功能图

某种内在等级的类别时，该变量可以作为有序变量。例如，从十分满意到十分不满意的服务满意水平，注意这里不要求服务满意水平以数字表达，也可以是满意、较满意、较不满意、不满意等文字，但仍可以知道它们是有序的。③标度：区间或比例刻度度量的数据，其中数据值既表示值的顺序，也表示值之间的距离。例如，70 000 美元的薪金比 50 000 美元的薪金高，这两个值之间的差距是 20 000 美元，这些数据也称为定量或连续数据。除此之外，数据模块中还提供了类似标识重复、去重、排序等基础的数据处理能力，如图 11-18 所示。

分析模块是 SPSS 最重要的模块，大部分功能在这个模块中实现。描述统计是其中的一个重要板块，很多时候面临的业务问题是需要对数据现状进行了解的，例如抖音平台今年的大方向是大量引进新作者来丰富平台的内容丰富度，到年末时就需要看一下现在平台的作者及内容现状，例如新作者有多少，在现在平台的占比是怎样的，或者经过一年的成长这些新作者的发展情况怎样，其中的四分位值的作者的用户量达到了什么体量等，这些类似于收集数据给出数据描述的分析都可以通过描述统计功能解决。还有一种描述是去描述数据集本身的，例如对平台上作者目前的生态，最佳的状况是符合正态分布，即中腰部的达人居多且头部达人、尾部达人少的分布模式，这样就可以合理地去分配平台资源，因此需要分析目前的作者群体是否符合正态分布，做正态性分析。还有像抖音平台的作者或多或少会进行用户变现，不管是通过电商、广告或是一些其他手段，作为平台方想要知道这个收入的多少受什么影响，以此有针对性地进行引导，这就需要对收入和其他变量进行相关性分析，或

图 11-18　SPSS 的数据分析功能图

者进行交叉分析，看不同变量对收入影响的大小。

除了比较传统的统计分析，还有一些算法分析模块也是非常好用的，像对已有数据进行回归，预测后几期的趋势性数据，也有分类模块，SPSS 中也可以实现对数据的 K 均值聚类，通过对多个变量的参数进行距离计算做聚类，最终输出设定个数的类。还有一个重要的分析功能是时间序列预测，这个功能是许多业务中最关心的问题，也就是按照过去一段时间的发展趋势，如果到下一段时间，则大概数据是怎样的，类似回归的趋势预测，但时间序列预测相对会更面向结果一些。

上述都是一些数学性的问题，实际上 SPSS 在问卷分析上也有很多相应的功能，进行问卷调查是业务中经常会去做的一件事情，公司内部的系统、产品由于用户只有业务内的同事，因此没有办法获得海量数据，基本需要通过 NPS 的满意度调查来评价产品做得好不好，而收集满意度就可以通过各种问卷获得需要的信息；当然业务上对外部用户也会频繁地使用问卷，像是商家后台的使用，用户的需求调研、对产品的意见都会通过问卷的形式进行数据收集。问卷分析中比较重要的是信度分析，信度分析主要用于检测问卷中量表所测结果的稳定性及一致性，也就是测量收集到的调研对象的量表的结果是否可靠，同时问卷的设计也需要保证问卷题目的设计合理且有效，效度分析就是解决问卷量表的有效性和正确性的。当得到问卷结果后，由于不同问卷题目设计的目的不同，侧重点也不同，因此需要对问卷调查的指标的重要性进行计算，得出各个指标的权重，为多指标综合评价提供聚合依据，这里就可以用到熵权法，例如100个客户的各方面(担保、资本、环境)评分，用熵权法来计算各个变量(担保、资本、环境)的重要性，即所占的权重；在做问卷分析前，一般会基于某种假设、猜想来设计问卷，并得出这个猜想是否可靠，因此需要进行验证性因子分析，测试一个因子与相对应的测度项之间的关系是否符合研究者所设计的理论关系等，上述提到的分析都是做问卷调查时所关联的分析方法，也都可以用SPSS实现。

当掌握了Excel、MySQL、Python、SPSS这些工具以后，数据分析师已经可以实现从数据获取、数据处理到数据分析的过程了，针对具体的业务问题也可以输出分析报告以解决问题，但在业务中数据分析更多的是去对话业务方，因此需要把数学语言转换为业务语言，甚至转换为更易解读的图表，可视化工具中比较好用的是Tableau和PowerBI。

11.6 Tableau

Tableau是一个功能强大的数据可视化工具，它的迭代速度极快，可以帮助数据分析师以可视化的方式分析原始数据，可以实现交互的、可视化的分析和仪表板应用，像一些大杂志的分析报告及使用的数据图片看起来颜色鲜明，高级感十足，实际上大部分是通过Tableau来绘制的，Tableau的优势在于可以实现快速分析，简单的单击动作便可完成数据连接和可视化，对比起Python，它不需要写代码，对比起Excel，它的图形配色更优秀，使用更灵活，并且Tableau允许使用者把多个不同的数据源结合起来使用，实现数据融合，如图11-19所示。

Tableau产出的数据产物可能是图形、报告、仪表盘等，基础的数据分析通过拖拽的方式对每列或行的数据进行处理，然后选择合适的图表绘制即可，如图11-20所示，由于此图表跟Excel里的图表比较像，所以就不多赘述了，跟SPSS相仿，Tableau中把表中的字段分别分在维度窗口和度量窗口中，维度一般显示为蓝色，它是非连续的，主要是分类数据，而度量是绿色的，大多是一些连续数据，主要是定量数据，用于生成坐标轴。

形成了分析的图表后可以将多张图表一并放入，在一个仪表板中展示多个图表，这个功能实际上有很多应用场景，在实际业务中对于一个业务对象，关注的东西往往不是单个或者片面的对象，例如一个电商业务，最需要关注的是GMV，但假如看到GMV的变化以后，同时也需要下钻地去关注订单、单均价的变化，以此来定位问题，发现单均价的变化后又需要去关注单均价发生在什么价格区间里或者什么类目的商品里，这样层层下钻时，对于每层都需要关注，因此可以通过仪表板把这些相关图表摆成从上到下的层次结构，方便观察异动和找寻原因，这样的看板也被称为归因看板。此外，也有其他的摆放顺序，由于一个业务需要关注的点可能不止GMV这一个点，每个业务阶段会提出这个阶段需要关注的内容，如这个阶段除了GMV还需要关注老客的复购率、整体业务的拉新率，以及在各个城市的拉新情况等，这时也可以在仪表板上通过放置多个图表实现在同一位置观察到多个数据变化情况的功能，如图11-21所示。

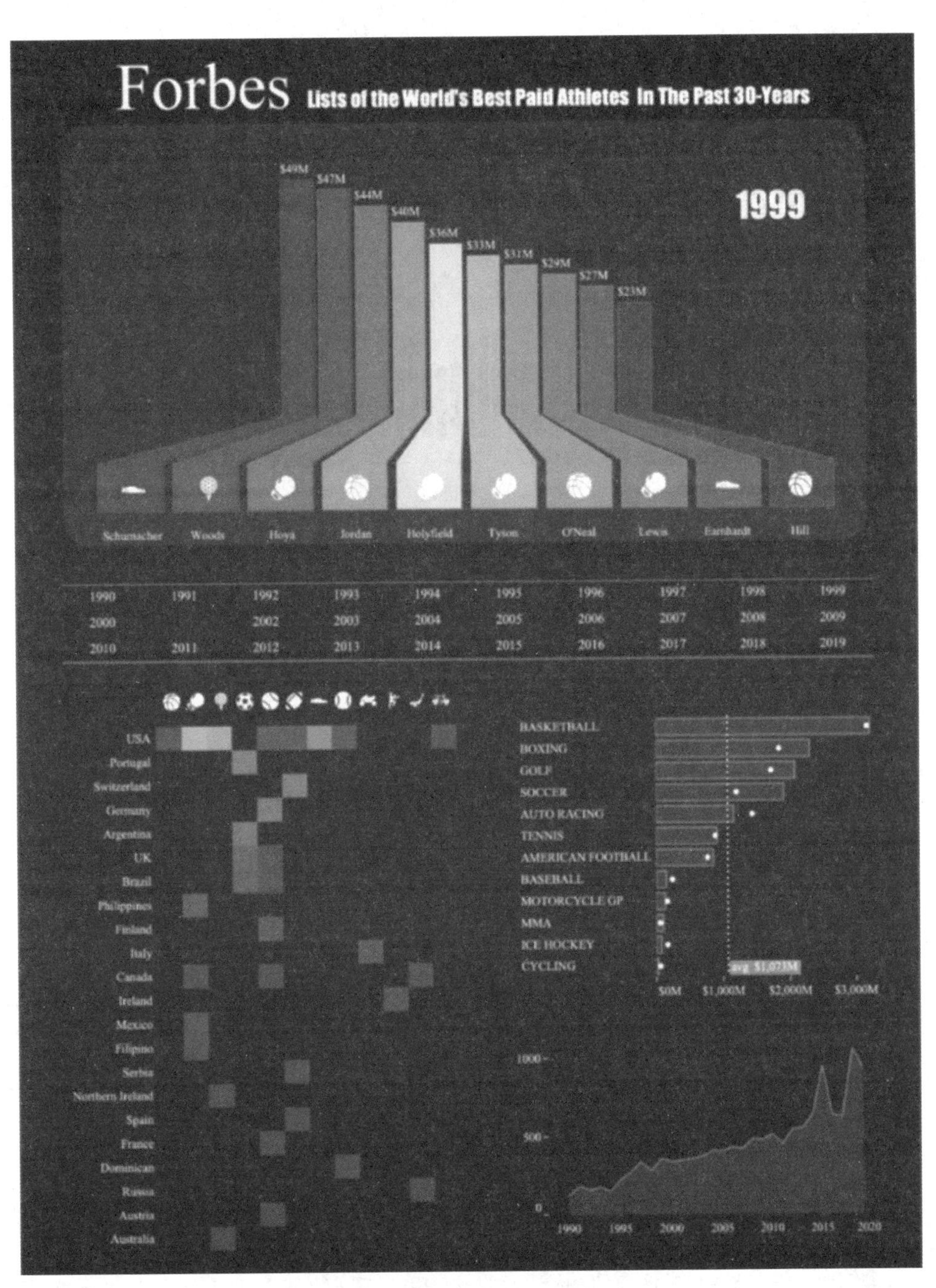

图 11-19 Tableau 数据融合图

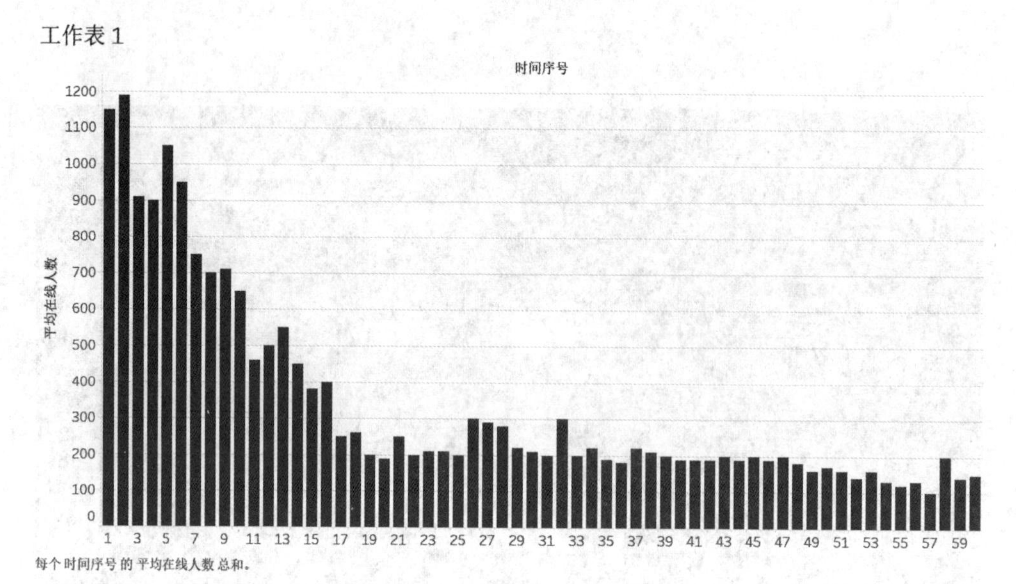

图 11-20　Tableau 绘制柱状图

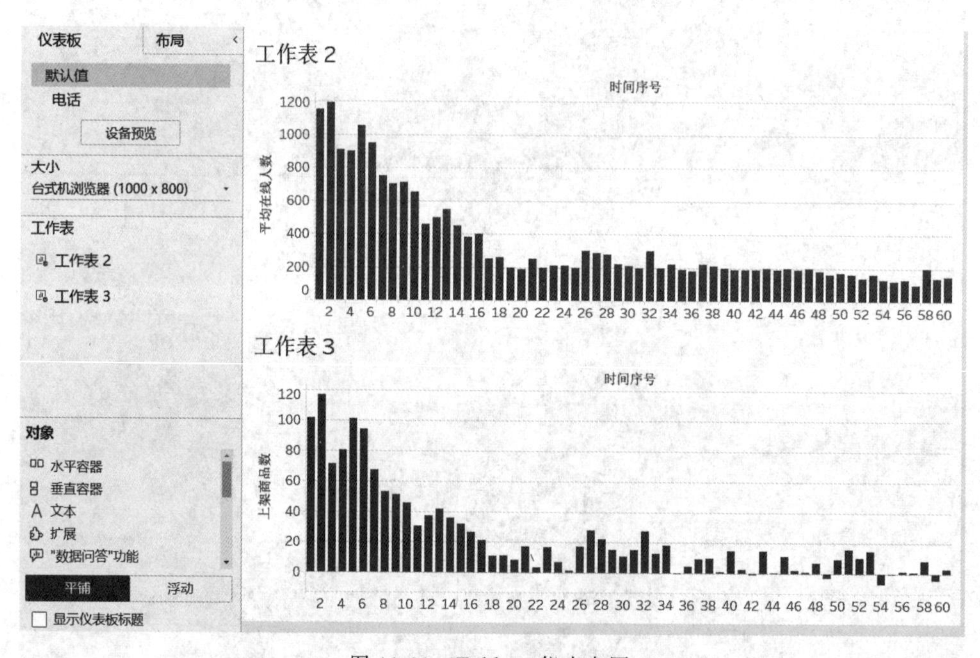

图 11-21　Tableau 仪表盘图

Tableau 另一个有意思的功能类似于故事，故事其实是可以把图表和仪表板串联起来，有点像 PPT 的功能，只不过在 Tableau 里实现，通过将图表和仪表板有序地进行排列，可以形成一种根据一定思路进行演示的顺序，并且和 PPT 不同的是在 Tableau 中展示这些图表和仪表板时仍然可以在图表上进行操作，如看到数据条标签、数据条明细等，如图 11-22 所示。

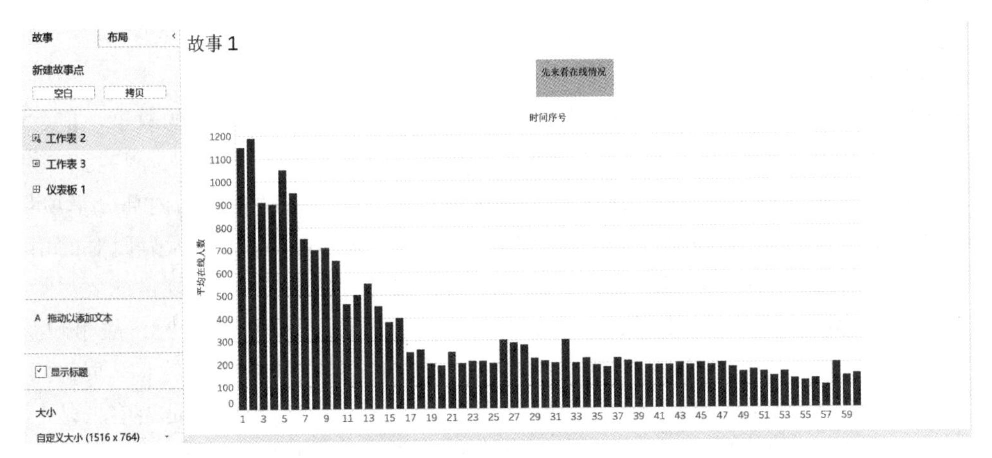

图 11-22 Tableau 故事图

Tableau 中也有许多数据分析功能，想预测性地做回归、做时间序列预测都可以通过 Tableau 实现，同时也可以对数据进行聚合，从而形成数量不等的集群，相当于对现有数据进行分类，如图 11-23 所示。

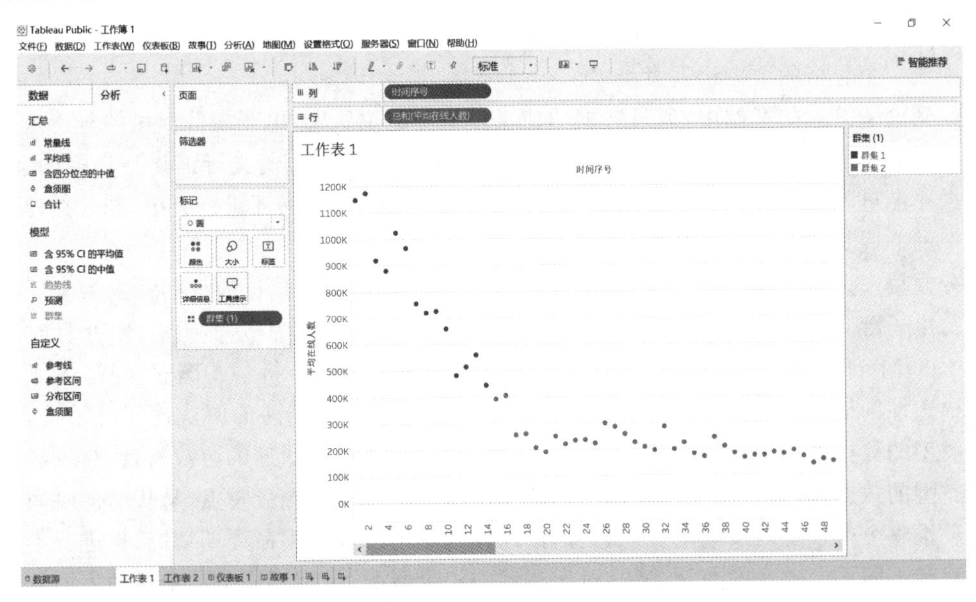

图 11-23 Tableau 数据分类图

案例 90：过去 40 年电子游戏数据

举个例子，现在有一些数据是关于过去 40 年销售额破 10 万元的电子游戏排名情况及相关的数据，包括全球所有游戏的销售额及它们的销售排行、游戏的名称、游戏发行的平台，其中主要包括 PC、PS4、SWITCH 等。游戏发行的年份从 1980 年到 2020 年，根据游戏的体裁类型、游戏的发行商，以及游戏在各个区域的销售情况，一般分为北美、欧洲、日本、中国及其他一些地区。

基于这些数据，希望对电子游戏市场的趋势进行分析，使用 Tableau 的故事功能就可以实现。要用数据讲一个好的故事，需要注意以下几点：①首先要选择有效的图表，有效的图表基于确定的受众，假如这个电子游戏市场分析是一个数据分析师之间的内部分享项目，那其实什么图都可以发挥，如箱型图、帕累托图等更复杂的图都可以使用，因为面对的用户群体都具备足够的阅读门槛，但如果这个分析是给业务侧进行信息输入的，则可能要尽量使用折线图、柱状图这些清晰明了的图表；②上下文的重要性，在 Tableau 中构建故事，尽管更多的是使用图表作为每页的内容，但也需要有一定的内在逻辑，如当前页是上一页的探索性结果，基于上一页的数据找出其中值得关注的点进行进一步解析，也可以是当前页是上一页的解释性结果，例如发现上一页中的 GMV 异动很大并且找到了发生变化的拐点，在下一页中就对这种异动进行放大，以便分析这个异动发生的原因是什么；③避免杂乱，或者呈现过多内容。从故事内容来讲由于在做分析时会做很多分析，因此分析师会产出大量分析报告和产物，也许结论是通过所有分析一起得出的，但呈现过多内容可能会加大阅读者的理解难度，尤其是在他们没有数据分析思维的情况下；④内容呈现应符合视觉认知原则，例如逻辑相近的图表应尽量放一起，顺序连续的图表应按序排布等，熟练使用 Tableau 的故事功能就可以变成一个合格的数据讲述者。

回到电子游戏的案例中，通过数据的初步摸索及定位思考，电子游戏市场的分析报告主要的输出对象是业务人员，对于数据的了解甚少，因此需要对他们先行铺垫足够多的背景，然后循序渐进，因此在故事的顺序选择上应先从整体入手再对局部进行突出，同时抓住分析过程中的一些具体节点进行扩展，如图 11-24 所示。

分模块来讲，这个故事总共包括 4 部分：①数据信息，背景数据信息的输入为全球排名靠前的电子游戏相关信息，排名使用的指标是全球的销量，销量中分不同地区，并且时间跨度为 1980 年到 2020 年。②整个报告定位是电子游戏市场的分析。③图表呈现，主要呈现一些描述性的信息，如排名靠前的游戏的逐年发行数量、排名靠前的游戏逐年总销量，使用这些类型的数据展现时间趋势图。如受欢迎游戏类型分布、受欢迎的游戏发行方情况，使用这些类型的数据进行对比分析，看清不同游戏间的差别。④挖掘分析点，从排名的时间趋势情况反推整个电子游戏市场的发展趋势，可以找到单个游戏的生命周期情况，再进行不同类型游戏和不同平台游戏的挖掘，通过对比他们的销量情况，找到不同类型游戏的发展情况和趋势。最后聚焦到个例进行分析，可以筛选排名靠前的游戏发行方，分析电子游戏巨头的发展趋势，也可以筛选大巨头疲软时期的表现，以此来查看其他竞争对手的表现。

Tableau 入门可以下载它的 Desktop 版，在此版本中免费的基本的分析功能都有，基本可以满足分析师的需求。跟 Tableau 相仿的是微软的 PowerBI，大体的功能其实类似，最主要的不同在于 PowerBI 是微软开发的数据分析软件，因此它与微软的成套办公软件的兼容性好很多。

电子游戏市场分析

数据以截至今年销量超过10w的电子游戏作为分析对象，可见电子游戏市场在2000年后以较快的发展速度提升，且在2008-2009年达到巅峰状态，此期间发行的游戏受到人们的热捧，在2012年后优质电子游戏数量断崖式下跌，2018年后的游戏主导市场已逐步脱离电子游戏领域。

结合上述优质电子游戏发行数量逐年的趋势，以2004-20..

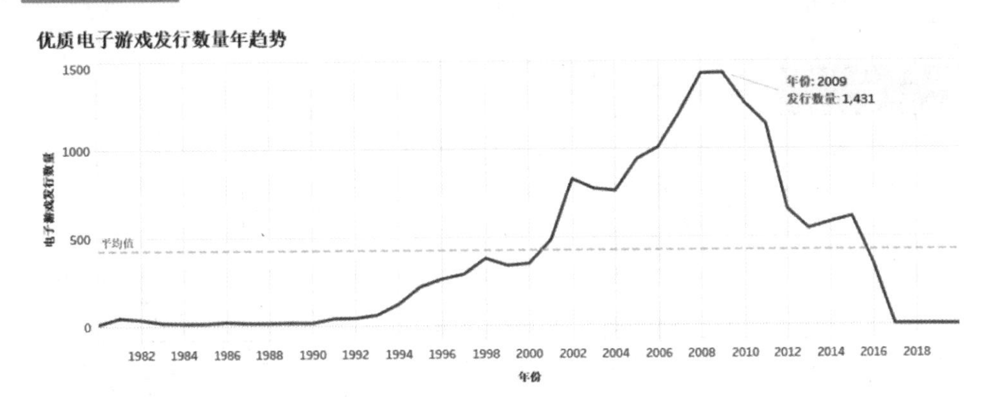

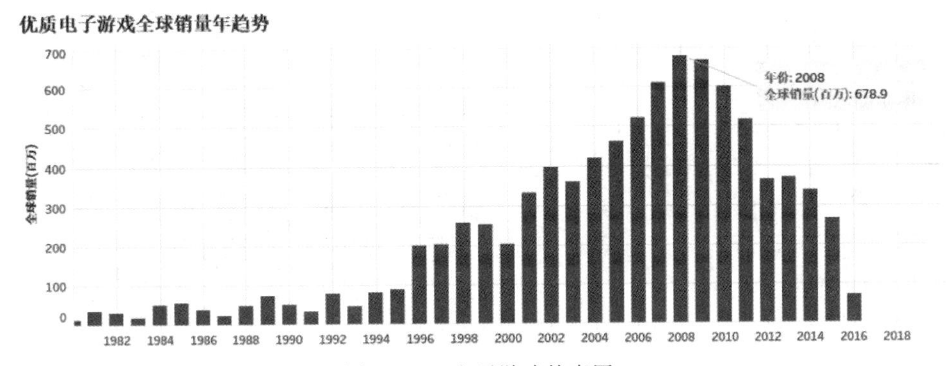

图 11-24　电子游戏故事图

图书推荐

书　　名	作　　者
深度探索 Vue.js——原理剖析与实战应用	张云鹏
前端三剑客——HTML5+CSS3+JavaScript 从入门到实战	贾志杰
剑指大前端全栈工程师	贾志杰、史广、赵东彦
Flink 原理深入与编程实战——Scala+Java(微课视频版)	辛立伟
Spark 原理深入与编程实战(微课视频版)	辛立伟、张帆、张会娟
PySpark 原理深入与编程实战(微课视频版)	辛立伟、辛雨桐
HarmonyOS 移动应用开发(ArkTS 版)	刘安战、余雨萍、陈争艳 等
HarmonyOS 应用开发实战(JavaScript 版)	徐礼文
HarmonyOS 原子化服务卡片原理与实战	李洋
鸿蒙操作系统开发入门经典	徐礼文
鸿蒙应用程序开发	董昱
鸿蒙操作系统应用开发实践	陈美汝、郑森文、武延军、吴敬征
HarmonyOS 移动应用开发	刘安战、余雨萍、李勇军 等
HarmonyOS App 开发从 0 到 1	张诏添、李凯杰
JavaScript 修炼之路	张云鹏、戚爱斌
JavaScript 基础语法详解	张旭乾
华为方舟编译器之美——基于开源代码的架构分析与实现	史宁宁
Android Runtime 源码解析	史宁宁
数字 IC 设计入门(微课视频版)	白栎旸
数字电路设计与验证快速入门——Verilog+SystemVerilog	马骁
鲲鹏架构入门与实战	张磊
鲲鹏开发套件应用快速入门	张磊
华为 HCIA 路由与交换技术实战	江礼教
华为 HCIP 路由与交换技术实战	江礼教
openEuler 操作系统管理入门	陈争艳、刘安战、贾玉祥 等
5G 核心网原理与实践	易飞、何宇、刘子琦
恶意代码逆向分析基础详解	刘晓阳
深度探索 Go 语言——对象模型与 runtime 的原理、特性及应用	封幼林
深入理解 Go 语言	刘丹冰
Vue+Spring Boot 前后端分离开发实战	贾志杰
Spring Boot 3.0 开发实战	李西明、陈立为
Flutter 组件精讲与实战	赵龙
Flutter 组件详解与实战	[加]王浩然(Bradley Wang)
Dart 语言实战——基于 Flutter 框架的程序开发(第 2 版)	亢少军
Dart 语言实战——基于 Angular 框架的 Web 开发	刘仕文
IntelliJ IDEA 软件开发与应用	乔国辉
Python 量化交易实战——使用 vn.py 构建交易系统	欧阳鹏程
Python 从入门到全栈开发	钱超
Python 全栈开发——基础入门	夏正东
Python 全栈开发——高阶编程	夏正东
Python 全栈开发——数据分析	夏正东
Python 编程与科学计算(微课视频版)	李志远、黄化人、姚明菊 等
Python 游戏编程项目开发实战	李志远
编程改变生活——用 Python 提升你的能力(基础篇·微课视频版)	邢世通
编程改变生活——用 Python 提升你的能力(进阶篇·微课视频版)	邢世通

续表

书　名	作　者
Python 数据分析实战——从 Excel 轻松入门 Pandas	曾贤志
Python 人工智能——原理、实践及应用	杨博雄 主编
Python 概率统计	李爽
Python 数据分析从 0 到 1	邓立文、俞心宇、牛瑶
从数据科学看懂数字化转型——数据如何改变世界	刘通
FFmpeg 入门详解——音视频原理及应用	梅会东
FFmpeg 入门详解——SDK 二次开发与直播美颜原理及应用	梅会东
FFmpeg 入门详解——流媒体直播原理及应用	梅会东
FFmpeg 入门详解——命令行与音视频特效原理及应用	梅会东
FFmpeg 入门详解——音视频流媒体播放器原理及应用	梅会东
Python Web 数据分析可视化——基于 Django 框架的开发实战	韩伟、赵盼
Python 玩转数学问题——轻松学习 NumPy、SciPy 和 Matplotlib	张骞
Pandas 通关实战	黄福星
深入浅出 Power Query M 语言	黄福星
深入浅出 DAX——Excel Power Pivot 和 Power BI 高效数据分析	黄福星
从 Excel 到 Python 数据分析：Pandas、xlwings、openpyxl、Matplotlib 的交互与应用	黄福星
云原生开发实践	高尚衡
云计算管理配置与实战	杨昌家
虚拟化 KVM 极速入门	陈涛
虚拟化 KVM 进阶实践	陈涛
边缘计算	方娟、陆帅冰
LiteOS 轻量级物联网操作系统实战（微课视频版）	魏杰
物联网——嵌入式开发实战	连志安
HarmonyOS 从入门到精通 40 例	戈帅
OpenHarmony 轻量系统从入门到精通 50 例	戈帅
动手学推荐系统——基于 PyTorch 的算法实现（微课视频版）	於方仁
人工智能算法——原理、技巧及应用	韩龙、张娜、汝洪芳
跟我一起学机器学习	王成、黄晓辉
深度强化学习理论与实践	龙强、章胜
自然语言处理——原理、方法与应用	王志立、雷鹏斌、吴宇凡
TensorFlow 计算机视觉原理与实战	欧阳鹏程、任浩然
计算机视觉——基于 OpenCV 与 TensorFlow 的深度学习方法	余海林、翟中华
深度学习——理论、方法与 PyTorch 实践	翟中华、孟翔宇
HuggingFace 自然语言处理详解——基于 BERT 中文模型的任务实战	李福林
Java+OpenCV 高效入门	姚利民
AR Foundation 增强现实开发实战（ARKit 版）	汪祥春
AR Foundation 增强现实开发实战（ARCore 版）	汪祥春
ARKit 原生开发入门精粹——RealityKit+Swift+SwiftUI	汪祥春
HoloLens 2 开发入门精要——基于 Unity 和 MRTK	汪祥春
巧学易用单片机——从零基础入门到项目实战	王良升
Altium Designer 20 PCB 设计实战（视频微课版）	白军杰
Cadence 高速 PCB 设计——基于手机高阶板的案例分析与实现	李卫国、张彬、林超文
Octave 程序设计	于红博
Octave GUI 开发实战	于红博
全栈 UI 自动化测试实战	胡胜强、单镜石、李睿

质检04